高等职业教育"十四五"规划教材

贵州省职业教育兴黔富民行动计划建设项目（省级精品开放课程）

蔬菜生产技术

（南方本）

龙家艳 ◎ 主编

中国农业出版社

北 京

▶ 内容简介

　　本教材以行业就业为导向，以职业能力培养为核心，以工作过程为设计理念，分解典型工作任务，整合技能点，对接学习项目和内容，按照项目、子项目、工作任务的形式进行编写。教材共分 4 个项目、21 个子项目，内容涵盖了蔬菜生产的基础理论知识和南方常见蔬菜的生产技术，符合高等职业教育的教学特点，利于学生对知识和技能的掌握。

　　本教材可用作南方地区高等职业院校园艺技术、作物生产技术及其他相关种植类专业的教科书，也可作为自学考试、岗位培训或高素质农民培训用书，还可供相关行业、企业的生产技术人员、管理人员参考使用。

<<< 编写人员名单

主　编　龙家艳

副主编　迟焕星　戴　燚　徐同伟

编　者　（以姓氏笔画为序）

　　　　龙家艳　田　丹　孙艳茹　杨澍雨

　　　　迟焕星　张丽娟　赵晨心　贺栾劲芝

　　　　徐同伟　戴　燚

FOREWORD 前言 ◀

　　本教材是贵州省职业教育兴黔富民行动计划建设项目（省级精品开放课程）的重要组成部分。本教材在编写时坚持"立德树人"的根本任务要求，在体现传统实用技术的同时，注重蔬菜生产新知识、新技术、新成果、新方法的介绍和新时代职业技能的培养，重点突出生产技术环节的培养。

　　本教材按照项目化教学思路进行设计，包括蔬菜生产基本原理、蔬菜生产基本技术、蔬菜栽培制度与生产计划制订、南方常见蔬菜生产技术 4 个项目，下设蔬菜生产概述、蔬菜生长发育及栽培环境、蔬菜的分类、菜地规划与土壤耕作、蔬菜种子、蔬菜播种技术、蔬菜育苗技术、蔬菜田间管理技术、蔬菜栽培制度、蔬菜生产计划的制订、瓜类蔬菜生产技术、茄果类蔬菜生产技术、白菜类蔬菜生产技术、绿叶菜类蔬菜生产技术、根菜类蔬菜生产技术、豆类蔬菜生产技术、葱蒜类蔬菜生产技术、薯芋类蔬菜生产技术、水生蔬菜生产技术、多年生蔬菜生产技术、芽苗菜生产技术等 21 个子项目。

　　本教材由贵州农业职业学院龙家艳、迟焕星、杨澍雨、戴燚、张丽娟、赵晨心、田丹、贺栾劲芝，临沂科技职业学院徐同伟，江苏沿海地区农业科学研究所孙艳茹共同编写。具体编写分工为：张丽娟编写项目一；贺栾劲芝、徐同伟编写项目二中的子项目一、子项目二、子项目三；迟焕星编写项目二中的子项目四和项目四中的子项目二（辣椒生产技术除外）、子项目四；杨澍雨、孙艳茹编写项目三和项目四中的子项目七、子项目八；戴燚编写项目四中的子项目二（辣椒生产技术）和子项目五；田丹编写项目四中的子项目三；赵晨心编写项目四中的子项目九；龙家艳编写项目二中的子项目五、项目四中的子项目一、子项目六、子项目十、子项目十一及全部技能实训。本教材由龙家艳进行统稿。

　　本教材在编写过程中参阅了大量学术著作、科技书刊，凝聚了许多专家、学者和蔬菜生产工作人员的劳动成果，在此表示诚挚的感谢。

由于编者水平有限，加之时间仓促，教材中难免存在不妥或疏漏之处，恳请读者批评指正，以便今后修改完善。

编　者

2021 年 8 月

CONTENTS 目 录

项目一　蔬菜生产基本原理

知识目标

1. 理解蔬菜、蔬菜栽培的定义、特点及栽培方式。
2. 了解我国蔬菜产业的发展现状和存在的问题。
3. 掌握蔬菜生长发育的主要类型及生长发育规律。
4. 掌握影响蔬菜栽培的环境因素。
5. 了解蔬菜常用的植物学分类法、食用器官分类法和农业生物学分类方法，并掌握三种分类法的异同和应用。

技能目标

1. 能熟练识别当地的主要蔬菜，并能按不同的分类方法进行分类。
2. 能说出当地蔬菜的主要栽培方式，并能根据当地的气候特征、消费习惯等正确选择栽培方式。
3. 能熟练说出不同蔬菜类型的代表性蔬菜。
4. 能正确判断蔬菜的生长发育时期，并能说出各时期的特点。

子项目一　蔬菜生产概述

一、蔬菜的定义及特点

狭义的蔬菜是指人们日常生活中作为副食品的一二年生及多年生草本植物。广义的蔬菜是指一切可供佐餐的植物总称，包括一二年生及多年生草本植物、少数木本植物、食用菌类、藻类、蕨类和某些调味品等。

蔬菜的种类繁多，大部分属于草本植物，还有一些木本植物、菌类和藻类植物。我国普遍栽培的蔬菜只有 160 多种，大部分还属于半栽培种和野生种，可供开发利用的资源比较丰富，开发潜力很大。

蔬菜的食用器官多种多样，包括根、茎、叶、花、果实、种子等。蔬菜的营养丰富，其营养物质主要包含矿物质、维生素、膳食纤维等营养物质（表 1-1-1），这些物质的含量越高，蔬菜的营养价值也越高，且不可被其他食物所代替，还含有胡萝卜素、叶绿素、花青素等色素；有些还含有特有的香辛成分和风味，是制作和调制菜肴的佳品；有些蔬菜还含有一些特殊的蛋白质、酶、氨基酸等具有医疗保健作用的成分，不仅有调节生理机能、血液循环、消化系统的作用，还能够治疗和预防某些疾病。

表 1-1-1　不同类型蔬菜的主要营养成分含量

蔬菜类别	水分/%	热量/kg	蛋白质/g	粗纤维/g	钙/mg	磷/mg
豆类	83.3	269.6	6.4	1.1	54.0	105.5
叶菜类	91.9	107.8	2.3	1.3	110.1	42.0
根茎菜类	86.0	197.3	1.6	0.8	28.0	41.2
菜薹类	93.1	90.3	2.0	0.8	76.6	49.8
瓜果类	94.0	83.2	1.0	0.7	16.8	21.2

蔬菜类别	铁/mg	胡萝卜素/mg	维生素 B_1/mg	维生素 B_2/mg	烟酸/mg	维生素 C/mg
豆类	1.9	0.26	0.21	0.11	0.40	12.69
叶菜类	2.6	1.88	0.06	0.10	0.66	35.45
根茎菜类	1.0	0.49	0.06	0.04	0.45	15.87
菜薹类	0.9	1.15	0.05	0.09	0.72	66.20
瓜果类	0.5	0.38	0.03	0.03	0.41	34.90

注：根据中国医学院卫生研究所编《食物成分表》统计；表中数据为 100 g 食用部分中的含量。

　　蔬菜是一种高产高效的经济作物，是当前我国农村农业产业结构调整中重要的发展对象，特产蔬菜是我国出口创汇的重要农产品。

　　蔬菜含水量高，易萎蔫和腐烂变质，贮藏运输受到一定限制，蔬菜产品除了以鲜菜供应市场外，还可进行保鲜贮藏、加工。鲜菜进行合理的贮藏、加工，可以延长蔬菜供应期，解决供需矛盾，扩大流通领域，增加产值。

二、蔬菜生产特点

　　蔬菜生产在人类生活中具有重要的基础地位，尤其在农业和农村经济发展中起着十分重要的作用。蔬菜生产是根据蔬菜作物的生长发育规律和对环境条件的要求确定合理的生产制度和采取各种管理措施创造适宜蔬菜作物生长发育的环境，以获得高产、优质的过程。

　　1. 蔬菜生产的特点　蔬菜生产过程中既遵循植物生长发育规律，又具有鲜明的种属和品种特性，其生产过程有以下特点。

　　（1）季节性强。特别是露地栽培蔬菜，如果蔬菜不在其适宜的季节里栽培或完成其主要的生产过程，轻者降低产量和品质，严重时将造成绝产。即使在设施栽培条件下，当条件控制不良时，产量和质量也会受影响，因此也应该尽量安排在适宜的季节进行生产。

　　（2）技术要求高。蔬菜生产需要根据蔬菜作物的生长规律进行精耕细作，对栽培条件、栽培技术要求较高。比如需要学会选择优质菜地土壤，还要经常松土除草，及时浇水补肥，防病杀虫，以及进行整地、作畦、施肥、植株调整、疏花疏果、保花保果等栽培管理措施。

（3）限制因子多。蔬菜栽培除了受气候、环境、设施条件等影响外，其栽培种类还受当地以及外销地的蔬菜消费习惯和消费水平的限制；且蔬菜主要以鲜销为主，其含水量高，易萎蔫腐烂，不耐贮运。

（4）栽培的方式多种多样。按栽培场地的不同，分为设施栽培和露地栽培；按栽培基质的不同，分为土壤栽培和无土栽培；按栽培种类的不同，分为普通蔬菜栽培和特色蔬菜栽培；按栽培规模的不同，分为零星栽培和规模栽培；按栽培手段的不同，分为促成栽培、早熟栽培、延迟栽培、越夏栽培、软化栽培等。

（5）设施化趋势明显。蔬菜设施栽培主要解决淡季蔬菜供应问题，具有高产、高效、优质、反季节栽培等特点，已在蔬菜种植中得到普遍推广和应用，并在周年供应中占有重要地位。蔬菜生产设施主要包括塑料拱棚、温室、遮阳网、防虫网、阳畦、地膜覆盖等。

三、我国蔬菜发展现状及问题

（一）我国蔬菜发展现状

改革开放以来，我国蔬菜生产结构不断完善，消费水平得到快速提升，蔬菜产业总体保持平稳较快发展，由供不应求发展到供求总量基本平衡，且品种日益丰富，质量不断提高。蔬菜生产体系逐步完善，总体上呈现良好的发展局面。蔬菜在保障市场供给、调整农业结构、增加农民收入、扩大对外贸易等方面发挥了不可替代的作用。

1. 我国蔬菜生产规模大，生产能力与供给总量有余 2010 年我国蔬菜播种面积与产量增速达到最高值，随后进入缓慢增长期，过去的 10 年里我国蔬菜播种面积及产量增速在 2%～4%。2019 年，我国蔬菜播种面积与产量分别达到 2 087 万 hm^2（3.13 亿亩*）和 7.21 亿 t。按照有关专家推算的人均日消费量 1 kg 来计算，我国蔬菜实际种植面积应该在 1 333 万 hm^2（2.0 亿亩）左右，产量在 5 亿 t 左右。2019 年，我国 28 种主要蔬菜批发均价为 4.21 元，折合出我国蔬菜批发价值在 2 万亿元（人民币）以上。由此可见，蔬菜产业在我国种植业中是第一大产业。

2. 我国蔬菜周年基本均衡供应，年度均衡度好 从近 10 年来农业农村部重点监测的 28 种蔬菜批发价来看，我国蔬菜价格呈现出季节性波动，年均价格总体呈上涨趋势。年度蔬菜价格一般呈现 W 形季节性波动规律，第一、第二季度气温低，处于蔬菜生产淡季，一般受元旦与春节"双节"消费拉动，蔬菜价格持续上涨；第三季度进入蔬菜生长合适季节，蔬菜价格下调；第四季度进入适宜蔬菜生长季节，北方秋季蔬菜大量上市，南方产区叶菜类蔬菜也进入收获旺季，11 月底蔬菜产地价格整体处于低位运行。

3. 我国蔬菜出口规模世界第一，贸易顺差长期稳居农产品前列 蔬菜一直是我国第一大出口优势农产品，出口额占我国农产品出口总额的 20% 左右，进口占比相对较低，仅占 0.6% 左右，蔬菜出口在扩大我国农产品贸易优势方面发挥了不可替代的作用。2019 年我国蔬菜出口量为 979 万 t，出口额达 125.67 亿美元，较

---

* 亩为非法定计量单位，1 亩≈667 m^2，1 hm^2＝15 亩。

2010年分别上涨49.47%和57.46%；2019年我国蔬菜出口单价为1 283.7美元/t，比2010年（1 218.5美元/t）稍有上涨。我国蔬菜出口主要集中在沿海省份如山东、广东、江苏、福建等，东盟、日本、韩国、俄罗斯、美国、欧盟等国家和地区是我国蔬菜的主要出口地。

4. 科技水平不断提高　我国蔬菜品种、生产技术不断创新与转化，显著提高了产业科技含量和生产技术水平。全国选育各类蔬菜优良品种3 000多个，主要蔬菜良种更新5～6次，良种覆盖率达90%以上；设施蔬菜达到5 000多万亩，特别是日光温室蔬菜高效节能栽培技术研发成功，实现了在室外－20 ℃严寒条件下不用加温生产黄瓜、番茄等喜温蔬菜，其节能效果居世界领先水平；蔬菜集约化育苗技术快速发展，年产商品苗达800多亿株以上。此外，蔬菜病虫害综合防治、无土栽培、节水灌溉等技术也取得明显进步。

5. 市场流通体系不断完善　经营蔬菜的农产品批发市场2 000余家，农贸市场2万余家，覆盖全国城乡的市场体系已基本形成，在保障市场供应、促进农民增收、引导生产发展等方面发挥了积极作用。据不完全统计，70%蔬菜经批发市场销售，在零售环节经农贸市场销售的占80%，在大中城市经超市销售的占15%，并保持快速发展势头。

（二）我国蔬菜生产中存在的问题

蔬菜具有鲜活易腐、不耐贮运，生产季节性强、消费弹性系数小，高投入、自然风险与市场风险大等特点。在新的形势下，还存在一些突出问题。

1. 基础设施建设滞后　蔬菜基础设施脆弱，严重影响生产和流通发展，极易造成市场供应和价格波动。近些年，大量菜地由城郊向农区转移，农区新建菜地水利设施建设跟不上，排灌设施不足。致使露地蔬菜单产不稳；温室、大棚设施建设标准低、不规范，抗灾能力弱，容易受雨雪冰冻灾害影响，加剧了市场供需矛盾。田间预冷、冷链设施不健全，贮运设施设备落后、运距拉长等问题，难以适应蔬菜新鲜易腐的特点；产销信息体系不完善，农民种菜带有一定的盲目性，造成部分蔬菜结构性、区域性、季节性过剩，损耗量大幅增加，给农民造成很大损失。农产品市场结构和布局不完善，市场基础设施薄弱，现代化水平低，批发市场设施简陋，分级、包装以及结算信息系统等设施设备配套完善比例低。

2. 蔬菜种业龙头企业弱　蔬菜种业龙头企业少、研发实力弱，带动中小企业发展的能力差，引领产业升级能力弱。

3. 从业人员素质相对较低　蔬菜种业以中小企业为主，人员队伍素质相对较低，售后服务尚不到位。

4. 科技创新与转化能力不强　由于投入少、研究资源分散、力量薄弱等原因，蔬菜品种研发、技术创新与成果转化能力不强，难以适应生产发展的需要。育种基础研究薄弱，蔬菜种质资源收集、整理、评价及育种方法、技术等基础研究不够，育种目标与生产需求对接不够紧密，在商品品质、复合抗病性、抗逆性等方面的育种水平与国外差距较大，难以适应设施栽培、加工出口、长途贩运蔬菜快速发展的需要。育种成果转化机制不灵活，科研单位与企业衔接合作不够密切制约了成果的推广应用。与此同时，良种良法不配套，栽培技术创新不够、储备不足，基层蔬菜技术推广服务人才短缺、手段落后、经费不足，生产中存在的问题越来越突出。有机肥施用不足，过量施用化肥，加上连作引起的土壤盐渍化、酸化不断加重，影响蔬菜产业的持续发展；农村青壮年劳动力大量转移，劳动力成本大幅上涨，轻简栽培技术集成创新亟待加强。

蔬菜的生长
发育

子项目二　蔬菜生长发育及栽培环境

一、蔬菜生长发育的概念

生长的结果是引起体积或质量的增加，发育的结果是产生新的器官，即花、种子、果实。

蔬菜的生长与发育之间，营养生长与生殖生长之间，均有密切的相互关系。不论是生长还是发育，都不是越快越好或越慢越好，这就涉及一个生长与发育的关系问题。

生长过程中的每一时期的长短及其速度，一方面受该器官生理机能的控制，另一方面受外界环境的影响。

二、蔬菜生长发育的类型

1. 根据生长发育周期长短划分

（1）一年生蔬菜。播种当年开花结实。这类蔬菜在幼苗成长后不久开始花芽分化，开花结果时间较长，如番茄、辣椒、黄瓜、丝瓜、豇豆等。

（2）二年生蔬菜。播种当年为营养生长，经过一个冬季，到第二年才抽薹开花、结实，如白菜、甘蓝、芥菜、萝卜、胡萝卜等。

（3）多年生蔬菜。一次播种或栽植后可以采收多年，如金针菜、芦笋、折耳根等。

2. 根据春化反应类型划分　根据春化反应不同，分为种子春化型、绿体春化型、非春化型3种类型。

（1）种子春化型。指种子处于萌动状态就能感受低温，而且从种子萌动至整个营养生长期均能感受低温，具有春化反应，且随植株体的长大，对低温更为敏感，如白菜、芥菜、萝卜、菠菜、莴苣等。

（2）绿体春化型。蔬菜长到一定大小的植株体后才能感受低温，具有春化反应，如甘蓝、洋葱、大蒜、大葱、芹菜等。温度范围与处理时间长短及品种有关，如甘蓝、洋葱要在0～10 ℃经20～30 d或更长时间才有效果。

（3）非春化型。低温对该类蔬菜发育期不产生明显影响，如一年生的茄果类、瓜类、豆类等。

3. 根据产品器官形成划分

（1）营养体产品器官。以营养器官作为产品，如白菜类、甘蓝类等绿叶菜类蔬菜。

（2）生殖体产品器官。以生殖器官作为产品，如茄果类、瓜类、豆类等蔬菜。

三、蔬菜生长发育的周期

蔬菜的生长发育周期指蔬菜由播种到获得新种子的历程，根据不同阶段内的生育特点，通常将蔬菜的生长发育周期划分为以下3个时期。

1. 种子时期　从母体卵细胞受精到种子萌动发芽为种子时期。

2. 营养生长时期

（1）发芽期。从种子萌动到真叶显露为发芽期。此期所需的能量主要来自种子本身贮藏的营养。为确保发芽整齐、芽壮，应选用高质量的种子并保持适宜的发芽环境。

（2）幼苗期。真叶显露后即进入幼苗期。幼苗期为自养阶段，由光合作用所制造的营养物质，除了呼吸消耗以外，几乎全部用于新的根、茎、叶生长，很少积累。幼苗期生长量很小，但生长迅速；对土壤水分和养分吸收虽然不多，但要求严格；对环境的适应能力比较弱，但可塑性却比较强。为提高幼苗定植后的存活率和缩短缓苗时间，生产中常在幼苗期进行炼苗。

（3）营养生长旺盛期。幼苗期结束后，蔬菜进入营养生长旺盛。此期植株迅速扩大根系和增加叶面积，为下一阶段的养分积累奠定基础。

对于以营养体为产品的蔬菜，营养生长旺盛期结束后，开始进入养分积累期，这是形成产品器官的重要时期。养分积累期对环境条件的要求比较严格，要把这一时期安排在最适宜养分积累的环境条件之下。此期是产量形成的关键时期。

（4）营养休眠期。休眠有生理休眠和被迫休眠两种。生理休眠由遗传决定，受环境影响小，必须经过一定时间后才能自行解除。被迫休眠是由于环境不良而导致的休眠，通过改善环境能够解除。二年生及多年生蔬菜，在贮藏器官形成以后，有一个休眠期。

3. 生殖生长时期　　从花芽分化到形成新的种子为生殖生长时期。此期一般分为以下 3 个时期。

（1）花芽分化期。从花芽开始分化至开花前的一段时间为花芽分化期。花芽分化是蔬菜由营养生长过渡到生殖生长的标志。二年生蔬菜一般在产品器官形成，并通过春化和光周期后开始花芽分化；果菜类蔬菜一般在苗期开始花芽分化。

（2）开花期。从现蕾开花到授粉、受精为开花期，它是生殖生长的一个重要时期。蔬菜在开花期对外界环境的抗性较弱，对温度、光照、水分等变化的反应比较敏感。光照不足、温度过高或过低、水分过多或过少，都会妨碍授粉及受精，引起落蕾、落花。

（3）结果期。授粉、受精后，子房开始膨大，进入结果期。结果期是果菜类蔬菜形成产量的关键时期。根、茎、叶菜类结实后不再有新的枝叶生长，而是将茎、叶中的营养物质输入果实和种子中。

以营养体为繁殖材料的蔬菜，如大多数薯芋类以及部分葱蒜类和水生蔬菜，栽培上则不经过种子时期。

四、蔬菜的生长环境

（一）温度

在蔬菜生长发育的各环境因素中，温度对蔬菜的影响作用最大。了解每一种蔬菜对温度适应范围及其与生长发育的关系，是合理安排生产季节的基础。

根据蔬菜对温度的适应能力和适宜的温度范围，可以将其分为以下 5 种类型。

（1）耐寒性蔬菜。生长适温为 17～20 ℃，生长期内能忍受较长时期 -2～-1 ℃

的低温，但耐热能力较差，温度超过 21 ℃时生长不良，如除大白菜、花椰菜以外的白菜类和除苋菜、蕹菜、落葵以外的绿叶菜类。

（2）半耐寒性蔬菜。生长适温为 17～20 ℃，其中大部分蔬菜能忍耐－1～2 ℃的低温，如根菜类、大白菜、花椰菜、马铃薯、豌豆及蚕豆等。

（3）耐寒而适应性广的蔬菜。生长适温为 12～24 ℃，耐寒能力比耐寒性蔬菜强，耐热能力也比一般耐寒性蔬菜强，可忍耐 26 ℃以上的高温，包括葱蒜类和多年生蔬菜。

（4）喜温性蔬菜。生长温度为 20～30 ℃，温度达到 40 ℃时几乎停止生长。低于 15 ℃开花结果不良，10 ℃以下停止生长，0 ℃以下生命终止。喜温性蔬菜包括茄果类、黄瓜、西葫芦、菜豆、山药及水生蔬菜等。喜温性蔬菜在长江以南地区适合春播或秋播，以使结果期安排在不热或不冷的季节里。

（5）耐热性蔬菜。耐高温能力强，生长适温为 30 ℃左右，其中西瓜、甜瓜及豇豆等在 40 ℃的高温下仍能生长。耐热性蔬菜包括冬瓜、南瓜、西瓜、甜瓜、丝瓜、豇豆、芋、苋菜等。耐热性蔬菜在华中地区一般进行春播秋收。

（二）光照

光照是蔬菜作物生长发育的重要环境条件。光照度、光周期和光质（即光的成分）均能影响蔬菜作物的光合作用，从而影响产量与品质。

1. 光照度　根据蔬菜对光照度的要求范围不同，一般把蔬菜分为以下 4 种类型。

（1）强光性蔬菜。该类蔬菜喜欢强光，耐弱光能力差，包括西瓜、甜瓜、西葫芦等大部分瓜类，以及番茄、茄子、刀豆、山药、芋等。

（2）中光性蔬菜。该类蔬菜要求中等光照，但在微阴下也能正常生长，包括大部分的白菜类、根菜类、葱蒜类以及菜豆、辣椒等。

（3）耐阴性蔬菜。该类蔬菜不能忍受强烈的光照，要求较弱光照，必须在适度荫蔽下才能生长良好，包括生姜以及大部分绿叶菜类蔬菜等。生产上常采用合理密植或适当间套作，以提高产量，改善品质。

（4）弱光性蔬菜。该类蔬菜要求在极弱的光照条件下生长，甚至完全不需要光照，主要是一些菌类蔬菜，如香菇、蘑菇、木耳等。

2. 光周期　光周期是指日照长度的周期性变化。日照长度首先影响植物花芽分化、开花、结实；其次影响其分枝习性、叶片发育，甚至地下贮藏器官如块茎、块根、球茎、鳞茎等的形成，以及花青素等的合成。光照时数长，光合产物多，有利于提高蔬菜的产量和品质。

根据蔬菜对日照时间长短的反应不同，可将其分为以下 3 类。

（1）长光性蔬菜（长日照蔬菜）。在较长时间的光照条件（一般 14 h 以上）下才能开花，而在较短时间的日照下不开花或延迟开花，如白菜、甘蓝、芥菜、萝卜、胡萝卜、芹菜、菠菜、大葱、大蒜等一二年生蔬菜作物。长光性蔬菜在露地栽培条件下多在春季长日照下抽薹开花。

（2）短光性蔬菜（短日照蔬菜）。在较短时间的光照条件（一般 12 h 以下）下才能开花结果；而在较长时间的光照下不开花或延迟开花，如豇豆、茼蒿、扁豆、蕹菜等。大多短光性蔬菜在秋季短日照下开花结实。

（3）中光性蔬菜。一些蔬菜作物对每天的光照时数要求不严，在光照时间长短不同的环境中均能正常孕蕾开花。如番茄、茄子、辣椒、黄瓜、菜豆等只要温度适宜，一年四季均可开花结实。

一般早熟品种对光照时数要求不严，南方品种要求较短的光照，而北方品种则要求较长的光照。

3. 光质　植物吸收最多的是红橙光，其次为蓝紫光，蓝紫光的同化效率仅为红橙光的14%。一般长光波对促进细胞的伸长生长有效，短光波则抑制细胞过分伸长生长。露地栽培蔬菜处于完全光谱条件下，植株生长比较协调。设施栽培蔬菜由于中、短光波透过量较少，容易发生徒长现象。不同季节光的组成变化明显，会使同一种蔬菜在不同生产季节的产量和品质不同。

（三）湿度

包括土壤湿度和空气湿度两部分。

1. 土壤湿度　根据蔬菜对土壤湿度的需求程度不同，一般分为以下5种类型。

（1）水生蔬菜。植株的蒸腾作用旺盛，耗水很多，但根系发达，根毛退化，吸收能力很弱，只能生活在水中或沼泽地带，如茭白、慈姑、藕、菱角等。

（2）湿润性蔬菜。植株叶面积大，组织柔软。需水分多，但根系入土不深，吸收能力弱，要求较高的土壤湿度。主要生长阶段宜勤灌溉，需土壤湿润，如黄瓜、大白菜和大多数绿叶菜等。

（3）半湿润性蔬菜。植株的叶面积较小，并且叶面有蜡粉，蒸腾耗水较小，但根系不发达，入土浅且根毛较少，吸水能力较弱。该类蔬菜不耐干旱，对土壤湿度的要求比较严格，主要生长阶段要求经常保持地面湿润。半湿润性蔬菜主要是葱蒜类蔬菜。

（4）半耐旱性蔬菜。植株的叶面积较小，叶面常有茸毛保护，耗水量不大；根系发达，入土深，吸收能力强，对土壤的透气性要求也高。该类蔬菜在半干半湿的地块上生长较好，不耐高湿，主要栽培期间应定期浇水，经常保持土壤半湿润状态。半耐旱性蔬菜有茄果类、根菜类、豆类等。

（5）耐旱性蔬菜。叶上有裂刻及茸毛，能减少水分的蒸腾，耗水较少；有强大的根系，能吸收土壤深层的水分，抗旱能力强，对土壤的透气性要求比较严格，耐湿性差。耐旱性蔬菜有西瓜、甜瓜、南瓜、胡萝卜等。

2. 空气湿度　蔬菜间由于叶面积大小及叶片的蒸腾能力不同，对空气湿度的要求也不相同。

（1）潮湿性蔬菜。组织幼嫩，不耐干燥。适宜的空气相对湿度为85%～90%。潮湿性蔬菜主要包括水生蔬菜及以嫩茎、嫩叶为产品的绿叶菜。

（2）喜湿性蔬菜。茎叶粗硬，有一定的耐干燥能力，在中等以上空气湿度的环境中生长较好。适宜的空气相对湿度为70%～80%。喜湿性蔬菜主要包括白菜类、茎菜类、根菜类（胡萝卜除外）、蚕豆、豌豆、黄瓜等。

（3）喜干燥性蔬菜。单叶面积小，叶面上有茸毛或厚角质等，较耐干燥，中等空气湿度环境有利于其栽培生产。适宜的空气相对湿度为55%～65%。喜干燥性

蔬菜生产技术（南方本）

蔬菜主要包括茄果类、豆类（蚕豆、豌豆除外）等。

（4）耐干燥性蔬菜。叶片深裂或呈管状，表面布满厚厚的蜡粉或茸毛，失水少，极耐干燥，不耐潮湿。在空气相对湿度为45%～55%的环境中生长良好。耐干燥性蔬菜主要包括甜瓜、西瓜、南瓜、胡萝卜以及葱蒜类等。

（四）土壤与营养

1. 土壤　土壤是蔬菜生长发育的基础，也是蔬菜栽培获得丰产、优质、高效的根本性条件。大部分蔬菜对土壤的总体要求是：熟土层深厚，养分充足，质地松软通气，保水保肥能力强。

2. 营养　蔬菜种类不同或同一蔬菜不同生长期对营养的需求量是不完全相同的。一般对钾的需求量最大，其次为氮，对磷的需求量最小。

不同蔬菜种类、不同生育时期对营养元素的要求差异较大。叶菜类中的小型叶菜，如小白菜生长全期需氮最多；大型叶菜需氮量也多，但在生长盛期则需增施钾肥和磷肥，若氮素不足则植株矮小、组织粗硬，后期磷、钾不足则不易结球。根茎菜类幼苗期需较多氮、适量磷和少量钾，而根茎肥大时则需多钾、适量磷和少量氮，若后期氮素过多，钾供给不足，则生长受阻，发育迟缓。果菜类幼苗期需氮相对较多，结果期要求氮、磷、钾充足，增施磷肥有利于其分化。

除氮、磷、钾外，一些蔬菜对其他营养元素也有特殊的要求。如大白菜、芹菜、番茄等对钙的需求量比较大；嫁接蔬菜对缺镁反应比较敏感，镁供应不足时容易发生叶枯病；芹菜、花椰菜等对缺硼比较敏感，需硼较多。

（五）气体

影响蔬菜植物生长发育的气体条件中，最主要的是 CO_2 和 O_2。此外，有些有毒气体如 SO_2、SO_3、Cl_2、NH_3 等，对蔬菜生长发育存在不同程度的危害作用。

蔬菜的分类
与识别

子项目三 蔬菜的分类

蔬菜种类繁多，在同一种类中有许多变种，每一变种中又有许多品种。为了便于研究和学习，需要对这些蔬菜进行整理和系统的分类。常用的蔬菜分类方法有 3 种：植物学分类法、食用器官分类法和农业生物学分类法。

一、植物学分类法

植物学分类法是依照植物自然进化系统，按照门、纲、目、科、属、种、亚种和变种进行分类的方法。我国普遍栽培的蔬菜，除食用菌外，分别属于种子植物门双子叶植物纲和单子叶植物纲的不同科。植物学分类法是在明确形态、生理上的关系，以及遗传学、系统进化上的亲缘关系的基础上，按其不同，区分出的各类分类单位，对于蔬菜的轮作倒茬、病虫害防治、种子繁育和栽培管理等有较好的指导作用。其缺点是有些同科不同种的蔬菜，如同属茄科的番茄和马铃薯，在栽培技术上差异很大。

按照这种分类方法，蔬菜植物可分为 32 个科，210 多个种，常见的约有 60 个种，亚种、变种、品种不计其数。常见蔬菜按科分类如表 1-3-1 所示。

表 1-3-1 蔬菜分类

真菌门 Eumycota 担子菌纲 Basidiomyetes			
口蘑科 Tricholomataceae	香菇 *Lentinula edodes*（Berk.）Pegler	伞菌科 Agaricaceae	双孢蘑菇 *Agaricus bisporus*（Lange）Sing.
	口蘑 *Tricholoma mongolicum* lmai		蘑菇 *Agaricus campester* L.
木耳科 Auriculariaceae	黑木耳 *Auricularia auricula*（L. ex Hook.）Underw	侧耳科 Pleurotaceae	平菇 *Pleurotus ostreatus*（Jacq. ex Fr.）Quel.
银耳科 Tremellaceae	银耳 *Tremella fuciformis* Berk.	鬼笔科 Phallaceae	竹荪 *Dictyophora indusiata* auct. brit.
种子植物门 Spermatophyta 双子叶植物纲 Dicotyledoneae			
十字花科 Cruciferae	萝卜 *Raphanus sativus* L.	豆科 Laguminosae	大豆 *Glycine max* Merr.
	芥蓝 *Brassica alboglabra* Bailey		豌豆 *Pisum sativum* L.
	结球甘蓝 *var. capitata* L.		豇豆 *Vigna unguiculate*（Linn.）Walp
	花椰菜 *var. botrytis* L.		蚕豆 *Vicia faba* L.

（续）

种子植物门 Spermatophyta 双子叶植物纲 Dicotyledoneae			
十字花科 Cruciferae	小白菜（不结球白菜） ssp. *chinensis*（L.）Mahino	豆科 Laguminosae	扁豆 *Lablab purpureus*（Linn.）Sweet
	大白菜（结球白菜） ssp. *pekinensis*（Lour.）Olsson		菜豆 *Phaseolus vulgaris* L.
			矮菜豆 *Phaseolus humilis* Hassk.
	芥菜 *Brassica juncea* Coss. 大头菜（根用芥菜） var. *megarrhiza* Tsen et Lee 榨菜（茎用芥菜） var. *tsatsai* Mao	楝科 Meliaceae	香椿 *Toona sinenis* Rome.
	辣根 *Armoracia rusticana* G. Gaertn.	旋花科 Convolvulaceae	蕹菜 *Ipomoea aquatica* Forsk.
	豆瓣菜（西洋菜） *Nasturtium officinale* B. Br.		甘薯 *Ipomoea batatas* Lam.
茄科 Solanacaae	马铃薯 *Solanum tuberosum* L.	伞形科 Umbeliferae	芹菜 *Apium graveolens* L.
	茄子 *Solanum melongena* L.		芫荽（香菜） *Coriandrum sativum* L.
	番茄 *Solanum lycopersicum* L.		胡萝卜 *Daucus carota* var. *sativa* DC.
	辣椒 *Capsicum annuum* L.		茴香 *Foeniculum vulgare* Mill.
	酸浆 *Physalis pubesoens* L.	藜科 Chenopodiaceae	菠菜 *Spinacia oleracea* L.
葫芦科 Cucurbitaceae	黄瓜 *Cucumis sativus* L.	菊科 Compositae	莴苣 *Lactuca sativa* L.
	甜瓜 *Cucumis melo* L.		牛蒡 *Arctium lappa* L.
	南瓜（中国南瓜） *Cucurbita moschate* Duch.		茼蒿 *Chrysanthemum coronarium* L.
	笋瓜 *Cucurbita maxima* Duch.		紫背天葵 *Gynura bicolor* L.
	西葫芦（美国南瓜） *Cucurbita pepo* L.		菊花脑 *Chrysanthemum nankingensse* H. M.
	西瓜 *Citrullus lanatus*（Thunb.） Matum. et Nakai		朝鲜蓟 *Cynara scolymus* L.

（续）

种子植物门 Spermatophyta 双子叶植物纲 Dicotyledoneae			
葫芦科 Cucurbitaceae	冬瓜 *Benincasa hispida* Cogn.	锦葵科 Malvaceae	黄秋葵 *Hibiscus esculentus* L.
	丝瓜 *Luffa cylindrica* Roem.		冬葵 *Malva crispa* L.
	苦瓜 *Momordica charantia* L.	苋科 Amaranthaceae	苋菜 *Amaranthus mangostanus* L.
	蛇瓜 *Trichosanthes anguina* L.		

种子植物门 Spermatophyta 单子叶植物纲 Monocotyledoneae			
禾本科 Cramineceae	茭白（茭笋） *Zizania caduciflora*（Turcz.） Hand. Mazz.	百合科 Liliaceae	金针菜（黄花菜） *Hemerocallis citrina* Baroni.
	甜玉米 *Zea mays* var. *rugosa* Banaf		石刁柏（芦笋） *Asparagus officinalis* L.
天南星科 Araceae	芋 *Colocasia esculenta* Schott.		韭菜 *Allium tuberosum* Rottl. ex Spr.
薯蓣科 Dioscoreaceae	山药 *Dioscorea batatas* Decne		大蒜 *Allium sativum* L.
	田薯 *Dioscorea alata* L.		葱 *Allium fistulosum* L.
蘘荷科 Zingiberaceae	蘘荷 *Zingiber mioga* Rosc.		细香葱 *Allium schoenoprasum* L.
	姜 *Zingiber officinale* Rosc.		洋葱（圆葱） *Allium cepa* L.

二、食用器官分类法

此分类法是按照食用器官类型，将蔬菜作物分为根、茎、叶、花、果五类。按照这种分类方法进行分类，同一类蔬菜的食用器官相同，可以了解彼此在形态上及生理上的关系。凡食用器官相同，蔬菜的栽培方法及生物学特性也大体相同。例如，根菜类中的萝卜和胡萝卜，虽然它们分别属于十字花科和伞形科，但它们对于外界环境及土壤的要求都很相似。但有的类别，食用器官虽然相同，而生长特性及栽培方法却有很大差异，如根茎类中的藕和姜，茎菜类中的莴笋和茭白，花菜类的花椰菜和黄花菜，它们的栽培方法都相差很远。还有一些蔬菜，在栽培方法上虽然很相似，但食用部分却大不相同，如甘蓝、花椰菜、球茎甘蓝，三者要求的外界环境都相似，但分属于叶菜、花菜、茎菜。

1. 根菜类　以肥大的肉质根或块根为产品的蔬菜，分为肉质根类和块根类蔬菜。

（1）肉质根类。以肥大的主根为产品，如萝卜、胡萝卜、大头菜、辣根等。

（2）块根类。以肥大的直根或营养芽发生的根为产品，如豆薯、甘薯、葛根等。

2. 茎菜类　以肥大的茎部为产品的蔬菜，分为地下茎类和地上茎类蔬菜。

（1）地下茎类。

① 块茎类。如马铃薯、菊芋等。

② 根茎类。如姜、莲藕等。

③ 球茎类。如荸荠、慈姑、芋等。

④ 鳞茎类。如大蒜、洋葱、百合等。

（2）地上茎类。

① 肉质茎类。如莴苣、茭白、茎用芥菜等。

② 嫩茎类。如芦笋、香椿等。

3. 叶菜类　以叶片或叶球、叶丛、变态叶、叶柄为产品的蔬菜，分为普通叶菜类、结球叶菜类、香辛叶菜类蔬菜。

（1）普通叶菜类。如小白菜、乌塌菜、菠菜、苋菜、叶用芥菜等。

（2）结球叶菜类。如结球甘蓝、大白菜、结球莴苣、抱子甘蓝等。

（3）香辛叶菜类。如大葱、分葱、韭菜、芹菜、芫荽、茴香等。

4. 花菜类　以花器、花茎或花球为产品的蔬菜，分为花器类、花枝类、花球类蔬菜。

（1）花器类。如金针菜、朝鲜蓟等。

（2）花枝类。如菜心、菜薹、芥蓝等。

（3）花球类。如花椰菜、青花菜等。

5. 果菜类　以果实或种子为产品的蔬菜，分为瓠果类、浆果类、荚果类、杂果类蔬菜。

（1）瓠果类。如黄瓜、西瓜、甜瓜、冬瓜、南瓜、丝瓜、苦瓜等。

（2）浆果类。如茄子、番茄、辣椒等。

（3）荚果类。如菜豆、豇豆、豌豆、刀豆、蚕豆、扁豆等。

（4）杂果类。如甜玉米、菱角等。

三、农业生物学分类法

该方法是以蔬菜的农业生物学特性为分类的根据，综合了上面两种方法的优点，比较适合生产上的要求。具体分类如下：

1. 根菜类　包括萝卜、胡萝卜、根用芥菜、芜菁、甘蓝、根用甜菜等，以其膨大的直根为食用部分。在生长的第一年形成肉质根，贮藏大量的水分和糖类，到第二年开花结实。根菜类蔬菜均用种子繁殖，不宜移栽，生长期喜冷凉气候，要求疏松而深厚的土壤，以利于形成良好的肉质根。

2. 白菜类　包括白菜、芥菜、甘蓝、花椰菜、青花菜等，均以柔嫩的叶片、叶球、肉质茎或花球（薹）为食用部分。喜冷凉、湿润气候，对水肥要求高，高温干旱条件下生长不良。白菜类多为二年生植物，均用种子繁殖，第一年形成产品器官，第二年才抽薹开花。栽培上，除采收花球及菜薹（花茎）者以外，要避免先期抽薹。

3. 绿叶菜类　包括莴苣、芹菜、菠菜、茼蒿、苋菜、蕹菜、茴香等，以幼嫩的绿叶或嫩茎为食用器官。其中，蕹菜、落葵、苋菜等能耐炎热，而莴苣、芹菜、菠菜等则喜冷凉。绿叶菜类多用种子繁殖，大多植株矮小，生长迅速，常与高秆作物进行间、套作。

4. 葱蒜类　包括洋葱、大蒜、大葱、韭菜等，均属于百合科。这类蔬菜叶鞘基部能形成鳞茎，因此又称鳞茎类蔬菜。葱蒜类蔬菜性耐寒，以春、秋两季为主要栽培季节；在长日照下形成鳞茎，而要求低温通过春化；可用种子繁殖（如洋葱、大葱等），也可用营养器官繁殖（如大蒜、分葱及韭菜等）。

5. 茄果类　包括茄子、番茄及辣椒等，均以果实为产品器官。它们在生物学特性和栽培技术上都很相似，要求肥沃的土壤及较高的温度，适合育苗移栽。茄果类蔬菜性喜温暖，不耐寒冷，对日照长短要求不严格。

6. 瓜类　包括南瓜、黄瓜、西瓜、甜瓜、瓠瓜、冬瓜、丝瓜、苦瓜等，均属于葫芦科。茎蔓生，雌雄同株异花，要求较高的温度及充足的阳光，不耐寒冷，尤其是西瓜和甜瓜适于昼夜温差较大的大陆性气候及排水好的土壤。瓜类蔬菜多用种子繁殖，适合育苗移栽，生长期间需整枝搭架。

7. 豆类　包括菜豆、豇豆、毛豆、刀豆、扁豆、豌豆、蚕豆等，多以新鲜的种子或豆荚为食，均属豆科。除豌豆及蚕豆要求冷凉气候以外，其他豆类都要求温暖的环境，豇豆和扁豆尤其耐高温，根系较发达，具根瘤。栽培中多采用种子直播，根系不耐移植，蔓生种需搭架。

8. 薯芋类　包括马铃薯、山药、芋、姜等以地下根或地下根茎为食用器官的蔬菜。薯芋类蔬菜含淀粉丰富，较耐贮藏。生产上多用营养器官繁殖，要求肥沃疏松的土壤。

9. 水生蔬菜　包括藕、茭白、慈姑、荸荠、菱和水芹等生长在沼泽地区的蔬菜。除菱和芡实以外，均用营养器官繁殖。除水芹要求凉爽气候外，其他水生蔬菜生长期都要求温暖的气候及肥沃的土壤。

10. 多年生蔬菜　包括黄花菜、芦笋、香椿、折耳根等，一次播种后，可以连续收获数年。

11. 食用菌类　包括香菇、蘑菇、平菇、木耳等。食用菌以子实体为食用器官，国内已报道的有900余种，人工栽培的有近80种，其余为野生种。

12. 芽苗类　是一类新开发的蔬菜，它是用植物种子或其他营养贮藏器官，在黑暗、弱光（或不遮光）条件下直接生长出可供食用的芽苗、芽球、嫩芽、幼茎或幼梢的一类蔬菜。芽苗类蔬菜根据其所利用的营养来源，又可分为籽（种）芽菜和体芽菜两类。

13. 野生蔬菜类　我国地域辽阔，野生蔬菜资源丰富。据报道，我国栽培蔬菜仅160余种，而可食用野生蔬菜达600余种。野生蔬菜以野生采集为主，但现在有不少品种进行了人工驯化栽培并取得成功，如马齿苋、菊花脑、马兰、富贵菜、紫背天葵、蕺菜、人参菜、蒲公英等。

技能实训　蔬菜识别

一、实训目标

能够正确识别和区分常见的蔬菜种类。

二、实训材料

常见蔬菜产品实物或蔬菜图片。

三、实训过程

1. 教师展示各类蔬菜的彩色图片，并介绍其名称和分类地位。
2. 带领学生到蔬菜生产田或大棚内分组观察各类蔬菜的形态特征。
3. 让学生到超市调查本地销售的主要蔬菜类型。
4. 教师利用图片或实物对学生进行现场考核。

四、考核标准

1. 学生能根据学习情况，通过调查完成课后任务的表格。
2. 学生能正确识别给出蔬菜的图片或实物（要求 15 种以上），并能正确回答出名称及类别，准确率达 80% 以上。

达到以上要求即为考核通过，若一次考核不通过可重复考核，直到通过为止。

五、课后任务

根据观察内容，列举 10 种蔬菜的名称，并将其所属分类、主要特征等信息填入表 1-3-2。

表 1-3-2　常见蔬菜的识别与分类

序号	蔬菜名称	植物学分类	食用器官分类	农业生物分类	主要特征

项目二　蔬菜生产基本技术

知识目标

1. 了解蔬菜种子的类型和特点。
2. 掌握蔬菜种子质量鉴定的方法。
3. 掌握蔬菜种子播前处理及播种方法。
4. 了解菜地作畦的类型及蔬菜作畦、定植的相关知识。
5. 掌握营养土育苗、穴盘育苗及嫁接育苗技术，并了解工厂化育苗技术。

技能目标

1. 能正确识别常见蔬菜种子。
2. 能对常见蔬菜种子进行播前处理。
3. 能完成菜地的整地、作畦和定植。
4. 学会营养土育苗、穴盘育苗及嫁接育苗技术，并能培育出壮苗。
5. 能根据蔬菜生长发育状况进行合理的水肥管理和植株调整等田间管理措施。

子项目一　菜地规划与土壤耕作

一、菜地的规划

一二年生蔬菜由于生长周期短，可根据蔬菜的种类、生长习性调节种植计划及种类。

根据种植地的气候条件，结合市场需求确定种植种类及规模。如华南及长江流域可以形成越冬叶菜生产区；高寒山区以生产夏秋蔬菜为主；中原及华北温暖地区则以冬春果菜生产为主。因地制宜，选择当地特色品种，发展特色产业。

了解蔬菜的种类、品种，对其进行合理搭配。多数蔬菜连作易引起病害的发生，因此在种植园规划时，需考虑倒茬的时间及空间。

注意各区域划分的比例和设施配置，如菜园露地栽培和设施栽培的比例、育苗与定植区域的比例等。

二、菜地的选择

1. 交通便利　由于鲜嫩蔬菜不耐运输、贮藏，在较短时间内容易变质腐烂，而城镇居民对产品的要求很高，需保证产品的新鲜度。因此，便利的交通条件可降低生产成本，促进蔬菜生产不断发展。

2. 接近水源　蔬菜作物的生长发育受气候条件的影响，其中湿度对其生长尤为重要。蔬菜生产过程中，要保证水源充足，天然降水或远距离送水远不能满足蔬菜生长需求。因此，开发新菜地，需优先考虑附近的水源，利用自然水源，如江、河、湖、池等。有地下水源的地区和单位，可进行规划开发。

3. 避免"三废污染"　工业废水、废气、废渣不仅对环境有影响，对蔬菜生长也有一定影响。在工业"三废"污染地区进行蔬菜生产，会导致蔬菜产量低、品质劣，含毒量高，危害人体健康，因此不宜在工业"三废"污染地区建立菜园。

三、菜地的整地

蔬菜地的整地要精耕细作，要求平、细、松、深。因蔬菜的种类繁多，整地的精细程度根据种类而不同，如菠菜种子大，种皮厚，出苗时需要大量的水分，所以播种要深些，整地时要求土粒稍大，种子容易下到表土的下层，有利于种子发芽。菠菜种子发芽后顶土能力较强，即使土层深点也能正常出苗；而苋菜种子细小，发芽顶土能力弱，粗的土粒压在细小的种子上，好像压上一座"大山"，不能出苗。因此整地时要整细，不使或少使种子漏到表土下层，以利于出苗。此外还要整平，便于浇水时水分能均匀分布，有利于出苗、全苗。

四、菜地的耕作

蔬菜作物属于好氧生物，为了加深耕作层，改善土壤环境条件，促进根系生长，需要对菜地进行翻耕后再种植蔬菜。

翻耕时，施有机肥可促进土壤熟化，使土壤肥力得到提高。在翻耕的过程中，可在一定程度上消灭病虫和杂草。

翻耕深度通常要求为25～30 cm，土块应细碎。深根性蔬菜，如根菜类、茄果类、豆类、瓜类等应深耕；而浅根蔬菜，如黄瓜叶类蔬菜、洋葱和大蒜，当土壤湿度合适时，则应进行浅耕。太干或太湿都会轻易破坏土壤结构，大块土壤影响蔬菜的生长。

1. 深耕细锄　蔬菜的根大部分集中在5～25 cm的土层中。菜地的耕作一般要求深度为25～30 cm，应将土块细碎。一般需要来回挖两遍，第一遍需要挖深一点，第二遍耕地时需细锄，将结块的土块砸碎。深耕可以使土层加厚，同时还可以将杂草的种子、病虫埋在深层土壤中，减轻危害。但是，在土层较浅的土地上耕作时，需注意分清土壤底土和耕作层，避免将底土变成耕作层，这会导致土壤肥力下降。深耕的同时，施入有机肥可以促进土壤熟化。

2. 深沟高畦　除水生作物外，蔬菜应避免水浸泡。长江以南平原地区，春季和夏季雨水较多，为避免积水，需深沟高畦，以确保排水顺畅。通常，畦沟的深度为25～30 cm，底宽为30～40 cm，表面宽度为1～2 m，规格受地形、种植季节和蔬菜种类的影响。对于行距较宽的蔬菜，适当的犁沟宽度有利于操作并且不影响种植密度。土层较浅的区域，适合起垄种植。

五、菜地作畦

为便于排灌、施肥及田间其他农事操作，改善土壤通气条件，提高地温及减轻病虫害发生，在土壤翻耕后、蔬菜栽植前，可将菜田做成小区，即作畦。

（一）畦的种类（图2-1-1）

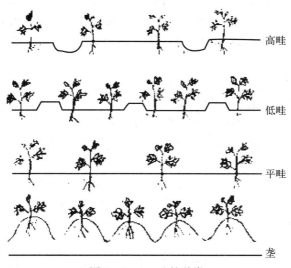

图2-1-1　畦的种类

（韩世栋，2001，蔬菜栽培）

1. 平畦　即畦面与地面相平的畦。在整平地面后，不需筑成畦沟和畦埂。平畦适用于地面平整、排水良好的地势和气候相对干燥的地区或季节，具有单位土地面积利用率高的优势。灌水后，由于畦面土壤易板结，通气性差，会阻碍蔬菜的生长，特别容易随流水传播引发病虫害。南方地区的雨水较多，地下水位相对较高，一般不采用平畦。

2. 低畦　即畦面低于畦间通道的畦。低畦有利于蓄水和灌溉，适用于需水量大、耐涝性强的蔬菜，对于地下水位低、排水良好、气候干燥季节的地区种植蔬菜一般采用低畦。

3. 高畦　即畦面高于地面的畦。高畦适用于降水强度大、地下水位高、排水不良的地区。此种方式在南方采用较多。高畦一般规格为：面宽0.8～1.2 m，高20～30 cm，上沟宽40～50 cm。具体规格需要根据当地季节变化以及栽培的不同蔬菜种类而定。

南方采用深沟高畦具有以下优势：①增厚土壤耕作层，增加土壤孔隙度，使蔬菜根系发达；②雨季排水良好，能有效防治病害的发生；③灌溉不超过畦面，病虫便不会轻易随流水进行传播；④夏季沟中蓄水，有利于降低土壤温度和促进喜湿蔬菜的生长；春季土温容易升高，有利于春季蔬菜生产。但是，高畦也存在许多不足，如沟数过多、单位土地面积利用率低、水不易渗透到畦中心、灌水效率低等。

4. 垄　即一种较窄的高畦。其规格为：一般垄底宽60～70 cm，上部稍窄，高约 15 cm，垄间距根据蔬菜种类而定。垄适用于山药、马铃薯等蔬菜的生产。

（二）作畦要求

1. 畦向　畦的方向与地面接受辐射光照有着密切的关系。畦向不同，植株受到的光照度、辐射热及空气流通状况不同，会影响到植株群体中的温度、光照、水分的状况。所以，从栽培季节上考虑，冬、春季畦的方向以东西向为宜，东西行向每一植株接受太阳辐射热多，可以提高地温；而夏、秋季畦的方向以南北向为宜，南北行向的植株的受光和通风状况较好。地势倾斜的地块，畦的方向要考虑能够保持土壤水分、防止土壤冲刷。风力相对较大地区，畦向要与风向平行，以利于行间通风。

2. 畦质量要求

（1）地面平坦。平畦、高畦、低畦的畦面要平整，否则在浇水或雨后，土壤湿度会不均匀，植株生长不整齐，低洼处还易积水。

（2）土壤细碎。整地作畦时，一定要使土壤细碎，清理出土壤中的垃圾、石砾及薄膜等影响植株生长的杂物。

（3）土壤疏松。总体来说，作畦后应保证土壤的透气性良好。但在耕翻和作畦过程中也需适当镇压，土壤过松、孔隙较多会导致浇水时造成塌陷，而使畦面高低不平，影响后期浇水和蔬菜生长。

（三）施用基肥

基肥又称底肥，是指在蔬菜播种前或定植前结合土壤耕作施入田间的肥料，起到提高土壤肥力、改良土壤的作用。基肥既给植株提供充足的养分，又为蔬菜的生长发育提供适宜的土壤条件。

基肥一般应以有机肥为主，以化肥为辅，一般占总施肥量的 30%～50%，若采用地膜覆盖则需占 60%～80%。基肥能否充分发挥其作用，受作物肥料、土壤、气候和栽培技术等因素的影响。夏季高温期时，需将基肥腐熟后再施用，否则会使植株根系被灼伤。钙、磷等肥一般作为基肥施入，与有机肥料混合并集中施用，以减少与土壤的接触面积，防止被土壤固定，从而提高肥料的有效性。

基肥的施用分 3 种类型：普遍施肥、集中施肥和分层施肥。

1. 普遍施肥　把肥料均匀地撒到地面，然后耕翻，适于种植密度大的叶菜类、葱蒜类等。

2. 集中施肥　对于肥料用量较少，或者根据肥料特性和作物的要求，为了提高肥效，采用开沟条施或穴施等方法，将少量的肥料集中施在蔬菜作物播种行内或播种穴中。

3. 分层施肥　在耕翻时把大部分的肥料施入土壤的中下层，播种或定植前把剩余的施入表土内。

六、任务考核与评估

1. 能正确描述菜地选择及整地作畦的要求。

2. 能熟练完成菜地的整地作畦。

技能实训　整地作畦

一、实训目标

能正确规范进行地块的整地、施基肥、作畦、起垄。

二、实训材料

空地块、农家肥、化肥、锄头、铁锹、耙子等工具。

三、实训过程

1. 分工　分组并划分地块。根据人数分组，每组 4～6 人，再对地块进行合理分配。

2. 整地施基肥

（1）按照每亩菜田撒施 3 000 kg 优质农家肥、50 kg 化肥的标准，计算地块应该撒施的量。

（2）均匀撒入农家肥和化肥（可一次性全部撒入，也可 2/3 撒畦面＋1/3 撒沟内）。

（3）深翻土地，整细耙平。

3. 作畦　可根据种植蔬菜的类型、场地的条件选择合适的畦面长宽。

（1）做低畦。畦宽 1 m、长 5～8 m。

（2）起垄。垄距 60～70 cm、高 15 cm，要求垄直顶平。

（3）做高畦。在温室内按底宽 100 cm、顶宽 70 cm 做小高畦，畦沟宽 30 cm。

四、考核标准

1. 能正确进行农家肥和化肥的撒施和沟施。

2. 能正确熟练地完成作畦和起垄（要求：土壤细碎，松紧适度，无坷垃、石砾等杂物，畦面平整、无土块，畦埂坚硬、顺直）。

3. 按时完成作业，且答案正确。

达到以上要求即为考核通过，若一次考核不过可重复考核，直到通过为止。

五、课后任务

比较平畦、低畦、高畦和垄的优缺点、适宜地区及适宜栽培作物，填入表 2-1-1。

表 2-1-1　畦的类型和特点

畦的类型	优点	缺点	适宜地区	适宜栽培作物
平畦				
低畦				
高畦				
垄				

子项目二　蔬菜种子

蔬菜种子在不同领域有多种含义。植物学上的种子是指受精后的胚珠发育而成的繁殖器官，是植物有性生殖过程的产物。生物学上的种子是指有生命的活的有机体，它不停地进行呼吸代谢作用，在适宜的条件下能发育成新的植物体。遗传学上的种子是指植物系统发育过程中保持生命连续性的物质基础，它包含着生命有机体的各种遗传因子，能够保证植物不间断地生存繁衍、传宗接代。《中华人民共和国种子法》中所称种子是指农作物和林木的种植材料或者繁殖材料，包括籽粒、果实和根、茎、苗、芽、叶等。农业生产上的种子泛指"播种材料"，即凡用来作为繁殖的器官或营养体，统称农业种子。蔬菜种子可分为真种子、果实、营养器官和食用菌类的菌丝体。

任务一　蔬菜种子的识别

一、蔬菜种子

1. 真种子　即植物学上的种子，由胚珠受精后形成，如豆科、十字花科、葫芦科、茄科、百合科等蔬菜种子。

2. 果实　属植物学上的果实，可直接用作播种材料的果实，由胚珠、子房及花萼部分发育而成，如伞形科、藜科、菊科蔬菜的种子。果实的类型包括瘦果、聚合果、双悬果。

3. 营养器官　无性繁殖材料的营养器官，如鳞茎、地下块茎、地下块根、根状茎、地下球茎等营养体繁殖。

4. 菌丝体　食用菌类的菌丝体也是蔬菜种子的一种。

二、蔬菜种子的形态结构

种子形态是鉴别蔬菜种类、判断种子质量的一项重要指标。植物种子的种类繁多，其种子的形态、构造也存在一定的差异。种子的形态结构主要指种子的外形、大小、颜色、表面光洁度、沟、棱、毛刺、网纹、蜡质、突起物、种脐大小及形状等。

1. 种子的外形　圆（球）形、肾形、心脏形、纺锤形、三棱形、卵圆形、盾形、披针形及不规则形等（图2-2-1）。

2. 种子大小　一般分为大、中、小3级。大粒种子有豆科、葫芦科等的种子；中粒种子有茄科、藜科等的种子；小粒种子有十字花科等的种子。

3. 种子颜色　指果皮或种皮色泽，有褐、红、黄、黑、白、绿、棕、紫、灰、杂色等。

4. 种子表面光洁度　有光泽或无光泽。

5. 种子表面特征　表面是否光滑、有无茸毛或刺毛、有无瘤状突起、是否凹凸不平、是否有棱状或网纹、有无蜡层等。

蔬菜种子
的识别

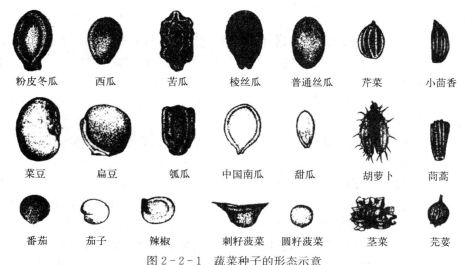

图 2-2-1　蔬菜种子的形态示意
（陈杏禹，2011，蔬菜种子生产技术）

三、蔬菜种子的萌发条件

1. 种子萌发的过程

（1）吸水。种子吸水可分为两个阶段：第一阶段是吸胀吸水，这是一个物理过程，主要是依靠种皮、珠孔等结构吸水膨胀，吸收的水分大部分到达胚的外围组织，其吸水量只能提供发芽所需水量的 1/2；第二阶段是生理吸水，吸水依靠种子胚的生理活动，胚的活动靠吸收的水分所供给。其中，死种子也能借种皮的吸胀作用进行机械吸收，但因胚已死亡，种胚不能进行生理吸水。

（2）萌动。有生活力的种子，随着水分吸收，酶的活性会不断增强，并且所贮藏的营养物质开始转化和运转；胚部细胞开始分裂并伸长。胚根首先从发芽孔伸出，这就是种子的萌动阶段，俗称"露白"或"破嘴"。萌动过程发生强烈的呼吸作用，吸收氧气，释放二氧化碳和热量。萌动的种子对环境条件比较敏感，如果条件不适合，则会延迟萌动时间，甚至不发芽。

（3）出苗。种子"露白"后，胚根、胚轴、子叶、胚芽的生长加快，胚轴顶着幼芽破土而出。幼芽出土有两种情况：第一种，萌发后下胚轴伸长，子叶出土，如菜豆、白菜类、瓜类、根菜类、茄果类等；第二种，萌发后下胚轴不伸长，由上胚轴伸长把真叶顶出土面，子叶则留在土中，贴附在下胚轴上，直到养分耗尽解体，如豌豆、蚕豆等。

2. 种子萌发要求的环境条件

种子萌发的 3 个基本条件：水分、温度、氧气。此外，二氧化碳气体及其他因素对种子发芽也有不同程度的影响。

（1）水分。是种子发芽所需的重要条件之一，吸水是种子萌发的第一步。

蔬菜种类繁多，各类吸水量也不一样。豆类种子的蛋白质含量高，其吸水速度快且多，菜豆吸水量相对来说比较多，其吸水量为种子质量的 105%；以油脂为主的种子，吸水量略少，如白菜种子；以淀粉为主的种子吸水更少、更慢。一般蔬菜

蔬菜生产技术（南方本）

种子浸种 12 h 便可完成吸水过程，当水温高达 40～60 ℃时会加快种子的吸水速度。

种子吸水过程与土壤溶液渗透压及水中气体含量有密切关系。土壤溶液浓度高、水中氧气不足或二氧化碳含量增加可使种子吸水受到抑制。种皮的结构也会影响种子的吸水，如十字花科种皮薄，浸种 4～5 h 可吸足水分；黄瓜则需 4～6 h；葱、韭需 12 h；豆类蔬菜一般不浸种或浸种 1～2 h，豆粒刚饱满时即可，否则种子内的营养易外渗。

（2）温度。蔬菜种子需要一定的温度才能发芽，蔬菜发芽要求的温度随品种的不同而异。喜温蔬菜（瓜类、茄果类）发芽温度较高，种子发芽适温为 25～30 ℃；耐寒、半耐寒蔬菜（白菜类、萝卜、菠菜等）发芽适温为 15～30 ℃。在合适的温度范围内，发芽速度更快，发芽率也高。莴苣、芹菜适温范围较窄，为 15～20 ℃，如果使用 5～10 ℃低温处理 1～2 d，可促进快速发芽。

（3）气体。主要指氧气和二氧化碳对种子发芽的影响。氧气是影响种子发芽最重要的气体因素。种子在贮藏期间，呼吸微弱，需氧量极少，但种子一旦吸水萌动，对氧气的需求量便会急剧增加。种子发芽需氧浓度高于 10%，若无氧或氧不足，种子不能发芽或发芽不良。例如，在浸种催芽时透气不良，播种后覆土过厚或地面积水等会导致氧气不足，造成种子发芽不良，甚至烂种。二氧化碳浓度超过一定限度时，对发芽也有一定的抑制作用。

（4）光。光能影响种子发芽，但不同的蔬菜种子对光的反应表现也不同。根据种子发芽对光的要求，蔬菜种子可分为以下 3 类。

① 需光种子。这类种子需要一定的光照才能发芽，在黑暗条件下发芽不良或不能发芽，如莴苣、紫苏、芹菜、胡萝卜等，播种时可以不覆土或覆一层薄土。

② 嫌光种子。这类种子需在完全黑暗条件下发芽，有光会导致种子发芽不良，如苋菜、葱、韭及其他一些百合科作物种子。

③ 中光种子。这类种子发芽时对光的反应不敏感。在有光或黑暗条件下均能正常发芽，如豆类、瓜类及大多数蔬菜种子。

四、新陈种子的鉴别

在市场上时常会购买到陈旧的蔬菜种子，导致种子发芽率低或不发芽，耽误蔬菜播种的质量以及后期生长整齐度。辨别种子的新旧，可采用看、闻、搓、浸等方法来检验。

1. 肉眼观察种子外表　一般新种子表皮光滑而有光泽，旧种子表面无光泽，附有一层"盐霜"。

2. 用嘴咬种子尝味　新种味清香，旧种则味似变质猪油。

3. 用手剥种皮见子叶　新种子的叶子呈浅黄绿色，同时种子内含油分较多，而旧种子的子叶呈黄色，含油分较少。

（1）大白菜。饱满的新种子表皮呈铁锈色或红褐色，光滑新鲜，胚芽处略凹，用指甲压开，子叶为米黄色或黄绿色，油脂较多，表皮不易破裂；旧种子表皮呈暗色或深褐色，发暗，无光泽，常有一层"白霜"；用指甲压开，子叶为橙色，表皮碎裂成小块。

（2）甘蓝。新种子表皮为枣红色或褐红色，有光泽，种子大而圆，用指甲压开，子叶为米黄色，压破后种皮与子叶相连，不易破裂，油脂多；旧种子表皮为铁锈色或褐红色，发暗、无光泽，种子皱缩而欠圆，用指甲压开，子叶为橙黄色，略发白，压破后子叶与种皮各自破裂成小块。

（3）黄瓜。新种子表皮为乳白色或白色，有光泽，端部刚毛较尖，将手伸进种子袋内拔出时，往往挂有大量种子；种皮较韧、剥开时片与片可连，种仁放在纸上一压成泥状，纸被油脂印染；旧种子表皮无光泽、有黄斑，端部刚毛较钝，将手伸进种子袋内拔出时，种子很少挂手；种皮较脆，剥时不易相连，种仁放在纸上一压成片状，纸不易被油脂印染。

（4）番茄。新种子种毛整齐、斜生，长而细软，用手搓，无刺手心感，种子毛不易被搓掉；切开种子，种仁易挤出，呈乳白色，用指甲压种仁成泥状，油脂可印染纸；旧种子用手搓，手心有刺痛感，种毛易被搓掉或搓乱；切开种子，种仁不易挤出，挤出后呈黄白色，用指甲压种仁成片状，油脂少，不易染纸。

（5）茄子。新种子表皮橙黄色或接近人体肤色，边缘略带黄色，用门齿咬时易滑落，用手扭时无韧性，破处整齐，子叶与种皮可脱开，皮较脆。

（6）辣椒。新种子表皮呈深米黄色，脐部橙黄色，有光泽，牙咬柔软不易被切断，辣味较大；旧种子表皮呈浅米黄色，脐部浅橙黄色或无橙黄色，无光泽，牙咬硬而脆，易被切断，辣味小或无辣味。

（7）萝卜。新种子表皮光滑、湿润，呈浅铁锈色或棕褐色，表皮无皱纹或皱纹很少，子叶高大凸出，胚芽深凹，用指甲挤压易成饼状，油脂多，子叶为深米黄色或黄绿色；旧种子表皮发暗、无光泽，干燥，呈深铁锈色或深棕褐色，表皮纹细而明显，用指甲挤压不易破，油脂少，子叶为白黄色。

（8）胡萝卜。新种子种仁白色，有辛香味；旧种子种仁黄色至深黄色，无辛香味。

（9）西葫芦。新种子表皮为乳白色，有光泽，外缘光滑柔软，种子放平用手指紧捏，种仁与种皮不易脱开，种仁黄绿或白色；旧种子表皮为白色，无光泽，外缘不光滑，硬而脆，种皮易脆，种子放平用手指紧捏，种仁与种皮易脱离，种仁深黄色。

（10）菜豆。新种子表皮光亮，脐白色，子叶白黄色，子叶与种皮紧密相连，从高处落地时声音实；旧种子表皮深暗、无光泽，脐色发暗，子叶深黄色或土黄色，且易与种皮剥离，从高处落地时声音发空。

（11）菠菜。新种子表皮为黄绿色，坚韧有光泽，有清香味，内含淀粉为白色；旧种子表皮为土黄色或灰黄色，有霉味，种皮脆无光泽，内含淀粉为浅灰色至灰色。

（12）芹菜。新种子表皮为土黄色稍带绿，辛香味很浓；旧种子表皮为土黄色，辛香味较淡。

（13）葱蒜类蔬菜。包括洋葱、大葱、韭菜等。新种子表皮为深黑色，有光泽，胚乳为白色，具有品种原有气味；旧种子表皮为黑色，发暗，胚乳发黄。其中，韭菜新种子表皮褶皱而富有光泽，种皮上有白点，色泽鲜明，有韭菜所固有的香味；

旧种子表皮失去光泽，种皮外部有一层"白霜"，种皮由白变黄。

五、任务考核与评估

1. 能正确识别常见的蔬菜种子。
2. 能识别常见的蔬菜新陈种子，并说出其新陈种子的区别。

任务二　蔬菜种子质量鉴定

一、种子纯度

种子纯度是指品种真实性和典型性一致的程度，可用品种纯度表示。种子纯度是整个种子检验过程中一项重要检验指标。品种纯度高的种子因具有该品种的优良特性而可获得丰收。相反，品种纯度低的种子由于其混杂退化而明显减产，因此，其技术进步主要体现在由植株性状的初步鉴定（田间种植）和籽粒形态特征鉴定（室内辨别）相结合发展到荧光扫描鉴定、同工酶谱分析以及 DNA 指纹图谱分析。

种子的形态特征是植物体最稳定的性状之一，是鉴定其品种的重要依据。种子形态鉴定是最简便、最快速的方法，不需特殊的设备，但要求熟练掌握所检验种子的形态、大小、表面特征和颜色等。具体方法是：随机从送检样品取 400 粒种子，鉴定时设重复组，每个重复不超过 100 粒种子。用肉眼或放大镜逐粒进行观察，根据种子形态特征的差异，以标准样品为基准，鉴别出不同品种种子。

就种子的形态特征而言，可以鉴定的性状是有限的。有的品种之间没有明显差异，用这种方法很难识别出来。因此，该方法具有局限性。

二、种子净度

种子净度是指种子清洁干净的程度，即样品除去杂质和其他植物种子后，留下的本作物的净种子质量占样品总质量的比例。

种子净度是种子播种品质最为重要指标之一，也是判断种子质量水平的基础指标之一。如果种子净度不符合种子质量标准的要求，则认为该种子不合格。净度分析的目的是测定供检种子样品不同成分的质量百分比和种子样品混杂物特性，并据此推测种子的组成。

三、种子千粒重

千粒重是指国家种子质量标准规定的 1 000 粒种子的质量，以克为单位。我国《农作物种子检验规程　其他项目检验》（GB/T 3543.7—1995）中列出了 3 种测定种子质量的方法，分别是百粒法、千粒法和全量法。

1. 百粒法　用手或数种器从试验样品中随机数取 8 个重复，每个重复 100 粒，分别称量（克），小数位数与《农作物种子检验规程　净度分析》（GB/T 3543.3—1995）的规定相同。计算 8 个重复的平均质量、标准差及变异系数。

2. 千粒法　用手或数粒仪从试验样品中随机数取两个重复，大粒种子数 500 粒，中小粒种子数 1 000 粒，各重复称量（克），小数位数与《农作物种子检验规

种子播前
质量检验

程　净度分析》（GB/T 3543.3—1995）的规定相同。两份的差数与平均数之比不应超过 5%，若超过应再分析第三份重复，直至达到要求，取差距小的两份计算测定结果。

千粒重（规定水分，g）＝实测千粒重（g）×[1－实测水分（%）]

3. 全量法　将整个试验样品通过数粒仪，记下计数器上所示的种子数。计数后把试验样品称量（克），小数位数与《农作物种子检验规程　净度分析》（GB/T 3543.3—1995）的规定相同。并将整个试验样品质量换算成 1 000 粒种子的质量。

四、种子发芽率和发芽势

1. 种子的取样　从供试种子中随机取 3～4 份样品，小粒种子每份取样 100 粒，大粒种子每份取样 50 粒。

2. 浸种　将种子浸入清水中一定时间，使其充分吸水膨胀，在培养皿中铺上 2～3 层滤纸并将其打湿，然后将种子均匀地摆放在滤纸上，在培养皿上贴上标签，标签上需标注蔬菜名称、重复次数和处理日期等，然后盖上培养皿盖。

3. 催芽与管理　将培养皿放入恒温箱内发芽，喜温、耐热蔬菜发芽温度为 25～30 ℃，耐寒、半耐寒蔬菜发芽温度为 20～25 ℃。发芽期间，每天需定期检查并及时补充水分。

4. 观察记载与计算　到达规定日期时，统计发芽种子粒数，计算发芽势和发芽率。

$$种子发芽势＝\frac{发芽试验初期（规定时间内）正常发芽粒数}{供试种子粒数}×100\%$$

$$种子发芽率＝\frac{发芽试验终期（规定时间内）全部正常发芽粒数}{供试种子粒数}×100\%$$

种子播种量应根据蔬菜的种植密度、单位质量的种子粒数、种子的使用价值及播种方式、播种季节来确定。单位面积播种量的计算公式如下：

$$单位面积播种量（g）＝\frac{种植密度（穴数）×每穴种子粒数}{每克种子粒数×种子使用价值}×安全系数（1.2～2.0）$$

五、任务考核与评估

能正确计算种子的发芽率、发芽势及播种量。

技能实训　蔬菜种子形态识别

一、实训目标

通过对种子外部形态和内部结构的观察，使学生能够识别常见的蔬菜种子，并能够初步判断常见的蔬菜新陈种子。

二、实训材料

各种蔬菜的种子（芸薹属、萝卜属、南瓜属、葱蒜类、豆科、绿叶菜类等）、标签纸、放大镜、电子天平、镊子、刀片等。

三、实训过程

1. 种子外部形态的观察　外部形态一般指种子的形状、大小、颜色及表面特征等。

（1）种子的外形。常见的有球形、卵圆形、长形、扁圆形、圆柱形、三角形、盾形等。

（2）种子大小。一般可将种子分成大粒种子（如豆科、葫芦科等的种子）、中粒种子（如茄科、藜科等的种子）和小粒种子（如十字花科等的种子）。

（3）种子颜色。种皮或果皮表面的色泽。

（4）种子表面光洁度。有光泽或无光泽。

（5）种子表面特征。种子表面带刺毛、网纹、茸毛、蜡粉、皱纹等。

2. 种子内部结构的观察　解剖菜豆、番茄、辣椒等蔬菜的种子，并在放大镜下观察其种皮、胚（胚的组成部分）和胚乳。

3. 新陈种子的识别　根据看、闻、搓、浸法和相关知识判断给出种子的新陈。

4. 区分大葱、洋葱和韭菜的种子　仔细观察大葱、洋葱和韭菜的种子并测其千粒重，把观察结果填入表2-2-1。

表2-2-1　葱蒜类种子的比较

种子名称	形状	颜色	表面特征	脐部特征

四、考核标准

1. 能正确识别和区分常见的蔬菜种子（15种左右）。

2. 能正确区分大葱、洋葱和韭菜种子。

3. 能利用简单的方法正确区分新陈种子，准确率到达100%。

达到以上要求即为考核通过，若一次考核不通过可重复考核，直到通过为止。

五、课后任务

仔细观察种子，并将观察结果填入表2-2-2。

表2-2-2　种子形态特征记录

种子名称	科属	形状	大小	颜色	表面特征

子项目三　蔬菜播种技术

任务一　种子的播前处理

一、浸种

浸种根据水温分为 3 种形式：一般浸种、温汤浸种和热水烫种。

1. 一般浸种　把种子放入干净无油的盆内，倒入清水。搓洗种皮上的果肉、黏液等，不断换水，除去浮在表面的瘪籽（辣椒除外），直至将其洗净为止。将种子用 25～30 ℃的清水浸泡，每 5～8 h 换一次水。种子浸至不见干心为止。此法适用于种皮薄、吸水快的种子。

2. 温汤浸种　将种子放入洁净无油的盆内，一边倒入 50～55 ℃温水一边搅拌，保持恒温 10～15 min，以杀死大多数病菌。然后使水温自然降低至 30 ℃，按要求继续浸种。该方法具有一定的消毒效果，可用于茄果类、瓜类、甘蓝类种子。

3. 热水烫种　首先将完全干燥的种子用冷水浸泡，然后一边倒入 80～90 ℃热水一边搅动（热水体积不得超过种子体积的 5 倍），保持 1～2 min，待温度降到 55 ℃时停止搅拌，并保持这样的水温 7～8 min，然后进行浸种。此法适用于种皮厚的西瓜、苦瓜等种子。

种子的播
前处理

二、种子的物理处理

1. 干热处理　此方法用于喜温蔬菜种子和未完全成熟的种子。例如，将干燥的番茄和瓜类蔬菜种子在 60～70 ℃温度下处理 4～72 h，可消毒和预防疾病，促进发芽，提早成熟并增加产量。

2. 低温处理　具体方法是把开始萌动（露白）的种子在低温（0～2 ℃）下处理 1 周，每天要清洗种子防止芽干。

3. 变温处理　具体方法是把开始萌动的种子先放到 -5～1 ℃温度下处理 12～18 h（喜温的蔬菜温度应取高限），再放到 18～22 ℃温度下处理 6～12 h；或者在 28～30 ℃温度下放置 12～18 h，16～18 ℃温度下放置 6～12 h，直至出芽。经过变温处理后，可以增强种子对低温的适应性。

三、种子的化学处理

化学处理种子方法有微量元素浸种，激素、渗透剂等浸种，药液浸种或药剂拌种，等等。

1. 微量元素浸种　用单一元素或将几种元素混合进行浸种（如硼酸、硫酸锰、硫酸锌、钼酸铵等），浓度一般为 0.01%～0.2%。瓜类浸种 12～18 h、果类浸种 24 h，可促进幼苗的根系生长，加快种子的生长发育进程。

2. 激素、渗透剂等浸种　用 150～200 mg/kg 赤霉素溶液浸种 12～24 h 可促进发芽；用 100 mg/kg 激动素溶液或 500 mg/kg 乙烯利溶液浸泡莴苣种子，可促进种子在高温季节发芽；用 100 mg/kg 吲哚乙酸（IAA）浸泡大白菜种子，可以极大提高夏季大白菜的出苗率和成苗率。

3. 药液浸种或药剂拌种　药液用量一般是种子质量的 2 倍，常用浸种药液有 50％多菌灵可湿性粉剂 800 溶液、50％甲基硫菌灵可湿性粉剂 800 倍液或甲醛溶液 100 倍液、10％磷酸三钠溶液、1％硫酸铜溶液、0.1％高锰酸钾溶液等。

四、催芽

催芽是将浸泡过的种子放到适宜的温度、湿度、氧气条件下，使种子萌发迅速而整齐一致。催芽期间，每隔 4～5 h 需翻动一次种子，并用清水淘洗。待有 50％～80％种子出芽即可终止催芽进行播种。

五、任务考核与评估

能根据种子的特点正确选择用种，并进行浸种、消毒、催芽等播前处理。

任务二　蔬菜播种

一、播种时间的确定

1. 确定露地播种期　根据不同蔬菜生长发育对气候条件的要求，把蔬菜的旺盛生长期和产品器官主要形成期安排在气候条件（主要指温度）最适宜的季节，以充分满足蔬菜生长发育的要求。

2. 确定设施蔬菜播种期　根据蔬菜种类、育苗设施、安全定植期，用安全定植期减去日历苗龄来推算。

二、播种方式

1. 撒播　将种子均匀地撒在平整的畦面上，再进行覆土。撒播一般用于植株矮小、速生的绿叶蔬菜，如小葱、香菜、小油菜等，也适用于多数蔬菜的育苗。

2. 条播　按一定的行距开沟播种，然后进行覆土。条播有垄作单行条播、畦内多行条播等。

3. 穴播　按一定的株行距开穴，每穴播若干粒种子；也可按行距开沟，按株距点播种子，播后覆土。点播多用于大粒种子，如瓜类、豆类，以及需要簇植的蔬菜，如韭菜。

4. 干播　干播是趁雨后土壤墒情合适时播种或播种后浇水，主要用于夏、秋适宜发芽的季节。干播后要整平畦面，并适当镇压，使种子与土紧密结合。

5. 湿播　湿播又称盖种，即苗床整好后先浇水，渗透后进行播种，播后覆盖湿润细土。湿播主要用于早春温度低的季节，以免播后多次浇水降低土温。

三、播种深度

播种深度应根据种子大小、土壤质地、土壤湿度、土壤温度及气候条件等确定。确定播种深度的原则是：大粒种子宜深，小粒种子宜浅，一般覆土厚度为种子厚度的 2～3 倍；喜光种子宜浅播；相同的品种，沙质土宜深播，黏质土宜浅播；土壤湿度大、温度适宜时浅播，反之则深播；干燥季节宜深播，湿润季节宜浅播。

四、任务考核与评估

1. 能根据蔬菜栽培茬口及当地的气候特点计算播种期。

2. 能根据气候、土壤条件及种子大小正确选择播种方法和适宜的播种深度。

技能实训 2-3-1　蔬菜种子播前处理

一、实训目标

通过学习能正确进行种子的播前处理与消毒。

二、实训材料

几种有代表性的蔬菜种子（黄瓜、黑籽南瓜、茄子等）、培养皿、烧杯、滤纸、纱布、标签纸、恒温箱、温度计、玻璃棒、热水、敌磺钠、多菌灵、福尔马林、高锰酸钾等。

三、实训过程

1. 浸种

（1）一般浸种。一般用温度为 25～30 ℃ 的清水对种子进行浸泡，浸种时间因蔬菜种类的不同而异。

（2）温汤浸种。用体积大约是种子体积的 5 倍的 55 ℃ 热水浸泡挑饱满的黄瓜、茄子种子，用玻璃棒不断地搅拌，保持恒温 15～20 min。然后转入一般浸种，浸种 4～6 h（不同种子浸种时间不同）。

（3）热水烫种。将黑籽南瓜的种子倒入盛有 80～90 ℃ 热水的容器中，烫种 1～2 min，加凉水，降到 55 ℃ 温汤浸种 7～8 min，再转入一般浸种，浸种 8～10 h（不同种子浸种时间不同）。

注：种子较大或种皮较硬、厚、蜡质等不易吸水的种子，如瓜类、茄子、辣椒等种子，浸种时间需 12 h 以上的，每 5～8 h 需要换一次水。

2. 其他消毒处理　将干燥的种子置于 60～70 ℃ 的高温处理几小时至几天，以杀死种子内外的病原菌和病毒（高温灭菌）。

四、考核标准

1. 能根据不同的蔬菜种子正确选择浸种方法。

2. 能熟练、规范地进行一般浸种、温汤浸种和热水烫种。

3. 能熟练进行干湿种子的消毒处理。

4. 按时完成课后任务，且答案合理。

达到以上要求即为考核通过，若一次考核不通过可重复考核，直到通过为止。

五、课后任务

1. 总结 3 种浸种方法适宜的种子类型和注意事项。
2. 写出预防辣椒猝倒病的种子播前处理方法。

技能实训 2-3-2　蔬菜种子催芽

一、实训目标

能正确进行种子催芽；能准确计算种子的发芽率和发芽势。

二、实训材料

几种有代表性的蔬菜种子（黄瓜、黑籽南瓜、茄子、芹菜等）、培养皿、育苗盘、烧杯、滤纸、保鲜膜、纱布、标签纸、恒温箱、温度计、玻璃棒、热水等。

三、实训过程

1. 浸种、消毒　具体方法参照本项目子项目三任务一中的相关内容。

2. 催芽

（1）在培养皿内铺上双层滤纸，用清水浸润，将吸足水的 100 粒种子均匀分布在育苗盘或培养皿内（可重复做几组），盖好。

（2）恒温催芽。根据该种子发芽的适宜温度，调整温度，放入恒温箱中进行恒温催芽和变温催芽，注意保湿。

（3）记录种子的发芽情况。

3. 测定种子发芽势和发芽率

$$种子发芽势=\frac{发芽试验初期（规定时间内）正常发芽粒数}{供试种子粒数}\times100\%$$

$$种子发芽率=\frac{发芽试验终期（规定时间内）全部正常发芽粒数}{供试种子粒数}\times100\%$$

种子催芽结束，当 70% 以上种子"露白"后就可进行播种。

四、考核标准

1. 能根据给出的种子正确进行催芽试验，并设置适宜该种子发芽的温度，记录种子的发芽情况。
2. 能顺利完成常温催芽和变温催芽的对比试验。
3. 能正确计算种子的发芽势和发芽率。
4. 按时完成作业，且答案正确。

达到以上要求即为考核通过，若一次考核不通过可重复考核，直到通过为止。

五、课后任务

1. 种子变温催芽的作用是什么？

2. 催芽期间为什么要每天投洗、翻动种子？

3. 每天观察种子情况，并把发芽种子数据填入表 2-3-1，计算发芽势和发芽率。

表 2-3-1　种子催芽试验记录

蔬菜种子	浸种		催芽		发芽初期	发芽盛期	发芽终期	发芽势	发芽率
	方法	时间/h	温度/℃	时间/h					

技能实训 2-3-3　蔬菜播种期的确定及播种量的计算

一、实训目标

学会推算蔬菜的播种期；会计算播种量。

二、实训材料

蔬菜种子（番茄、黄瓜、黑籽南瓜、茄子、辣椒、白菜等）、锄头、桶、水管等。

三、实训过程

1. 播种期的确定

（1）露地播种期确定。根据不同蔬菜对气候条件的要求，把蔬菜的旺盛生长期和产品器官形成期安排在气候（主要指温度）最适宜的季节，以充分发挥作物的生产潜力。

（2）设施蔬菜播种期。播种期＝安全定植期－日历苗龄。根据蔬菜种类、育苗设施、安全定植期，用安全定植期减去日历苗龄来推算。

2. 播种量的计算

$$单位面积播种量（g）＝\frac{种植密度（穴数）×每穴种子粒数}{每克种子粒数×种子使用价值}×安全系数（1.2～2.0）$$

四、考核标准

1. 根据给出的种子及播种茬口推算出合理的播种期。

2. 根据给出的种子和种植面积正确计算出播种量。

3. 按时完成课后任务，且答案正确。

达到以上要求即为考核通过，若一次考核不通过可重复考核，直到通过为止。

五、课后任务

某农场计划种植 100 亩茄子，定植的株行距为 45 cm×60 cm，计算其播种量。（已知：茄子种子千粒重为 5.2 g，纯度为 98%，净度 96%，每穴播种 1 粒，发芽率为 95%，安全系数 1.4。计算结果精确到小数点后两位）

子项目四　蔬菜育苗技术

　　蔬菜育苗就是将要种植的蔬菜在育苗床或育苗容器内播种育苗，待幼苗长到一定大小时，再定植到大田中去。除了大部分根菜类和一部分豆类、绿叶菜类蔬菜以外，一般蔬菜都可以采用育苗移植的栽培方式。由于蔬菜的种类多，地域间的差异及生产条件、生产要求的不同，蔬菜育苗方式也多种多样。生产上，应根据不同季节的差异、不同蔬菜的特性采用适宜的育苗技术，才能达到培育健壮幼苗的目的。

　　采用育苗技术的优点有：秧苗集中，便于精细管理，成苗率高，可节约用种；通过利用保护设施，能提前播种，满足生育期要求，实现早熟增产；可充分利用土地，增加复种指数；能减轻病虫和自然灾害的影响，对早熟、丰产、提高经济效益有重要意义。

蔬菜育苗床
的准备及播
种育苗

任务一　营养土的配制与消毒

一、营养土的配制

　　1. 营养土的准备　优质的育苗营养土应具备以下条件：富含有机质，营养丰富，疏松且透气性好，保水保肥性好，pH 6.5～7.0，不含有病菌和虫卵。

　　营养土配制的材料主要有：园土、水田土、河泥、塘泥、有机肥、速效化肥、草炭、煤渣、稻壳、甘蔗渣等。园土必须用3～4年未种过与要育苗蔬菜同科或有相近病虫害的蔬菜，并且土壤的理化性状优良，以沙壤土、壤土为佳。有机肥主要有猪粪、马粪、牛粪和鸡鸭粪等禽畜粪便等。速效化肥主要使用优质复合肥、磷肥和钾肥，弥补有机肥中速效养分含量不足的缺点。但速效化肥的用量要适当。对于肥料的选择，除了考虑能够迅速和持久地供应幼苗生长所需的营养物质外，还应重视其对营养土的物理性状的改善，为培育壮苗打下基础。

营养土的
配制与消毒

　　各地可充分利用当地资源，低成本、高效益地配制优质营养土。

　　2. 营养土的配制　根据需要按一定的配方将各种原料充分混合、拌匀。营养土的具体配方视不同蔬菜灵活掌握，各地都总结出了许多适用的配方。一般园土占60%～70%，有机肥占30%～40%。配制时，土要捣碎、过筛，去掉其中的石块、草根、杂物等；有机肥必须充分腐熟并经翻晒、粉碎、过筛，使之混合均匀。

二、营养土的消毒

　　为了防治苗期病虫害，除了注意选用病虫少的配料外，还应对营养土进行消毒。

　　1. 福尔马林消毒　用0.5%的福尔马林药液喷洒于配制好的营养土内，混拌均匀，堆置，用塑料薄膜覆盖密闭5～7 d，以充分杀死土中的病菌，然后揭开薄膜，待营养土中药味散尽后再使用。该方法可防治茄果类、瓜类幼苗猝倒病和菌核病。

　　2. 药剂消毒　敌磺钠是一种较好的种子和土壤处理的杀菌剂，并具有一定内吸渗透作用。营养土用药 40～60 g/m³，充分混匀，即可达到消毒的目的。这种方法能防治蔬菜苗期立枯病、软腐病、黄萎病。也可以用多菌灵、百菌清、高锰酸钾、甲基硫菌灵等药剂消毒。

3. 高温消毒法　夏季高温时进行覆膜，使塑料大棚内温度高达 70 ℃ 以上，地膜内 10 cm 以内土温高达 60 ℃ 以上，连续闭棚处理 15 d 左右。高温、高湿条件下可有效杀灭粪肥和土壤中的害虫和病菌。

三、设施及土壤消毒

（一）设施消毒

1. 高温热力消毒法

（1）高温闷棚。抑菌法闷棚的高温是蔬菜生长生存能承受的高温，连续处理几小时，就能达到明显的抑菌防病效果。如防治黄瓜霜霉病，应用此法效果尤佳。方法是选择晴天进行闷棚，闷棚前 1 d 棚内浇足水分，在中午高温时密闭大棚，使棚内温度上升到 46～47 ℃，保持 2 h；处理后降温要缓慢，注意棚内温度不能超过 48 ℃。另外，该方法对防治温室白粉虱也有一定效果。

（2）药物、高温闷棚。高温闷棚与药物消毒相结合，对杀灭设施大棚内空气中的病菌效果更佳。方法是在高温闷棚时，向棚内喷洒 40% 甲醛水剂 100 倍液或 5% 菌毒清水剂 300 倍液；也可喷 5% 百菌清粉剂，每亩喷洒 0.75 kg。操作完毕后，工作人员必须立即离开大棚。

2. 温差处理法　与露地栽培相比，蔬菜设施大棚内更易进行变温调节，因此，利用蔬菜设施大棚内高低温差大的特点，可杀死一些对温差反应较敏感的害虫（如蓟马）和病菌。方法是在冬季种植蔬菜前密闭大棚 15 d 左右。由于大棚被密封，棚内温度较高，土壤中的越冬害虫（如蓟马）不再越冬，而继续生长发育，害虫羽化出地时在夜间揭膜，使大棚内急剧降温，连续进行 10 d 左右的温差巨变处理，能有效杀灭大部分害虫。

3. 紫外线照射消毒法　在设施大棚内架设紫光灯管，进行紫光照射消毒。在蔬菜种植前或收获后，开灯对设施大棚内进行紫外光照射 30 min 左右，可起到杀菌消毒作用。若大棚面积达 0.5 亩以上，需架设 3～5 盏 20 W 紫光灯管，架 3 盏灯，呈三角形架设，架 4 盏灯，呈 Z 形架设，架 5 盏灯，呈 W 形架设；若大棚面积在 0.5 亩以下，则架 1～2 盏 20 W 紫外灯管即可。

4. 熏蒸法　用福尔马林 100 倍液加 80% 敌敌畏乳油 100 倍液喷拌于木屑上，按行均匀撒施，密闭大棚，使棚温控制在 30～35 ℃，熏蒸 2 h，隔 7～10 d 再熏蒸一次，连续 2 次，对防治温室白粉虱及其他病害有明显效果。

5. 烟雾法　使用烟雾剂进行蔬菜大棚消毒时，注意时间应选择在日出之前或日落之后，用暗火（如烟头）点燃。每亩大棚用硫黄烟雾剂或 45% 百菌清烟雾剂（安全型）200～250 g，分成 4～5 份，均匀安放在棚内，暗火点燃着烟后，密闭大棚，每 7～10 d 进行一次，连续 2～3 次。

（二）土壤消毒

1. 土壤药剂消毒法　由于一些病原菌和害虫能在蔬菜设施大棚的土壤中越冬，

增加了菌源基数和虫口基数。为有效降低病虫基数，在蔬菜设施大棚内常采用药剂消毒法进行土壤消毒处理。常用药剂有生石灰、硫黄粉、敌磺钠、混合氨基酸络合铜、五氯硝基苯、代森锌、氯化苦、辛硫磷等。在整地、播种前，要清除蔬菜病株残体，并搬出田外，集中深埋，也可充分沤制成农家肥，然后进行土壤消毒。整地时，每亩用生石灰 50 kg、草木灰 50 kg、硫黄粉 1 kg 撒匀，晒土 2 d 后再播种；或每亩用生石灰粉 25 kg 加硫黄粉 0.75 kg 撒匀深翻，晒土 6 d 后再播种；或每亩施用 50～100 kg 生石灰或用 50% 敌磺钠原粉 1 000 倍液喷洒土壤进行杀菌消毒，可有效防治软腐病；播种或幼苗移栽前，苗床施入 14.5% 混合氨基酸络合铜 8 g/m² 或 40% 五氯硝基苯粉剂 15 g/m²，均匀拌入 10 cm 左右深的土层中，可预防立枯病、猝倒病等苗期病害。

2. 土壤高温消毒法 蔬菜种植前，深翻棚内土壤 30～35 cm，并施足有机底肥，浇水后，平铺地膜并压实密封，再密闭大棚，利用夏季高温和有机肥彻底腐熟过程中散发的热量，使塑料大棚内温度高达 70 ℃ 以上，地膜内 10 cm 以内土温高达 60 ℃ 以上，连续闭棚处理 15 d 左右。利用高温、高湿条件可有效杀灭粪肥和土壤中的害虫和病菌。

四、任务考核与评估

1. 能描述营养土的配制过程与消毒方法。
2. 能描述设施和土壤消毒的常用方法。

任务二   常规育苗

蔬菜常规育苗一般指传统的蔬菜育苗，主要在露地、小拱棚、阳畦或改良阳畦中进行。这种育苗技术具有因地制宜、就地取材及设备简单等特点。

一、适于常规育苗的蔬菜种类

适于常规育苗的蔬菜，茄果类有茄子、甜椒、番茄、辣椒等；瓜类有黄瓜、冬瓜、南瓜、苦瓜、西葫芦、丝瓜、西瓜、甜瓜等；甘蓝类有结球甘蓝、花椰菜等；叶菜类有大白菜、结球莴笋、芹菜等。

二、常规育苗技术

(一)播前种子处理

1. 精选种子 育苗所用的蔬菜种子必须进行晾晒、清选，去除腐烂、破损、畸形和虫蛀的种子。经精选的种子，播后出苗率高、出苗整齐、长势强。

2. 种子消毒 育苗所用蔬菜种子可用干热消毒、热水浸种、药液消毒、药粉拌种消毒等方法进行种子消毒。

3. 浸种催芽 将蔬菜种子放入清洁的盆中，缓缓倒入 50～55 ℃ 的温水，随倒随搅拌至不烫手时停止，然后继续浸种。也可用 20～25 ℃ 的凉水浸种，此方法简便安全，但种子吸水慢，无消毒作用，浸种时间长短取决于蔬菜种类、种子大小、种皮厚薄等因素。浸种完毕，对种子进行催芽（小白菜、茼蒿、菠菜等多在浸种后直接播种，不必催芽），催芽适宜的温度取决于蔬菜对温度条件的不同要求。种子发芽后如不能及时播种，必须将种子放在 10～12 ℃低温处，使种芽缓慢生长，等待播种。

（二）播种

育苗床要施足充分腐熟的基肥，畦面应平整，底水要浇足，待水全部渗下后，覆一层薄底土（提前过筛），然后播种。通常小粒种子（如茄果类、甘蓝类蔬菜）都采用撒播法播种；大粒种子（瓜类、豆类蔬菜）宜采用点播法播种，播后再覆盖厚 0.5～1.0 cm 的土。

（三）苗期管理

1. 温度管理　播种应选在晴天，播后盖严薄膜，白天充分利用太阳光热，使床内温度提高到 25～30 ℃。播后应根据不同种类蔬菜的要求进行控温，同时要注意避免冷、冻害。

2. 覆土保墒　早春育苗，一般土温较低，不宜多浇水。播前浇透水后，主要靠多次覆土来保持土壤水分，一般在整个苗期覆土 3 次：第一次在幼苗开始拱土时；第二次在幼苗出齐后；第三次在间苗后。此外，在苗床过干开裂时，也可覆土 1～2 次，每次覆土厚度为 3～5 cm。

3. 及时间苗　为保证育苗数量，往往在播种时提高播种量，种子出苗较密。一般在齐苗后进行 1～2 次间苗，间去过密、弱小、子叶不正、被虫蛀过或有病的劣苗。

4. 中耕和追肥　为提高地温，促进缓苗，必须及时进行中耕，中耕深度在 3 cm 左右，要做到耕全耕透，不松动植株。苗期一般不追肥，但有时为早熟，也可适当追施一些液肥。

5. 炼苗　为培育壮苗，提高幼苗的抗逆能力，适应定植后环境，一般在定植前 7～10 d 开始进行炼苗。白天充分利用光照，使气温升高至 30 ℃，晚上逐渐撤去薄膜等覆盖物，使夜温降低到自然温度（7～10 ℃）。锻炼后幼苗叶色深绿，抗寒抗逆能力提高。

6. 病虫害防治　常规育苗的蔬菜多发病害主要有猝倒病、立枯病、枯萎病和霜霉病等，要根据发病情况有针对性地进行防治。苗期害虫有蚜虫、蛴螬、蝼蛄等，可采取适当措施进行捕杀或喷药进行防治。

三、任务考核与评估

能掌握 3 种以上蔬菜的常规育苗技术。

任务三　穴盘育苗

蔬菜穴盘育苗是指采用育苗穴盘，装入床土或草炭、蛭石等轻基质材料作育苗基质，采用人工或机械化播种方式来培育蔬菜幼苗的一种育苗方式。穴盘育苗是现代蔬菜工厂化育苗体系中的关键技术之一。

一、穴盘育苗的优点

1. 便于机械化、自动化操作，实现工厂化生产　在可控的环境条件下，采用科学化、标准化的技术措施，使蔬菜秧苗生产达到快速、优质、高效、稳定的生产水平。

2. 节省用种，降低成本　穴盘育苗采用精量播种或点播，播种时每穴 1～2 粒种子，成苗时每穴 1～2 株，不用间苗，减少种子浪费。

3. 节约用地，节省劳力　穴盘育苗属于集约化育苗方式，批量生产，可提高土地利用率，适合规模化、产业化发展的要求。

4. 成活率高，易保全苗　穴盘育苗可以将根系完好无损地移栽，秧苗移栽后可迅速地吸收水分和养分，无须缓苗，生长整齐。

5. 管理方便　穴盘育苗使用专用的穴盘，质量小，方便起苗、搬运、管理和移栽。

二、穴盘育苗的配套设备

1. 穴盘　是穴盘育苗的主要设备，通常是由聚苯乙烯或聚氨酯泡沫塑料和黑色聚氯乙烯吸塑压制而成的塑料盘，具有许多个规则排列的育苗穴（形状类似普通育苗杯钵）。一般外形尺寸为 54 cm×28 cm，按育苗穴的大小和数量不同，穴盘分为 50 穴、72 穴、128 穴、288 穴盘等多种。黑色盘穴内壁光滑，利于定植时顺利脱盘，白色聚苯乙烯外托盘质轻、好运输。生产上常用黑色 50 穴、72 穴的穴盘。

2. 育苗保护设施　穴盘育苗最好在设施内进行，尤其是反季节蔬菜育苗。冬春季需要温室、塑料大棚或小拱棚等保温设施；夏季要求遮阳、挡雨、防风的遮阳棚等。工厂化穴盘育苗则需配套催芽室、育苗室等。

3. 精量播种机　精量播种机能高效、准确地将种子播入穴盘的穴孔中。

现代穴盘工厂化育苗常采用精量播种生产线，精量播种生产线可将基质混拌、基质装盘、基质刮平、精量播种、覆盖、洒水等工序一次完成，工作效率高，每小时可播 800～1 000 盘。

4. 浇水设备　为保证水分供应，应准备有浇水工具，安装喷淋装置。

5. 育苗床　穴盘的工厂化育苗，需安装活动育苗铁架床，以方便管理。

三、穴盘育苗技术要点

（一）播前准备

1. 基质的选择与配制　穴盘工厂化育苗基质配方根据不同蔬菜种类而定，主要采用轻型基质，如草炭、蛭石、珍珠岩等。经特殊发酵处理后的有机物，如芦苇渣、麦秸、稻草、食用菌生产下脚料等也可以作基质材料，与珍珠岩、草炭等按体积比混合制成。

常用配方有：适于冬、春季蔬菜育苗的基质为草炭∶珍珠岩＝3∶2 或草炭∶蛭石＝2∶1；适于夏季育苗的基质配方为草炭∶蛭石∶珍珠岩＝1∶1∶1 或草炭∶

穴盘无土育苗

蛭石∶珍珠岩＝2∶1∶1。有条件的可直接选购配制好的专用基质。

2. 基质的消毒 可以用高温蒸汽消毒或溴甲烷、氯化苦、甲醛、高锰酸钾、多菌灵等处理。其中用多菌灵处理成本低，应用较普遍。

3. 穴盘选用 根据蔬菜种类和育苗要求，选用适宜的穴盘。一般瓜类如南瓜、西瓜、甜瓜等大型蔬菜多采用20穴或50穴，黄瓜多采用72穴或128穴，茄科蔬菜如番茄、茄子、辣椒多采用128穴，叶菜类蔬菜如甘蓝、西蓝花、叶用莴苣可采用200多穴的穴盘。

4. 穴盘的清理和消毒 先清除穴盘中的残留物，再用清水冲洗干净、晾干，然后将穴盘放到0.1％高锰酸钾溶液中浸泡15 min以上或用1％漂白粉溶液浸泡8~12 h进行消毒，以消灭穴盘上残留的病原菌和虫卵。穴盘每次使用后要及时清洗干净，晾干后避光保存。

5. 基质装盘 一般育苗时，首先把准备好的基质装入穴内。基质装盘时不要装得太满，多余的要刮除，并稍加镇压，然后可用竹棍每穴打1个深1 cm的播种孔。使用精量播种生产线则装盘、播种等由机械一次完成。为保证基质的透气性和方便装盘，在基质装盘前应提前对基质进行水分调节，使基质含水量在50％~70％。

（二）播种

选择发芽率在90％以上的籽粒饱满、发芽整齐一致的种子，采用机械或人工播种。机械播种的用干子直播，人工播种可催芽至露白后点播。播种要精细，做到每穴1粒。播种数量要计算安全系数，以保证播种的数量和质量。播种深度可根据种子大小进行调整，一般为1 cm左右。播种后覆土、浇水，浇水一定要浇透，浇至看到穴盘底部的穴孔中有水滴渗出时停止。

（三）催芽

可以先催芽再播种，或者播种完成后将穴盘放入育苗架，运送到催芽室或温室中进行催芽。催芽的温度白天为26~28 ℃、夜间为20 ℃左右，空气相对湿度为90％以上。经2~3 d，当穴盘中60％的种子萌发出土时，即可将穴盘移入育苗温室。如果没有催芽室，可直接将穴盘放入育苗温室中，环境条件要尽可能地符合催芽室的标准。

（四）育苗管理

1. 温度管理 应根据季节及不同蔬菜的生育特点灵活掌握，冬、春季温度过低，影响出苗速度，小苗易出现沤根和猝倒病，应加强保温措施，必要时可采用一些加温措施，提高温度以促进秧苗正常生长，防止幼苗发生冻害；夏、秋季温度偏高，则应利用遮阳网中午遮阳，防止温度过高。

一般瓜类、茄果类蔬菜的温度控制在23~28 ℃，叶菜类温度在20~25 ℃，既可防止幼苗徒长，又可促进幼苗健壮生长。

2. 水分管理 穴盘育苗因为每株幼苗所拥有的基质量比较少，因此持水量较少，容易干燥，因此要加强水分管理。一般每天喷水2~3次，最好采用微喷灌设备进行喷淋，使基质保持湿润，空气相对湿度保持在80％~90％。夏季则应加大喷水量和喷水次数，保持秧苗不萎蔫。根据秧苗长势灵活掌握喷水量和喷水次数，避免水分过多造成幼苗徒长。

3. 光照管理 在夏、秋季育苗时，光照度能够满足幼苗生长的需要；冬、春季，特别在阴雨天气较多的南方地区，常常光照不足，除应加强管理外，还要及时清洁温室屋面，移除遮阳覆盖物，尽可能提高苗床的光照度。

4. 其他管理 育苗期间根据秧苗长势进行适当倒盘，以调整光照和水分条件，使秧苗生长均匀；根据苗情适当补施肥料；注意防治苗期病虫害。

5. 定植前管理 定植前要适当降低温度，适当控制水分，进行定植前的炼苗，以适应定植地点的环境。若要定植于塑料大棚内，应提前3～5 d逐渐降温、通风、炼苗；定植于露地的，定植前7～10 d炼苗，使温室内的温度逐渐与露地相近，防止幼苗定植时因不适应环境而发生冷害。起苗的前一天或当天应浇透水，以便起苗。

四、任务考核与评估

1. 能根据蔬菜种类正确选择穴盘及正确消毒。
2. 能配制育苗基质并对基质进行消毒处理，会进行穴盘育苗。

任务四　嫁接育苗

嫁接育苗是把要栽培蔬菜的幼苗、顶芽或带芽枝段等作接穗嫁接到选用的砧木上，形成一株新的蔬菜苗的育苗方法。在设施蔬菜生产迅速发展，连作病害日趋严重的今天，蔬菜嫁接育苗技术正被广泛应用。

一、嫁接育苗的意义

1. 防止土传病害感染，实现连作 通过选用抗病性强的砧木进行嫁接育苗，利用砧木根系的抗病性可防止土壤传染性病害的感染。

2. 增强抗逆性 通过选用一些根系吸收功能强大的蔬菜砧木进行嫁接，使植株在耐瘠薄、耐旱等多方面的抗逆性显著提高，增强蔬菜在瘠薄、偏酸（碱）的地块上和干旱条件下的生长势。嫁接苗还具有抗线虫等多方面的抗逆作用，从而提高产量。

3. 增强生长势，改善品质 嫁接用的砧木有葫芦、瓠瓜、南瓜、野生茄子及野生番茄等，这些作物根系强大，生长迅速，分布范围广，对水肥的吸收能力强，嫁接后能促进嫁接幼苗的生长，长势旺盛，利于开花结果，对果实的品质提高有促进作用。

4. 提高耐寒性 蔬菜实行嫁接后，因砧木抗低温的能力强，可提高嫁接苗的耐寒性。

二、砧木的选择和应用

应用嫁接育苗的主要目的在于利用砧木的良好抗性防止土壤传染性病害和增强植株生长势，因此嫁接育苗的技术关键是砧木的选择。砧木选择时除注意和接穗具有高度亲和力外，抗目标病害、促进生长发育、不影响产品品质是主要的选择标准。

黄瓜用黑籽南瓜作砧木；西瓜、甜瓜用瓠瓜或葫芦作砧木；茄子用赤茄或托鲁巴姆作砧木都能获得较好的嫁接栽培效果（表2-4-1）。

表2-4-1　主要蔬菜嫁接砧木与嫁接方法

蔬菜名称	常用砧木	常用嫁接方法	主要嫁接目的
黄瓜	黑籽、白籽南瓜	靠接法、插接法	增强耐寒能力、防病
西瓜	瓠瓜、南瓜	靠接法、插接法	防病
番茄	野生番茄	劈接法	防病
茄子	野生茄子	劈接法	防病

三、嫁接用具与场地

1. 嫁接用具　双面刀片、嫁接针或竹签、嫁接夹、嫁接专用固定管套、消毒用具、嫁接机等。

嫁接机是一种集机械、自动控制与园艺技术于一体的机器。它根据不同嫁接方法，把直径为几毫米的砧木、接穗嫁接为一体，使嫁接速度大幅度提高。同时由于砧、穗接合迅速，避免了切口长时间氧化和苗内液体的流失，从而又可大大提高嫁接成活率。

2. 嫁接场地　蔬菜嫁接操作应在温室、塑料大棚或凉棚内进行，要求温度适宜（最好在20～25 ℃），空气湿度在90%以上，并且要适度遮阳，不仅要便于操作，还要利于伤口愈合。冬、春季育苗多以温室或塑料大棚为嫁接场所。嫁接前几天适当浇水，密闭不通风，以提高棚内空气湿度；夏、秋季嫁接时应设置遮阳、降温、防风、防雨棚等设施。

四、嫁接技术

1. 砧木苗及接穗苗播期的确定　适时播种才能培育出合适的砧木苗及接穗苗，嫁接才能成功。砧木和接穗的播期要根据作物品种、嫁接的方法不同而定，应分期适时播种，以便培育出合适的砧木苗及接穗苗。如果采用靠接法，黄瓜接穗比南瓜砧木一般早播3～5 d；如果采用插接法，南瓜砧木应比黄瓜接穗提早播种3～5 d；如果采用劈接法，茄子接穗应比砧木晚播7（赤茄）～30 d（托鲁巴姆）。

2. 嫁接方法　嫁接方法很多，常用的主要有插接法、靠接法和劈接法3种。

（1）插接法。插接法是用竹签或嫁接针在砧木苗茎的顶端插孔，再把削好的接穗苗茎插入插孔内而组成一株嫁接苗。

插接的嫁接过程：拇指和食指捏住砧木胚轴，用刀片或竹签去掉生长点及两腋芽，然后用竹签或嫁接针在苗茎的顶面紧贴一子叶基部的内侧，与茎呈30°～45°角向另一片子叶的下方斜插，插入深度为0.5～1.0 cm，以竹签将要穿破砧木表皮而又未破为宜，暂不拔出竹签。选择子叶初展或刚展平的接穗，在子叶下1 cm处削一刀,切口长 0.5～0.7 cm,将接穗削成楔形。随即拔出砧木上的竹签,把接穗插入砧木斜插接孔中。使砧木与接穗两切口吻合,西瓜子叶与南瓜子叶呈"十"字形(图 2-4-1)。

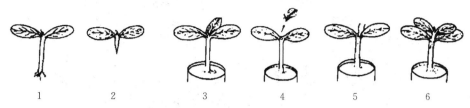

图 2-4-1　西瓜插接过程示意

1. 适合嫁接的西瓜苗(接穗)　2. 西瓜苗茎削接口　3. 适合交接的瓠瓜苗(砧木)

4. 砧木苗去心　5. 砧木苗茎插孔　6. 将接穗插入孔内结合

(韩世栋,2006,蔬菜生产技术)

(2)靠接法。靠接法是将接穗苗与砧木苗的苗茎靠在一起,两株苗通过苗茎上的切口互相咬合而形成一株嫁接苗。

嫁接过程:用刀片或竹签刃去掉生长点及两腋芽。在离子叶节 0.5～1.0 cm 处的胚轴上,使刀片与茎呈 30°～40°角向下切削至茎的 1/2,最多不超过 2/3,切口长 0.5～0.7 cm(不超过 1.0 cm)。切口深度要严格把握,切口太深易折断,太浅会降低成活率(图 2-4-2)。在子叶下节 1～2 cm 处,自下而上呈 30°角向上切削至茎的 1/2 深,切口长 0.6～0.8 cm(不切断苗且要带根),切口长与砧木切口长短相等(不超过 1 cm)。砧木和接穗处理完后,一手拿砧木,一手拿接穗,将接穗舌形楔插入砧木的切口里,然后用嫁接夹夹住接口处栽入土中,经 20 d 左右切断接穗基部。

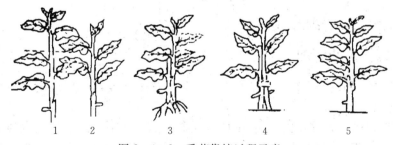

图 2-4-2　番茄靠接过程示意

1. 砧木苗茎去心、削切接口　2. 接穗苗茎削切接口

3. 砧木苗和接穗苗接口嵌合　4. 接口固定　5. 断根后的靠接苗

(韩世栋,2006,蔬菜生产技术)

嫁接过程一般分为砧木苗去心和削切接口、接穗苗削切接口、砧木苗和接穗苗接口嵌合、接口固定、接穗苗断根等几道工序。

(3)劈接法。劈接法也称切接法。此嫁接法根据砧木苗茎的劈口宽度不同,分为半劈接和全劈接两种。瓜类通常将砧木苗茎去掉心叶和生长点,而茄果类则留 2～3 片真叶横切断茎,然后用刀片由顶端将苗茎纵劈一切口,再把削好的接穗插入并固定牢固后形成一株嫁接苗（图 2-4-3）。劈接法主要应用于苗茎实心的蔬菜，以茄子、番茄等茄科蔬菜应用得较多，在苗茎空心的瓜类蔬菜上应用较少。

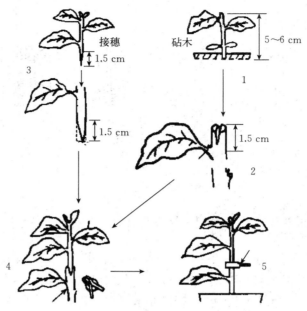

图 2-4-3　茄果类劈接过程示意
1. 砧木苗去顶、摘心　2. 砧木苗劈接口　3. 接穗苗茎削切　4. 接穗苗与砧木苗结合　5. 接口固定

劈接的操作过程一般分为：砧木苗去顶、摘心，砧木苗劈接口，接穗苗茎削切，接穗苗与砧木苗接合接口固定等几个环节。

当砧木苗较粗而接穗苗相对较细时，可采用半劈接法，砧木苗茎的切口深度一般为茎粗的 1/2 左右。全劈接是将砧木苗纵切开一道口子，深度 1 cm 左右，适用于砧木苗与接穗苗粗细相近时。

五、嫁接苗的管理

嫁接后 3～5 d 要保温、保湿、遮光，防止苗失水萎蔫，促进伤口愈合。嫁接后管理要点如下：

1. 温度管理　嫁接后的 5～7 d 对温度要求比较严格，此期的适宜温度是白天 25～30 ℃，夜间 20 ℃左右。嫁接苗成活后，对温度的要求不严，可按一般育苗法进行温度管理。

2. 湿度管理　嫁接后，要随即把嫁接苗放入苗床内，并用小拱棚覆盖保湿，使苗床内的空气湿度保持在 90％以上，湿度不足时要向地面洒水，但不要直接向嫁接苗上洒水或喷水，避免污水流入接口内，引起接口染病腐烂。嫁接 3 d 后适量放风，降低空气湿度，并逐渐延长苗床的通风时间，加大通风量。

3. 光照管理　嫁接当日以及嫁接后 3 d 内，要用遮阳网遮盖。从第四天开始，每天上午和下午让嫁接苗接受短时间的太阳直射光照，并随着嫁接苗的成活生长，逐天延长光照的时间。嫁接苗完全成活后，撤掉遮阳物。

4. 其他管理

（1）分床管理。一般嫁接后第 7~10 d，把嫁接质量较好、接穗恢复生长较快的苗集中到一起，在培育壮苗的条件下进行管理；把嫁接质量较差、接穗恢复生长也较差的苗集中到一起，继续在原来的条件下进行管理，促其生长。待生长转旺后再转入培育壮苗的条件下进行管理。对已发生枯萎或染病致死的苗要从苗床中剔除。

（2）抹杈和抹根。砧木苗在去掉心叶后，其腋芽能够萌发长出侧枝，应随长出随抹掉。另外，对接穗苗茎上产生的不定根也要随见随抹掉。

六、任务考核与评估

1. 能熟练进行瓜类蔬菜插接、靠接及茄果类的劈接操作。
2. 能进行嫁接后的苗期管理。

任务五　苗期管理技术及苗期常见问题

一、苗期管理技术

蔬菜育苗从播种到定植大致分为 4 个时期，即出苗期、子苗期、小苗期和成苗期。各个时期的幼苗对环境条件的要求及生育特点不同，其管理技术也不同。

1. 出苗期　播种至出苗为出苗期。这个时期主要是胚根和胚轴生长，管理的重点是创造适宜种子发芽和出苗的环境条件，促进早出苗及出苗整齐。在冬、春季节，重点是维持和保证苗床的温度。要根据各种蔬菜种子萌发的要求，调整好所需的温度，温度过低或过高都对种子的出苗有不良影响。

当大部分幼苗出土后要适当通风降温，以防止胚轴过长而成为高脚苗。

2. 子苗期　出苗至第一片真叶露心前为子苗期。这是幼苗最易徒长的时期，管理上应以防止徒长为中心。出苗后适当降低夜温，同时降低苗床湿度是控制徒长的有效措施。喜温果菜类蔬菜夜温降至 12~15 ℃，白天适宜温度为 25 ℃左右；喜冷凉蔬菜夜温可降至 9~10 ℃，白天适宜温度为 20 ℃左右。对于播种过密的苗床，要适当间苗和改善苗床光照条件；苗床过湿时及时撒干细土吸湿。在温度条件允许的情况下，对保温覆盖物尽量早揭、晚盖，延长苗床内的光照时间。喜温果菜类蔬菜在低温多湿条件下易得猝倒病，应尽快分苗，以防扩大蔓延。在子苗期还应注意灾害性天气的管理。

3. 小苗期　从第一片真叶露心至第二、第三片真叶展开为小苗期。此期根系和叶面积不断扩大，是培育健壮幼苗的重要阶段。苗床管理的原则是边"促"边"控"，保证小苗在适温、湿润及光照充足的条件下生长。喜温果菜类蔬菜日间气温保持在 25~28 ℃，夜温 15~17 ℃，喜冷凉蔬菜相应温度为 20~22 ℃及 10~12 ℃。若播种时底水充足，不必浇水，可向床面撒一层湿润的细土保墒。若底水不足、床土较干，可选晴天一次喷透水然后再保墒，切忌小水勤浇。若床土不肥沃，幼苗营养不良时，应适当进行根外追肥，可用 0.2%~0.3% 的尿素水溶液进行叶面施肥。若遇灾害性天气，处理方法同子苗期。

苗期管理技术

4. 成苗期　从第三片真叶展开到定植前为成苗期。此期在管理时应做好分苗及定植前的炼苗。

（1）分苗。分苗是将幼苗挖起后重新进行栽植。分苗可以扩大苗间距，增大营养面积，有利于幼苗茎、叶、根系的生长发育。用营养钵点播的，可视苗情进行"拉钵"。不同蔬菜适宜分苗的时期不同，一般掌握在第一片真叶破心时至花芽开始分化前进行，分苗次数为1~2次。分苗方法有苗床、营养钵、营养土块等移栽方法。分苗前3~4 d要通风降温和控制水分，以利于分苗后的恢复生长；分苗前一天应浇透水，以便起苗时少伤根；分苗宜在晴天进行，起苗时要注意保护根系。分苗后一般需要3~5 d的缓苗期，此期应注意调节好温湿度。缓苗后要注意苗床温度和光照的管理，尽量使苗床处于幼苗适宜的温度、光照和水分条件下，在苗床基肥不足的情况下，可追施速效肥，以促苗壮。

（2）炼苗。定植前对幼苗进行适度的降温、控水处理，使幼苗得到锻炼，称为炼苗。炼苗的目的是增强苗的抗逆性，加速缓苗生长。

炼苗的措施主要是降温、控水。定植前5~7 d逐渐加大育苗设施的通风量，降温排湿，停止浇水，特别是要降低夜温，加大昼夜温差，使育苗环境温度逐步降低，逐渐过渡到与外界环境一样。

二、育苗时常见问题及防治方法

1. 出苗不整齐　包括两种情况：一是出苗时间不一致；二是在整个苗床内，幼苗分布不均匀。

形成原因：种子质量不好，播种技术和苗床管理不善都可能造成出苗不整齐的情况。

预防措施：为保证出苗整齐、均匀，应采用发芽势强、发芽率高、质量高的种子；苗床要精细整地，播前浇足底水，均匀播种，提高播种质量；覆土厚薄一致，进行苗床通风等，尽量使环境条件一致。

2. "戴帽"出土　幼苗出土后，种皮不脱落而夹住子叶，随子叶一起出土，这种现象称为"戴帽"或"顶壳"。"戴帽"苗的子叶不能够正常伸展开。

形成原因：覆土过浅或土壤干燥，对种壳出土的阻力不够；播种方法不当，如瓜类种子立放或侧放；种子生活力弱，脱壳力不足；等等。

预防措施：足墒播种；播种深度要适宜；瓜类播种时，种子要平放；覆土要均匀，厚度适当；覆土后应及时盖上塑料薄膜等保湿，使种子处于湿润状态，以保持种皮柔软；出苗前保持土壤湿润；幼芽顶土时撒盖湿润细土填补土缝，增加土表湿润度及压力，以助子叶脱壳。出现"戴帽"现象时，可趁早晨的高湿度或先用喷雾器喷水使种皮变软，再人工辅助脱掉种皮。

3. 徒长苗　又称高脚苗，是指下胚轴过长、苗茎细瘦、叶片细小的蔬菜苗。高脚苗容易发生倒伏，在强光、高温下也容易发生萎蔫。

形成原因：光照不足，特别是苗床内发生拥挤，下部光照不足；温度过高，尤其是夜间的温度偏高；土壤湿度长时间偏高；等等。

预防措施：适量播种；出苗后及时间苗、分苗，避免幼苗发生拥挤；保持充足的光照；出苗后加强通风，降低温湿度；不偏施氮肥。

4. 老化苗 也称僵苗、小老苗，主要表现为茎、叶生长缓慢，茎细、叶小，叶色较深、发暗，幼苗低矮或瘦弱。老化苗定植后缓苗慢，易早衰，且产量低。

形成原因：苗床长期干旱，供水不足；苗床温度长时间偏低；施肥不当，如施用化肥的浓度过高，发生了伤根；等等。

预防措施：苗床内保持适宜的温度，低温炼苗时不过度控温；苗床内保持适宜的土壤湿度，不过分控水炼苗；合理施肥，切忌施肥浓度过大。

5. 苗期主要病虫害的防治 蔬菜育苗期间往往受到各种病虫危害，及时防治病虫害是育苗成败的重要措施之一。苗期发生的主要病虫害有：立枯病、猝倒病、灰霉病、根腐病、蝼蛄、蛴螬和小地老虎等。

（1）主要病害防治措施。

① 农业措施。种子处理（热水浸种）；不用带菌的土壤育苗；加强肥水、温度和光照等的管理，培育壮苗，增强幼苗自身的抗病能力；加强通风，保持苗床内适度干燥；等等。

② 药剂措施。播种前用多菌灵、高锰酸钾、福尔马林等对苗床及周围的土壤进行消毒；用农药浸种与拌种，对种子进行消毒；幼苗出土后定期喷药保护。

立枯病、猝倒病用75%百菌清可湿性粉剂600倍液、60%代森锌可湿性粉剂500～600倍液等在大部分种子出苗后，将苗床均匀喷洒一遍进行防治，以后每隔7～10 d喷一次，连续喷2～3次。

灰霉病可以喷洒50%腐霉利可湿性粉剂150倍液、30%霜脲氰·锰锌可湿性粉剂500倍液进行防治，每隔7～10 d喷一次，连续喷2～3次可收到较好的效果。

根腐病发病初期用多菌灵、甲基硫菌灵、敌磺钠、混合氨基酸络合铜等药剂交替喷洒或灌根。

（2）主要虫害防治措施。

① 农业措施。用充分腐熟的有机肥配制床土；清除育苗场地四周的杂草；等等。

② 药剂措施。地老虎、蝼蛄、蛴螬用毒饵诱杀效果较好，用辛硫磷与炒香的麦麸、豆饼等按1:（20～30）的比例，加入适量水拌匀，制成毒饵撒在苗床诱杀。

对3龄前的地老虎幼虫可用灭杀菊酯、喹硫磷、敌百虫进行叶面喷洒。对蛴螬幼虫可用辛硫磷或二嗪农撒施入苗床进行土壤处理，或结合浇水用辛硫磷、甲萘威等浇灌育苗床土进行灭杀。用50%辛硫磷乳油100倍液、80%敌百虫可湿性粉剂800倍液喷雾或灌根，也能达到消灭地下害虫的目的。

三、任务考核与评估

1. 能正确识别苗期常见问题并能采取正确的防治方法。

2. 能描述苗期不同时期的特点，并能正确进行苗期的管理。

技能实训 2－4－1　蔬菜营养土的配制及消毒

一、实训目标

能正确进行蔬菜营养土的配制和消毒。

二、实训材料

三元复合肥、膨化鸡粪、园土、有机肥、腐熟农家肥、桶、铲子、锄头、筛子、甲醛、福尔马林、多菌灵、甲基硫菌灵、小喷壶、薄膜、标签纸、手套等。

三、实训过程

（一）营养土的配制

1. 配方

（1）大田土：草炭（马粪）：有机肥＝4：5：1或大田土：有机肥＝6：4（7：3），加入磷酸二铵或三元复合肥（0.5～1.0 kg/m³）。该配方适合作播种床土。

（2）大田土：草炭（马粪）：有机肥＝5：3：2，或大田土：有机肥＝6：4（7：3），加入磷酸二铵或三元复合肥（1.0～1.5 kg/m³）。该配方适合作分苗床土。

2. 大田土、园土的准备　应选用葱蒜茬的土壤或近两年未种过茄果类和瓜类地块的土壤，最好是充分熟化的土壤，如果用泥炭土取代菜园土则更好。

3. 粪肥的准备　有机肥可选用充分腐熟的鸡粪、猪粪等，并捣碎过筛；也可以选用袋装有机肥；用草炭可以增加土壤松散性，但草炭要充分腐熟。

4. 混匀　把上述材料按比例充分混匀。

5. 消毒、堆置、覆膜　参考前文。

（二）营养土的消毒

1. 药土消毒　将药剂先与少量土壤充分混匀，再与所计划的土量进一步拌匀成药土。播种时 2/3 药土铺底，1/3 药土覆盖，使种子周围都有药土，可以有效地控制苗期病害。常用药剂有 50％多菌灵可湿性粉剂和 70％甲基硫菌灵可湿性粉剂，用量为 8～10 g/m²。

2. 药液消毒　用 65％代森锌可湿性粉剂或 50％多菌灵可湿性粉剂 200～400 倍液喷浇即可。所喷药液要和床土充分混匀，翻倒 2～3 遍后盖上薄膜，密封 5～7 d后揭膜。

四、考核标准

1. 园土或大田土选择正确。

2. 根据给出的蔬菜正确选择营养土种类和配方，并选择一种消毒方法对营养土进行消毒。

达到以上要求即为考核通过，若一次考核不通过可重复考核，直到通过为止。

五、课后任务

制订一份营养土配制和消毒方案，重点预防辣椒苗的猝倒病。

技能实训 2-4-2　蔬菜苗床制作

一、实训目标

能正确制作苗床和计算苗床面积。

二、实训材料

锄头、铁锹、育苗盘、营养钵、刮板、卷尺、笔、纸等。

三、实训过程

1. 苗床面积的确定

$$播种床面积（m^2）=\frac{播种量（g）\times 每克种子粒数\times 每粒种子所占面积（cm^2）}{10\,000}$$

中、小粒种子可按每平方厘米分布 3～4 粒有效种子计算；大粒种子可按每粒有效种子所占苗床面积为 4～5 cm² 计算。

$$分苗床面积（m^2）=\frac{分苗总株数\times 单株营养面积（cm^2）}{10\,000}$$

幼苗单株营养面积根据苗龄的长短可按 64～100 cm² 来计算。

2. 苗床的制作

（1）苗床场所的选择。选择温度、光照都比较好的地方。

（2）育苗土的准备。具体内容参考技能实训 2-4-1 中的相关内容。

（3）做苗床和装盘。先制作床底，畦宽 1.0～1.5 m，长度可以根据育苗多少来确定。苗床周围做成高 5～10 cm 的高畦埂，装入床土，搂平，稍加镇压，用刮板刮平。床土不能装得太满，要留下播种覆土的深度。

低温季节育苗可在床底铺设地热线，并接通电源，做成电热温床或在智能温室中育苗。

四、考核标准

1. 能正确计算苗床面积。
2. 能熟练规范地制作蔬菜苗床。
3. 能正确进行苗床播种。

达到以上要求即为考核通过，若一次考核不通过可重复考核，直到通过为止。

五、课后任务

某农场准备种 40 亩甘蓝，请计算需要的播种苗床面积。（已知：甘蓝种子的千粒重为 3.6 g，种子使用价值为 97%）

技能实训 2－4－3　蔬菜育苗基质配制

一、实训目标

能正确配制蔬菜育苗基质，并掌握穴盘育苗技术。

二、实训材料

珍珠岩、蛭石、椰砖、沙、陶粒、炉渣、菇渣、草炭、稻壳、穴盘、营养钵、标签纸、油性记号笔。

三、实训过程

（一）基质的配制

1. 配方

（1）草炭∶有机肥∶蛭石∶珍珠岩＝3∶2∶1∶1。

（2）草炭∶蛭石∶锯末＝1∶1∶1。

（3）草炭∶蛭石∶珍珠岩＝1∶1∶1。

（4）草炭∶蛭石＝1∶1。

（5）草炭∶珍珠岩＝7∶3。

2. 基质的准备　椰砖或干草炭用水弄湿。

3. 基质的混合　按配方比例混合拌匀。

4. 基质的消毒　密封高温熏蒸消毒；或用多菌灵消毒；或用40%甲醛水剂200～300 mL/m^3，喷洒后堆置覆膜密封消毒。

5. 喷水　使其含水量为50%～60%（手握成团，无水流出）。

6. 拌匀、堆置、覆膜　5 d后揭膜，散味。

7. 装盘　不要装得太满。

8. 播种　点播或机播，一穴一粒，瓜类种子要平放。

9. 覆土　大粒种子覆一层厚1～2 cm的基质；小粒种子则薄薄撒一层土。

注：所用有机肥需要经发酵腐熟、干燥、粉碎过筛等处理后才能用。

四、考核标准

能正确配制蔬菜育苗基质，并正确进行消毒。

达到以上要求即为考核通过，如果一次考核不通过可重复考核，直到通过为止。

五、课后任务

比较常规苗床育苗营养土育苗和育苗基质育苗的优缺点。

技能实训 2-4-4　蔬菜常规育苗和穴盘育苗

一、实训目标

能进行常规育苗和穴盘育苗，并能培育出合格的壮苗。

二、实训材料

营养钵、穴盘、锄头、耙子、蔬菜种子、农药、喷壶、营养土、化肥、恒温培养箱、薄膜、草帘、赤霉素等。

三、实训过程

（一）常规育苗

1. 苗床的准备、整理和消毒　具体参照技能实训 2-4-1、技能实训 2-4-2 中的相关内容。

2. 种子的处理与消毒　具体参照本项二子项目三任务一中的相关内容。

3. 播种　装好、耙平床土，浇足底水，均匀播入种子，覆盖一层药土，覆盖保温保湿材料。

4. 苗期管理

（1）温度管理。白天高，夜间低；晴天高，阴天低；出苗前、移苗后高，出苗后、移苗前和定植前低。

（2）水分管理。播种前浇足底水后，到分苗前一般不再浇水；分苗至定植土壤湿度以地面见干见湿为宜，不干不浇。

（3）光照管理。经常保持采光面清洁；做好草苫的揭盖工作，尽可能地早揭、晚盖草苫，延长苗床内的光照时间。

（4）及时间苗和分苗。秧苗密集时，应及时进行间苗和分苗，以增加营养面积，改善光照条件。

（5）其他管理。定植前追施一次速效氮肥，喷施一次广谱性杀菌剂。

（二）茄子穴盘育苗

1. 穴盘选择　2 叶 1 心苗用 288 穴的穴盘，4～5 叶苗用 128 穴的穴盘，5～6 叶苗用 72 穴的穴盘（根据蔬菜种类选择合适的穴盘）。

2. 基质准备　具体参照本项目子项目四任务三中的相关内容。

3. 肥料施用　将肥料与基质混拌均匀后备用。幼苗 3 叶 1 心后结合喷水进行 2～3 次叶面喷肥。

4. 播种　直播或催芽后播种，一穴一粒，72 穴的穴盘播种深度应大于 1 cm，128 穴的穴盘和 288 穴的穴盘播种深度为 0.5～1.0 cm。

5. 苗期管理　注意温、光、水的管理。

注：穴盘装土不要装满，播种后根据种子大小覆盖土层，大粒种子覆一层厚 1～2 cm 的基质，小粒种子薄薄撒一层即可。

四、考核标准

1. 能正确规范地完成苗床制作、营养土配制及播种。
2. 能正确进行苗期管理，并培养出合格的壮苗，壮苗达80％以上。
3. 按时的完成课后任务，且答案正确合理。

达到以上要求即为考核通过，若一次考核不通过可重复考核，直到通过为止。

五、课后任务

1. 记录育苗的全过程。
2. 结合蔬菜苗期管理记录，完成表2-4-2。

表2-4-2　常见蔬菜穴盘育苗记录

序号	时间	内容	材料	生长状况、操作要点	记录人

技能实训 2-4-5　蔬菜嫁接育苗

一、实训目标

能熟练规范地完成瓜类蔬菜的靠接、插接和劈接。

二、实训材料

嫁接适龄的西瓜苗、黄瓜苗、黑籽南瓜苗、葫芦苗及双面刀片、嫁接针、竹签、嫁接夹、酒精、镊子、烧杯、脱脂棉等。

三、实训过程

嫁接前的准备：培育适宜嫁接的砧木苗和接穗苗。

1. 砧木的选择　选择与接穗有良好的亲和力、生长健壮、根系发达、无土传病害、无连作障碍、增产效果明显、不明显影响产品品质或改善产品品质的苗作砧木。

2. 接穗的选择与采取　选品质优良、高产稳产、生长健壮且无病虫害的植株作接穗。

3. 酒精消毒　手及嫁接工具都要用酒精消毒。

（一）靠接法

1. 削砧木　①去除砧木的真叶和生长点；②用刀片在砧木子叶下方 0.5～1.0 cm 处自上向下呈 40°角斜切一刀，深度为茎粗的 1/2。

2. 削接穗　在接穗子叶下方 1.2～1.5 cm 处由下向上呈 40°角斜切一刀达茎深 1/2，长度与砧木相等。

3. 砧穗嵌合　把接穗舌形切口插入砧木接口中，使切口相嵌，并用嫁接夹固定。

（二）插接法

1. 削砧木　①去除砧木的真叶和生长点；②用竹签或嫁接针从一片子叶的基部呈 30°角斜插到另一片子叶生长点下端，深约 1 cm，暂不拔出。

2. 削接穗　在接穗子叶下方 0.8～1.0 cm 处用刀片向下呈 40°角削成 1 cm 长的楔形切口。

3. 砧穗嵌合　拔出竹签或嫁接针，轻轻将削好的接穗由上而下插入孔中，使接穗和砧木的子叶呈"十"字形。

（三）劈接法

1. 削砧木　①去除砧木的真叶和生长点；②用刀片从苗茎顶端中间一侧切一长约 1 cm 的切口。

2. 削接穗　在接穗子叶下方 0.8～1.0 cm 处将下胚轴切成两面楔形。

3. 砧穗嵌合　轻轻将削好的接穗插入切口，并用专用嫁接夹从对侧夹住。

（四）嫁接后管理

嫁接后立即将苗摆入小拱棚内，前期注意增温、保湿、遮光，后期逐渐转入正常管理。15 d 后靠接的接穗断根，20 d 后测定成活率。

四、考核标准

1. 能独立完成瓜类蔬菜的靠接、插接和劈接。
2. 嫁接成活率在 80％以上。
3. 按时完成课后任务，且答案正确合理。

达到以上要求即为考核通过，若一次考核不通过可重复考核，直到通过为止。

五、课后任务

1. 简述嫁接的意义。
2. 比较 3 种嫁接方法的优缺点。
3. 详细记录嫁接管理的全过程。

技能实训 2－4－6　蔬菜分苗

一、实训目标

掌握蔬菜秧苗营养钵分苗和苗床移植的基本技能。

二、实训材料

小苗期的秧苗（瓜类、茄果类）若干、营养钵、营养土、育苗床、移栽铲、喷壶。

三、实训过程

1. 起苗　分苗前 2 d 对苗床进行浇水。分苗时用移栽铲带土起苗，尽量减少伤根，并将秧苗按大小分级。

2. 分苗

（1）营养钵分苗。营养钵先装一半土，将苗栽于钵中，尽量使根系舒展，再向苗周围填细土，土面距营养钵的边缘保持 1 cm 的距离。然后将营养钵整齐地摆入苗床中，浇透水。

（2）苗床移栽。适用于根系较耐移植的茄果类蔬菜。苗床内铺厚 10 cm 的营养土，按行距 10 cm 开沟，沟内浇少量底水。分苗的株行距为（8～10）cm×（8～10）cm。番茄、黄瓜宜采用 10 cm×10 cm 的株行距，茄子、辣椒采用 8 cm×8 cm 的株行距或用直径为 8 cm 的营养钵（袋）。

3. 栽苗深度　一般以子叶露出土面 1～2 cm 为宜。

4. 分苗后管理　分苗后及时浇定根水，一般从分苗到活棵需要 4～7 d，低温扣上小拱棚增温保湿，高温强光时需遮阳，气温较高的中午需要揭开棚膜两端通风换气 1～2 h，秧苗成活后进行正常管理。

注：不宜分苗的蔬菜有萝卜、胡萝卜、瓜类（西瓜、甜瓜等要分苗，需在子叶期进行，以尽量少伤根系）；一般番茄苗在 2 叶 1 心，茄子和辣椒在 3 叶 1 心时进行分苗，豆类一定要在破心前后分苗。

四、考核标准

1. 能正确进行营养钵分苗、苗床移栽分苗。

2. 分苗后苗的成活率达 95% 以上。

3. 按时完成课后任务，且答案正确合理。

达到以上要求即为考核通过，若一次考核不通过可重复考核，直到通过为止。

五、课后任务

记录分苗后苗的生长情况，并比较营养钵分苗和苗床移栽的优缺点。

子项目五　蔬菜田间管理技术

任务一　蔬菜定植技术

进行育苗的蔬菜，当秧苗长到一定大小后，将其从苗床移栽到菜地的过程，称为定植。科学合理的定植技术能促进幼苗定植后迅速缓苗，保证蔬菜良好的生长，为优质、高产打下基础。

一、定植期的确定

各地具备的条件不同，要根据当地的气候条件、蔬菜种类、产品上市时间及栽培方式等来确定适宜的播种与定植时期。设施栽培的定植时期主要考虑产品上市的时间、幼苗大小、土壤情况及设施保温性能，一般使蔬菜产品上市高峰期处于露地蔬菜供应的淡季。

露地栽培需考虑气候与土壤条件。影响蔬菜定植时期的主要因素是温度。喜温蔬菜如茄果类、瓜类、豆类（豌豆、蚕豆除外）等冬季不能定植，应在春季断霜后、地温稳定在 10～15 ℃时定植，一般霜期过后尽早定植。在安全的前提下，提早定植是争取早熟高产的重要环节。秋季则以初霜期为界，根据蔬菜栽培期长短确定定植期，如番茄、菜豆和黄瓜应从初霜期前推 3 个月左右定植。对于一些耐寒和半耐寒的蔬菜种类，如豌豆、蚕豆、甘蓝、菠菜、芥菜等，在长江以南地区多进行秋、冬季栽培，以幼苗越冬；而在北方地区冬季不能露地越冬，多在春季土壤解冻后、10 cm 土温达 5～10 ℃时定植。华南热带和亚热带地区终年温暖，定植时期要求不太严格。

我国南方地区定植时温度多较高，宜在无风的阴天或傍晚进行定植，以避免烈日暴晒。

二、定植前的准备

定植前应该做好土壤和秧苗的准备工作，如育苗、整地、施基肥、作畦、开沟或挖穴等。

选择适龄幼苗定植，苗过小不易操作，过大则伤根严重、缓苗期长。一般叶菜类以 4～6 真叶时（团棵期）为定植的适期；豆类、瓜类根系再生能力弱，定植宜早，瓜类多在 5 片真叶时定植，豆类在其 2 片子叶对称、真叶未出时或 2～3 片复叶时定植；茄果类根系再生能力强，可带花或带果定植，但缓苗期长，定植前对秧苗进行蹲苗锻炼可提高其对定植环境条件的适应能力，缩短缓苗期。

三、定植方法

1. 明水定植法　整地作畦后，按要求的株行距开定植沟（穴），栽苗，栽完苗后及时浇定根水，这种定植方法称为明水定植法。此定植方法用水量大，地温降低明显，适合高温季节使用。

2. 暗水定植法　按株行距开沟（穴），按沟（穴）灌水，水渗下后栽苗封沟覆土。此定植方法用水量小，地温下降幅度小，表土不板结，透气好，利于缓苗，但较费工。

（1）座水法。按株行距开穴或开沟后先浇足水，将幼苗土坨或根部置于泥水中，水渗下后再覆土。该定植方法具有速度快、保持土壤良好的透气性、促进幼苗发根和缓苗等优点，定植后成活率较高。

（2）水稳苗法。按株行距开穴或开沟栽苗，栽苗后先少量覆土并适当压紧、浇水，待水全部渗下后再覆盖干土。该定植方法既能保证土壤湿度，又能增加地温，有利于根系生长，适合冬、春季定植。

四、定植密度

合理密植是指单位面积上有一个合理的群体结构，使个体发育良好，同时能充分发挥群体的增产作用，是在保证蔬菜正常生长发育的前提下，尽量增加定植密度，充分利用光、温、水、气、肥、土等环境条件，获得优质、高产的产品。

定植密度因蔬菜种类、栽培方式、环境条件等不同而异。在同等气候和土壤条件下，爬地生长的蔓生蔬菜定植密度宜小，直立生长或支架栽培的蔬菜密度可适当增大；对一次采收肉质根或叶球的蔬菜，为提高个体产量和品质，定植密度宜小，而以幼小植株为产品的绿叶菜类，为提高群体产量，定植密度宜大；对于多次采收的茄果类及瓜类，早熟品种或栽培条件不良时定植密度宜大，晚熟品种或适宜条件下栽培时定植密度宜小。机械化管理的定植行距适当增大，有利于机械操作；田间管理精细的，可适当增加定植密度，如搭架的比不搭架的定植密度可大些，以增加产量。

五、定植后管理

幼苗定植后，生长会有一段停滞期，待新根发生后才恢复生长，这一过程称缓苗。采取相应措施可以缩短缓苗期：①瓜类可采用营养土块、营养钵育苗等保护根系，减少定植时伤根；②移植时尽量多带土，减少伤根；③选择合适的定植时间，一般寒冷季节选晴天，炎热季节选阴天或午后，以减少水分散失；④栽植后遇光照过强应遮阳，若遇霜冻可采取覆土或灌水等措施防冻，缓苗前注意浇水以促进成活；⑤栽植时深浅应适宜（如茄子根系较深、较耐低氧，定植宜深；番茄可栽至第一片真叶下，对于番茄等的徒长苗还可适当深栽，以促进茎上不定根的发生；大白菜根系浅、茎短缩，深栽易烂心，在潮湿地区不宜定植过深，避免下部根腐烂，故有"黄瓜露坨，茄子没脖""深栽茄子，浅栽蒜"等俗语）。

六、任务考核评估

1. 能对几种常见的蔬菜进行正确定植。
2. 能说出不同种类蔬菜的壮苗标准。
3. 能说出定植的注意事项。

任务二 蔬菜施肥与灌水技术

一、蔬菜施肥技术

(一)施肥的方式

1. 基肥(底肥) 基肥是蔬菜播种或定植前结合整地施入的肥料。基肥一般以有机肥为主,根据需要配合一定量的化肥,施化肥时应迟效肥与速效肥兼用。基肥施用量大、肥效长,不仅能为整个生育时期提供养分,还能为蔬菜创造良好的土壤条件。基肥的施用方法主要有:

(1)撒施。将肥料均匀地铺撒在田面,结合整地翻入土中,并使肥料与土壤充分混匀。

(2)沟施。先在栽培畦(垄)面开沟,将肥料均匀撒入沟内,施肥集中,有利于提高肥效。

(3)穴施。先按株行距开好定植穴,在穴内施入适量的肥料。穴施既节约肥料,又能提高肥效。

沟施或穴施时,应在肥料上覆一层土,防止种子或幼苗根系与肥料直接接触而烧种、烧根。

2. 追肥 追肥是在蔬菜生长期间根据不同类型进行分期分次施入的肥料,以补充蔬菜不同生长时期的需要。追肥的肥料种类多为速效化肥和充分腐熟的有机肥,追肥用量应根据基肥的多少、蔬菜种类及土壤肥力的高低等进行确定,每次用量不宜过多。一般叶菜类蔬菜,特别是结球菜类蔬菜,从生长初期到结球期都可进行追肥,尤其是开始结球时要吸收较多的钾,氮、钾肥应同时追施;根菜类根部膨大期必须补充氮肥,追肥不宜过迟;果菜类一般在果实膨大期开始追肥,不能过早、过多,以防植株徒长,引起落花落果。追肥的方法主要有:

(1)地下埋施。在蔬菜周围采取沟施或穴施的方法追肥。此方法肥料利用率较高,但开沟或挖穴容易伤害蔬菜根系,适用于蔬菜封垄前或结果盛期前,但施肥用量不要过大,且与主根保持一定距离,避免发生肥害。

(2)地面撒施。适用于一些速溶性化肥,如尿素、磷酸二氢钾等,将肥料于蔬菜的成株期均匀撒施于行间并进行浇水。此方法方便、省工,但有几个要求:①肥料水溶性强且不易挥发;②撒肥技术好,因施肥不当将肥料撒于菜心或叶片上,容易引起"烧心"或"烧叶";③施肥后随即浇水,否则肥料不能分解。露地栽培的蔬菜雨天或即将下雨前适用此法。

(3)随水冲施。将肥料先溶解于水,随灌溉施入根区。该方法适用于蔬菜各生长时期。保护地蔬菜冲施肥要采取地膜下冲施肥形式,防止氨挥发到空气中。该方法的施肥质量和效果受浇水量的影响较大,浇水不足时肥液浓度过高容易发生肥害;浇水过多,肥料养分流失较多。

(4)叶面追肥。也称根外追肥,即将肥料配制成一定浓度的溶液,直接喷洒于蔬菜叶片上。此方法具有操作简便、肥料用量少、收效快等优点,适合在植株密度较大或生长后期及因土壤干燥而不适于土壤追肥时应用。根外追肥可结合喷灌进行。

蔬菜栽培的
追肥技术

影响根外追肥效果的主要因素有：喷液浓度、施用时间和施用部位。叶片对不同肥料有效成分的吸收速率不同，对钾肥吸收速率由快至慢依次为：硝酸钾＞磷酸二氢钾。吸收氮肥速率由快至慢依次为：尿素＞硝酸盐＞铵盐；对无机盐类的吸收速率比有机盐类（尿素除外）快。

根外追肥的注意事项：①浓度应根据肥料和蔬菜种类而定，不宜过高，以免"烧叶"；②喷于叶背面比叶表面吸收得快；③喷施最好在傍晚或早晨露水刚干时进行，防止在强光高温下叶片变干；④设施内应在上午进行，喷施后打开通风口进行适量的通风，进行排湿。

（二）蔬菜需肥特点及施肥原则

1. 蔬菜需肥特点

（1）需肥量大。重施有机肥作基肥，一般每亩用量应达 5 000 kg 左右，除有机肥作基肥外，还应施氮磷钾复合肥，生长期还要多次追肥。

（2）喜硝态氮肥。蔬菜对硝态氮肥如硝酸铵、硝酸钾等含硝基的氮吸收量高，而对铵态氮肥如氨水、碳酸氢铵、硫酸铵、尿素等的吸收量小。

（3）对矿质元素有特殊要求。

① 硼。缺硼常会引起落花落果、茎秆开裂、果实着色不良或果面粗糙形成裂口等，如芹菜缺硼会发生裂茎、油菜会"花而不实"等。

② 钙。蔬菜需钙量大，番茄、辣椒缺钙可能发生脐腐病。

③ 钾。钾肥被称为是蔬菜的品质元素，蔬菜对钾肥要求高，大多数蔬菜在生长发育中后期，尤其是瓜类、豆类、茄果类蔬菜进入结荚、结果、结瓜期后对钾的吸收最会明显增加，在该时期供肥应注意增加钾肥的比例。

2. 施肥的基本原则 坚持"有机肥为主，化肥为辅；基肥为主，追肥为辅；多元复合肥为主，单元素肥料为辅"的原则，注意有机肥与化肥的配合，并根据不同作物合理配比氮、磷、钾及微肥。

不同栽培条件下，施肥方法不同。沙质土壤保肥性差，故施肥应"勤浇薄施"；高温多雨季节，植株生长迅速，对养分的需求量大，果菜类蔬菜应控制氮肥的施用量，以免造成营养生长过盛，导致生殖生长延迟；在高寒地区应增施磷、钾肥，以提高植株的抗寒性。

化肥种类繁多，性质各异，施用方法也不尽相同。设施蔬菜慎施铵态氮肥，铵态氮肥易溶于水，作物能直接吸收利用，肥效快，但其性质不稳定，遇碱、遇热易分解挥发出氨气，因而施用时应深施并立即覆土。弱酸性磷肥宜施于酸性土壤，在石灰性土壤上施用效果差。硫酸钾、氯化钾、氯化铵、硫酸铵等化学中性生理酸性肥料，最适合在中性或石灰性土壤上施用。生产上要根据蔬菜种类、土壤性质选择合适的肥料，最好测土配方施肥，并尽量施微生物活性肥料。

二、蔬菜灌溉技术

灌溉是指人工引水补充菜地水分，以满足蔬菜生长发育的措施。合理的灌溉与排水是为蔬菜提供最适的土壤水分条件，使蔬菜达到最佳生育状态和最高产量的关键管理措施之一。

蔬菜栽培的
灌溉技术

（一）灌溉的主要方式

1. 明水灌溉　也称地面灌溉，包括沟灌、畦灌和漫灌等几种形式，适用于水源充足、土地平整的地块。明水灌溉投资小，易实施，适用于露地大面积蔬菜生产，但费工费水，土壤易板结，故灌水后要及时中耕松土。

2. 暗水灌溉　也称渗灌或地下灌溉，主要是利用地下渗水管道系统，将水引入田间，借土壤毛细管作用自下而上湿润土壤。其优点是：土壤湿润均匀，不破坏土壤团粒结构，蒸发损失小，省水，不影响机械操作，灌水效率高，能有效减少或控制病害。高温季节设施栽培利用此法可避免浇水后出现高温高湿现象。

3. 微灌

（1）滴灌。通过输水系统，定时定量地滴到蔬菜根际的灌溉方式。目前设施内多采用膜下滴灌技术，该技术有效地解决了土壤湿度与空气湿度之间的矛盾。滴灌不破坏土壤结构，追肥时将化肥溶于水中随水滴入，省工省水，尤其适用于干旱缺水的地区。

（2）喷灌。喷灌是现在大多数蔬菜种植基地采用的主要灌溉方式。喷灌是指采用低压管道将水流雾化喷洒到蔬菜或土壤表面。其优点是：喷灌雾点小，省水，土壤不板结，灌水均匀度高，水的利用率高，并且易于按作物需要控制灌水量，减轻或避免土壤盐碱化，同时节约沟渠占地，提高土地利用率。喷灌适用于育苗或叶菜类生产。其不足之处是：喷灌易使植株产生微伤口，在高温高湿下易导致病害发生，如莴苣、番茄等在喷灌条件下病害发生较多，所以在高温季节或高温天气，设施内喷水后注意通风排湿，避免高温高湿。

（二）蔬菜合理灌溉的依据

我国蔬菜栽培历史悠久，菜农在长期生产实践中，联系当地气候、土壤特点及蔬菜需水规律总结的浇水经验为"看天、看地、看苗"浇水。

1. 看天浇水　低温期尽量少浇水、不浇水，必须浇水时应在冷尾暖头的晴天进行，最好中午前后进行小灌，或进行"暗灌"，在地温升高之前一般不再浇水。高温期浇水要勤，"明水大灌"既满足蔬菜对水分的需要，又降低了地温，最好在早晨或傍晚浇水。

2. 根据蔬菜种类、特性进行灌水　蔬菜的种类或品种不同，对水分的要求也不一样，需水量大的蔬菜应该多浇水，耐旱性蔬菜应少浇水。白菜、甘蓝、黄瓜等根系浅而叶面积大的蔬菜要经常灌水，以畦面不干为原则；番茄、茄子、豆类等果菜类蔬菜的根系深而且叶面积大，应保证畦面"见干见湿"，浇荚不浇花；速生蔬菜应保持畦面湿润，肥水不缺；西瓜、甜瓜、南瓜、胡萝卜等在播种或定植时不能缺水，一般先湿后干。

3. 根据不同生育期进行灌水　种子发芽期需水多，播种时要灌足播种水。幼苗期土壤水分要适中，以促进根系的生长；地上部功能叶及食用器官旺盛时需水多，要注意灌水；以根系生长为主时，要求土壤湿度适宜，水分不能过多，以中耕保墒为主，一般少灌或不灌。始花期既怕水分过多，又怕过于干旱，所以都应先灌水再中耕。食用器官接近成熟时一般少浇或不浇水，以免延迟成熟或造成裂球裂果，以提高产品的耐贮运性。

4. 根据植株长势进行灌水　根据叶片的外形变化和色泽深浅、茎节长短、蜡粉厚薄等确定是否要灌水。如露地黄瓜，若早晨叶片下垂，中午叶萎蔫严重，傍晚不易恢复，说明缺水，要及时灌水；番茄、胡萝卜等叶色发暗，中午有萎蔫现象或甘蓝、洋葱叶色灰蓝，表面蜡粉增多，叶片脆硬，说明缺水，要及时浇水。

5. 根据土质情况进行灌水　土壤墒情是决定灌水的主要因素，缺水时要及时灌水，并根据土壤的颜色及土壤质地确定灌水多少。沙土保水性差，应勤浇少浇；黏土则浇水量和次数要少；低洼地要小水勤浇，防止积水；盐碱地则勤浇水，且明水大灌，防止返盐。

（三）菜地排水技术

菜地排水与灌溉具有同等重要性。菜地排水的方式有明沟排水、暗管排水、井排 3 种，目前使用最多的是明沟排水。明沟排水省工、简便，但工程量大，易倒塌、淤塞和滋生杂草，占地大，且排水不畅；暗管排水是利用埋于地下的管道排水，不占地，不影响机械操作，排水排盐效果好，缺点的是成本高，管道易被堵塞。对于不耐涝的蔬菜，如番茄、西瓜、黄瓜等，在雨前要提前疏通好排水系统，做到随降随排。

三、任务考核与评估

1. 写出几种常见蔬菜不同时期的正确追肥种类和方法。
2. 通过观察土壤和植株长势了解水分状况，写出常见蔬菜适宜灌溉的时期。
3. 通过观察蔬菜长势，正确判断蔬菜是否缺水缺肥，并采取合理措施。

任务三　蔬菜中耕、除草与培土技术

一、中耕

中耕是蔬菜生长期间于播种出苗后、雨后或灌水后在株行间进行的土壤耕作。中耕多与除草同时进行，可以消灭杂草，同时可以破除表土板结、改善土壤的物理性质，增强通气和保水性能，促进根系的吸收和土壤养分的分解，定植蔬菜田中耕时要求不动土坨。冬季和早春中耕有利于提高土温，促进作物根系的发育，同时因切断了表土的毛细管，使底层土壤水分难于继续上升散失，从而减少土壤水分蒸发，起到保墒作用。

作物的种类不同，根系的再生与恢复能力有差异，中耕的深度不同。中耕的深度取决于根据蔬菜根系的分布特点和再生能力，如黄瓜、葱蒜类根系较浅，再生能力弱，宜浅中耕；番茄、南瓜根系较深，再生能力强，切断老根后容易发生新根，宜深中耕。苗期中耕宜深，以促进根系深扩展；成株期根系布满表土，宜浅中耕。一般中耕的深度在 3～6 cm 或 9 cm 左右。

中耕的次数依据蔬菜种类、生长期长短及土壤性质而定，生长期长的作物中耕次数较多，反之则较少，但必须在植株未全部覆盖地面之前进行，封垄后停止中耕。

二、除草

田间杂草的生长速度远远超过蔬菜作物，且生命力极强，若不及时除掉，就会大量滋生，不仅会与作物竞争水分、养分和光照，还会成为某些病原微生物的潜伏场所和传播媒介。

除草的方法主要有：人工除草、机械除草及化学除草 3 种。

1. 人工除草　多结合中耕进行，用小锄头在松土的同时将杂草铲除。此法效果好，但是比较费工、费时。

2. 机械除草　以中小型机械为主，效率高，但容易伤害植株，且只能除行间的杂草，除草不彻底，需要人工除草作为辅助措施。

3. 化学除草　利用化学药剂来防除杂草，方法简便，效率高。适时使用除草剂是决定防除效果的关键。

化学除草主要在播种后出苗前或在苗期使用除草剂，以杀死杂草幼苗或幼芽而不影响蔬菜作物正常生长发育为原则。对多年生的宿根性杂草，应在整地时把杂草根茎清除。目前化学除草剂种类很多，应根据蔬菜种类选择低毒、高效的除草剂。

三、培土

培土是根据蔬菜植株生长进程将行间土壤分次培于植株基部，一般结合中耕、除草进行，以促进生根、保墒。南方多雨地区通过培土可以加深畦沟，利于排水。

培土对不同种类的蔬菜有不同的作用。大葱、韭菜、芹菜、芦笋等蔬菜培土可以增强植株抗倒伏能力，防止根部和地下产品器官露出地面，促进植株软化，提高产品品质；马铃薯、芋、生姜等培土可促进地下器的形成和膨大；番茄、瓜类等培土可促进不定根的形成，加强根系对土壤养分和水分的吸收。此外，培土还有防止植株倒伏、防寒、防热的作用，有利于加深土壤耕层，改善空气流通性，减少病虫害发生。

四、任务考核评估

能熟练进行中耕、除草和培土操作。

任务四　蔬菜植株调整技术

蔬菜植株调整是通过整枝、打杈、摘心、支架、绑蔓、疏花、疏果等措施，人为地调整植株的生长和发育。植株调整的作用主要是使营养生长与生殖生长、地上部和地下部生长达到动态平衡，植株达到最佳的生长发育状态，促进其产品器官的形成与膨大；还可以改变田间蔬菜群体结构的生态环境，使之通风透光，降低田间湿度，以减少病虫草害的发生。

一、搭架、绑蔓

1. 搭架　蔓生蔬菜不能直立生长，常进行搭架栽培。搭架的主要作用是使植

蔬菜植株的
调整技术

株充分利用空间，改善田间的通风、透光条件，达到减少病虫害、增加产量、改善品质的目的。常用的架型有人字架、单柱架、棚架和圆锥架等。搭架要及时，在蔓生蔬菜倒蔓前或初花期进行，架杆固定要牢，插杆要远离主根 10 cm 以上，避免插伤根系。

（1）单柱架。在每一植株旁插一架杆，架杆间不连接，架形简单，适用于分枝性弱、植株较小的豆类蔬菜以及单干整枝的矮生番茄等。

（2）人字架。在相对应的两行植株旁相向各斜插一架杆，上端分组捆紧，再横向连贯固定，呈"人"字形。此架牢固程度高，承受质量大，较抗风吹，适用于菜豆、豇豆、黄瓜、番茄等植株较大的蔬菜。

（3）棚架。在植株旁或畦两侧插对称架竿，并在架竿上扎横杆，再用绳、杆编成网格状。棚架有高棚、低棚两种，适用于生长期长、枝叶繁茂的瓜类，如冬瓜、丝瓜、苦瓜等。

（4）圆锥架。用 3～4 根架杆分别斜插在各植株旁，上端捆紧使架呈三脚或四脚的锥形。圆锥架牢固，抗风能力强，架间的通风透光性好，但架的上部拥挤，影响通风透光。圆锥架常用于黄瓜及豆类。

2. 绑蔓　黄瓜、番茄等攀缘性较差的蔬菜，利用固定器、麻绳、稻草、塑料绳等材料将其茎蔓固定在架杆上，称为绑蔓。绑蔓松紧要适度，不能使茎蔓受伤或出现缢痕，也不能使茎蔓在架上随风摇摆磨伤。露地栽培蔬菜应采用 8 形扣绑蔓，使茎蔓不与架竿发生摩擦。随着植株的生长要不断将茎蔓缠绕在架杆上，使其保持直立生长。

二、压蔓、吊蔓、落蔓

1. 压蔓　蔓生蔬菜如南瓜、西瓜、冬瓜等爬地栽培时，通过压蔓可使植株排列整齐，受光良好，管理方便，促进果实发育，提高品质，同时可促生不定根，有防风和增加营养吸收的作用。

2. 吊蔓　吊蔓是将尼龙绳一端固定在种植上方的棚架或铁丝上，另一端用小木棍固定在植株附近的地下部位，并随时将茎蔓缠绕到绳上。设施内栽培时，为了减少架杆遮阳，多采用此法。当植株茎蔓长到架顶或采摘和管理不便时，可根据需要将茎蔓解开进行落蔓。

3. 落蔓　搭架栽培的蔓生或半蔓生蔬菜生长后期基部叶落造成空间过疏，顶部空间不足，或者设施栽培的番茄、黄瓜等蔬菜生育期长达 9 个月，导致茎蔓过长。为保证茎蔓有充分的生长空间，有效调节群内通风透光，可于生长期内进行多次落蔓。一般是落蔓前摘除老叶、黄叶、病叶后，定期将茎蔓从支架上解开，下落茎蔓盘绕在畦面上，或朝一个方向顺延后绑蔓固定，保持植株生长点始终在合适高度，便于采摘和管理。

三、整枝

整枝是对分枝性强的茄果类、瓜类蔬菜，为控制其生长，人为地创造一定株形，促进果实发育的一种措施。整枝的具体措施主要包括打杈、摘心等。除去顶芽，控制茎蔓生长称"摘心"（或闷尖、打顶）；除去多余的侧枝或腋芽称为"打杈"（或抹芽）。整枝多在晴天上午露水干后进行，以利于整枝后的伤口愈合，防止感染病害。整枝时应避免植株过多受伤，病株则暂时不整，以免病害传播。摘心和打杈是控制营养生长，促进生殖生长，获得早熟高产的措施之一。

整枝应以蔬菜的生长和结果习性为依据。常见的整枝有单干整枝、双干整枝、多干整枝等。一般以主蔓结果为主的蔬菜（如早熟黄瓜、西葫芦等）应保护主蔓，去除侧蔓；以侧蔓结果为主的蔬菜（如甜瓜、瓠瓜等）则应及早摘心，促侧蔓，提早结果；主侧蔓均能正常结果的蔬菜（如冬瓜、西瓜、丝瓜、南瓜等），大果型品种应留主蔓去侧蔓，小果型品种则留主蔓和适当选留强壮侧蔓结果。

四、摘叶、束叶、摘卷须

1. 摘叶　摘叶是在蔬菜生长期间及时摘除病叶及下部老叶，避免不必要的营养消耗，以利于维持适宜的群体结构，改善通风、透光条件。摘叶多在晴天的上午进行。摘叶不可过重，对同化功能还较为旺盛的叶片不宜摘除。摘除的叶特别是病叶要带到田外，集中处理。

2. 束叶　束叶是用绳等将蔬菜叶片尖端拢起或捆绑在一起。束叶是对大白菜、花椰菜等花球类和叶球类蔬菜的一项管理措施，可使花球洁白柔嫩，叶球软化，提高产品的商品性，此外还能保护心叶免受冻害，并达到增强光照等作用。束叶不宜过早，应在光合同化功能已很微弱时进行，以免影响产量。一般在生长后期，叶球已充分灌心，花球充分膨大后或温度降低时即可束叶。

3. 摘卷须　摘卷须的目的是减少攀缘性蔬菜的养分消耗，防止自身攀缘缠绕，方便人工绑蔓，利于植物合理的空间分布。

摘叶、束叶、摘卷须等可以调整蔬菜的叶面积和空间分布，保证蔬菜植株的生长良好，减少不必要的养分消耗，提高产品质量和品质。

五、疏花疏果与保花保果

1. 疏花疏果　不同蔬菜特性不同、栽培目的不同，对花器和果实调整也不同。以营养器官为产品的蔬菜，疏花疏果有利于产品器官的形成，如马铃薯、莲藕、百合等摘除花蕾有利于地下器官的膨大。西瓜、番茄等果菜类蔬菜，疏花疏果则可提高单果重和果实品质。畸形果、病果、机械损伤的果实应及早摘除。

2. 保花保果　蔬菜生产上易落花落果，植株营养不足、逆境影响（如干旱、低温或高温等）都可能造成落花落果，而对于番茄、辣椒、菜豆等果菜类蔬菜应及时采取措施保花保果，以提高坐果率，如加强肥水管理、及时采摘成熟果实、整枝打杈等。此外，可以通过施用植物生长调节剂改善植株自身营养状况来保花保果。

番茄、茄子、甜椒等在早春低温（低于 13 ℃）或高温期（高于 35 ℃）时不坐果，一般用 $10\sim20$ mg/kg 的 2，4 -滴蘸花；茄子用 $20\sim30$ mg/kg（低温期用较高的浓度，高温期用较低的浓度）可以防止落花。番茄最好使用 $25\sim30$ mg/kg 的对氯苯氧乙酸（PCPA，番茄灵）喷花，当番茄每花序上有 $2\sim3$ 朵花刚开放时喷洒花序，可避免药害。

在油菜、菜豆开花期喷施硼肥可减少落花落果，或者在盛花期和结实期喷洒丁酰肼（B_9），可以提高豆荚品质，减少纤维含量。

设施栽培的黄瓜、西瓜、丝瓜、番茄等果菜类还可以引入蜜蜂授粉或人工授粉，以提高坐果率。

六、任务考核评估

1. 能写出不同蔬菜的植株调整方法。
2. 能对当季蔬菜进行正确的植株调整。

技能实训 2-5-1　蔬菜定植

一、实训目标

能熟练规范地进行常见蔬菜的定植。

二、实训材料

田块、蔬菜壮苗、锄头、铁锹、耙子、移栽铲等工具。

三、实训过程

1. 移栽地块的准备　具体参照项目二子项目一中的相关内容。

2. 定植苗准备　定植前 7 d 左右减少浇水，进行低温锻炼，早揭晚盖拱棚膜，逐步揭去薄膜等防霜物，无霜的夜晚可以部分或全部不盖薄膜。在定植前 1～2 d，用多菌灵或甲基硫菌灵等药液喷雾防病。

3. 起苗　起苗前一天浇足水，便于起苗。起苗时用移植铲带土起苗，尽量少伤根。

4. 定植

（1）开沟定植。在畦上或垄上按定植行距开定植沟，沟深 10 cm 左右。沟要直，沟底要平。按株距摆苗，培少量土稳苗。如果施基肥时未施用化肥，可于株间撒施化肥，并使肥土混拌均匀。灌足定植水，待水渗后合垄。

（2）开穴定植。按定植株行距开穴，浇足底水，待水渗后摆苗，封埯。

（3）定植密度。定植密度因蔬菜种类和品种不同而异，如辣椒每亩定植 3 000～4 000 株，株行距（50～60）cm×（30～45）cm；茄子每亩定植 1 500～3 300 株，单行株行距 45 cm×80 cm 或大小行株行距 30 cm×60 cm。

5. 调查定植成活率　定植 1 周后调查成活率。

注：气温高时在阴天或早晚定植，采用明水定植法；气温低时在晴天或中午定植，采用暗水定植法。

四、考核标准

1. 能熟练规范地完成开沟定植和开穴定植。
2. 定植成活率在 90% 以上。

3. 按时完成课后任务，且答案正确合理。

达到以上要求即为考核通过，若一次考核不通过可重复考核，直到通过为止。

五、课后任务

选择一种茄果类或瓜类蔬菜，根据当地育苗计划进行蔬菜定植。

技能实训 2－5－2　蔬菜水肥管理

一、实训目标

根据植株生长情况和生长发育期，制订合理的水肥管理方案，并能正确进行排灌和施肥。

二、实训材料

基地种植的一种或几种蔬菜、化肥、农具（施肥和灌溉等工具）。

三、实训过程

1. 制订水肥管理方案　根据季节和实训条件，选择一种蔬菜（茄果类、瓜类、豆类、叶菜类等），根据品种特性制订其整个生长期的水肥管理方案。

要求：方案应包括基肥、追肥的时期、方法及施用量；灌溉时期、方法等。

2. 根据方案进行水肥管理　根据蔬菜生长情况及水肥管理方案，选择 1～2 个重要的物候期，分组进行具体的水肥管理操作（土壤追肥和根外追肥相结合）。

四、考核标准

1. 能根据给出蔬菜品种制订出合理的水肥管理方案。

2. 能正确进行水肥管理。

达到以上要求即为考核通过，若一次考核不通过可重复考核，直到通过为止。

五、课后任务

根据季节、实训条件和品种特性，制订几种不同蔬菜整个生长期的水肥管理方案。

技能实训 2－5－3　瓜类蔬菜植株调整

一、实训目标

能根据茄果类、瓜类、豆类蔬菜的生长发育情况，正确进行吊蔓缠蔓、插架绑蔓、整枝打杈、摘叶摘心、疏花疏果、保花保果等植株调整操作。

二、实训材料

定植缓苗后及开花结果期的茄果类、瓜类、豆类蔬菜植株，细绳、竹竿、剪刀、铁丝、尼龙绳或固定夹等。

三、实训过程

1. 吊蔓缠蔓　适用于设施栽培。将绳上下固定好后，将植株从下向上按顺时针缠绕，并用 8 形固定法固定。

2. 插架绑蔓　根据不同的蔬菜种类，选择不同的架形，并正确搭架和绑蔓。

3. 整枝打杈　根据不同的蔬菜种类和生长情况，及时去除多余的侧枝和卷须。

4. 摘心摘叶　根据定干要求（单干整枝、双干整枝或多干整枝）摘除主枝或侧枝生长点；生长中后期及时摘除病叶、老叶、黄叶。

5. 疏花疏果　及时摘除畸形花、畸形果，果多时摘除小果。

6. 保花保果　对于设施栽培或花少果少情况，采取引入蜜蜂、人工授粉或使用生长调节剂等措施提高坐果率。

四、考核标准

1. 能对茄果类、瓜类、豆类蔬菜植株进行合理的植株调整。

2. 能正确选择合适的时期，进行吊蔓缠蔓操作。

3. 能根据蔬菜品种，选择合适的架形并正确进行插架绑蔓操作。

4. 能正确进行整枝打杈、摘心摘叶等操作。

5. 能正确进行疏花疏果和保花保果操作。

达到以上要求即为考核通过，若一次考核不通过可重复考核，直到通过为止。

五、课后任务

根据给出的茄果类、瓜类、豆类蔬菜制订植株调整方案。

项目三 蔬菜栽培制度与生产计划制订

知识目标

1. 掌握蔬菜栽培制度的概念、类型和原则。
2. 掌握蔬菜栽培季节和茬口安排的原则。

技能目标

1. 能根据当地气候特点和设施条件正确安排茬口和合理规划菜地。
2. 能根据生产实际，合理运用轮作、间作、套作等制订设施和露地生产计划。

子项目一 蔬菜栽培制度

一、蔬菜栽培制度的概念

蔬菜栽培制度是指在一定生产季节内，在一定耕地面积内，蔬菜的轮换栽培及季节茬口与土地利用茬口的计划布局与安排。蔬菜栽培制度的合理安排是充分利用土、水、肥、光、热、气等自然资源，综合运用轮作、间套、混作和套作的技术，将种类繁多的蔬菜品种进行合理安排，以用、养地相结合，不断提高土壤肥力，减轻病虫害为目的的基本农业措施。

二、轮作、连作

在同一地块上，按照一定顺序，几年内轮换栽培数种不同性质的蔬菜，称为轮作。连作是在一年或几年内，在同一地块上连续栽培相同的蔬菜。在制订轮作计划，安排各种蔬菜生产时，需掌握以下几个原则：

1. 减少病虫害的侵害 一般来说，凡是同科、属、变种的蔬菜，亲缘越近越容易遭受相同病虫的侵染危害。如葫芦科的大部分瓜类蔬菜最容易感染枯萎病、炭疽病和霜霉病，易受蚜虫、黄守瓜等的危害；十字花科的蔬菜多易感染病毒病、软腐病等，易受菜青虫、菜螟等的危害。在轮作计划中，排除同科蔬菜连作或相邻种植，可使病虫失去就近、连续危害的寄主，改变其生活环境，从而达到减免受害的机会。例如，葱蒜类的后茬种大白菜，有减轻病害的好处。实行粮菜倒茬，有利于控制土传病害的发生。

2. 土壤肥力的调节、恢复与利用 各种蔬菜根系在土层中分布有深有浅，吸收营养元素种类和数量也不尽一致，善于调整茬口则可使土壤养分得到合理利用，

蔬菜生产技术（南方本）

使土壤肥力有恢复的时机。如将深根的瓜类（除黄瓜）、豆类，与浅根的白菜类、葱蒜类在田间轮换种植；将需氮量较多的菜叶与需磷较多的果菜或需钾较多的根菜、茎菜等合理安排轮作。这样既可用地又可养地。

3. 促进土壤结构的改善　与豆类根系共生的根瘤菌有固氮作用，且能增加土壤中有机质的含量，有利于改善土壤结构，并提高土壤肥力。豆科蔬菜后第一年最好安排叶菜类、果菜类，第二年再安排根菜类、葱蒜类；薯芋类用地需深耕和重施有机肥，生育期中多进行中耕、培土、追肥，田间杂草少，遗留养分多，有利于恢复地力；根系发达的瓜类和宿根性的韭菜，后茬遗留的有机物质较多，对良好土壤结构的形成能起到积极的促进作用，都是多种蔬菜的有益茬口。

4. 重视与土壤酸碱度的关系　菠菜、番茄可在微碱性的地块内栽培，黄瓜、南瓜适于在微酸性的地块内种植。甘蓝、马铃薯等能吸收较多的碱性元素，从而影响土壤酸度的上升。南瓜、甜玉米、苜蓿等能吸收较多的酸性元素，常起到降低土壤酸度的作用。若将对土壤酸性敏感的洋葱等作为南瓜、甜玉米的后茬，则能获得高产；而作为甘蓝的后茬，则难免减产。

5. 抑制杂草的作用　不同种类的蔬菜因其生长势不同，对抑制杂草的能力有强有弱。如胡萝卜、芹菜、大葱、韭菜等的秧苗生长缓慢，易受杂草的威胁。白菜、瓜类茎叶扩展迅速，覆盖面大，封垄快，抑制杂草蔓延的能力强。将这些防草特性不同的蔬菜按顺序轮作，并结合其他措施，对抑制田间杂草有一定作用。

在处理连作、轮作安排生产时，除掌握上述有关环节外，还需参照蔬菜种类和品种特性及其发病情况等，确定连作或轮作相间隔的年限。一般认为禾本科植物较耐连作；十字花科、百合科、伞形科植物，特别是绿叶菜类，在无严重发病地块上可适当连作，或相隔1～2年栽培；薯芋类、葱蒜类宜间隔2～3年栽培；茄果类、瓜类（除西瓜）、豆类等需间隔3～4年；西瓜种植的间隔年限多在6～7年。

三、间作、混作和套作

将两种或两种以上蔬菜隔畦（行、株）同时种植在耕地里的方式，称为间作。利用某种蔬菜在田间生长的前期或后期，于其畦（行）间种植另一种蔬菜的方式，称为套作。将两种或几种蔬菜同时混播并生的方式，称为混作。在运用间、套、混作时，必须掌握以下几个原则：

1. 种间特性不同的搭配　根据蔬菜的根系深浅、植株高矮、叶形圆尖、熟期快慢、生长特性等，合理搭配种植，对于间、套、混作田间高度密植，在土、肥、水、气、光等方面出现的矛盾，有调节、缓和的好处。这种做法的特点可概括为"一深一浅、一高一矮、一尖一圆、一早一晚、一阴一阳"。

2. 田间群体结构不同的搭配　实行间、套、混作，田间形成蔬菜复合群体，植株密度不免增大，一定要着眼于田间群体结构合理化，处理好主作与副作之间争空间、争光照、争肥水的矛盾。

3. 种间在生态上有利的搭配　葱蒜类对白菜类有减轻软腐病发生危害的益处；玉米对辣椒有改善田间小气候、防高温、并能减轻棉铃虫危害的作用；小麦、大蒜对套种春菜秧苗有防风、防寒的保护作用。凡能改变生态条件、对双方或一方有利的搭配方式，都是值得采用的。

4. 蔬菜间套作的类型　蔬菜间套作的类型可分为菜菜间套作、粮菜间套作和果（桑）菜间套作等。粮菜间套作，常见的有麦地间作耐寒或半耐寒的小白菜、菠菜；麦田套作西瓜、甜瓜、芋等；马铃薯或矮菜豆、毛豆、南瓜间作玉米；玉米与豇豆隔株间作；等等。果（桑）菜间套作如果园、幼林行间利用冬季落叶期间间作耐寒的白菜、乌塌菜、甘蓝、芜菁、萝卜等，可以增加春淡季蔬菜的供应量。

四、任务考核评估

能说出蔬菜栽培制度的类型和原则。

子项目二　蔬菜生产计划的制订

一、蔬菜栽培季节的确定

蔬菜的栽培季节指蔬菜从田间直播或幼苗定植开始，到产品收获完毕所经历的时间。育苗期一般不计入栽培季节。

1. 露地蔬菜栽培季节的确定　露地蔬菜生产以高产、优质为主要目的，因此确定栽培季节的原则就是将蔬菜的整个生长期安排在它们能适应的温度季节里，而将产品器官的生长期安排在温度最适宜的月份里，以保证产品的优质、高产。

2. 设施蔬菜栽培季节的确定　设施蔬菜生产是露地蔬菜生产的补充，生产成本高、栽培难度大。因此，以高效益为主要目的来安排栽培季节，具体原则是：将所种植蔬菜的整个生长期安排在其能适应的温度季节里，而将产品器官形成期安排在该种蔬菜的露地生产淡季或产品供应淡季里。

二、茬口的安排

（一）蔬菜茬口的类型

蔬菜茬口分为季节茬口和土地茬口。季节茬口是根据蔬菜栽培季节安排的蔬菜生产茬次；土地茬口是指在同一地块上，在一年或连续几年安排蔬菜生产的茬次。

1. 季节茬口

（1）越冬茬。秋季露地直播，或秋季育苗、冬前定植，翌年早春收获上市。越冬茬是北方地区的一个重要栽培茬口，主要栽培一些耐寒或半耐寒性蔬菜，如菠菜、莴苣、分葱、韭菜等，在解决北方春季蔬菜供应不足中有着举足轻重的作用。

（2）春茬。春季播种，或冬季育苗、春季定植，春末或夏初开始收获。春茬蔬菜是夏季市场蔬菜的主要来源。

适合春茬种植的蔬菜种类比较多，以果菜类为主。耐寒或半耐寒性蔬菜一般于早春土壤解冻后播种，春末或夏初开始收获；喜温性蔬菜一般于冬季或早春育苗，露地断霜后定植，入夏后大量收获上市。

（3）夏茬。春末至夏初播种或定植，主要供应期为8—9月。夏茬蔬菜分为伏菜和延秋菜两种栽培形式。

① 伏菜。伏菜是选用栽培期较短的绿叶菜类、部分白菜类和瓜类蔬菜等，于春末至夏初播种或定植，夏季或初秋收获完毕，一般用作加茬菜。

② 延秋菜。延秋菜是选用栽培期比较长、耐热能力强的茄果类、豆类等蔬菜，进行越夏栽培，至秋末结束生产。

（4）秋茬。夏末初秋播种或定植，中秋后开始收获，秋末冬初收获完毕。

秋茬蔬菜主要供应秋、冬季蔬菜市场，蔬菜种类以耐贮存的白菜类、根菜类、茎菜类和绿叶菜类为主，也有少量的果菜类栽培。

2. 土地茬口

（1）一年两种两收。一年内只安排春茬和秋茬，两茬蔬菜均于当年收获，为一年二主作菜区的主要茬口安排模式。蔬菜生产和供应比较集中，淡旺季矛盾也比较突出。

（2）一年三种三收。在一年两种两收茬口的基础上，增加一个夏茬，蔬菜均于当年收获。该茬口种植的蔬菜种类丰富，蔬菜生产和供应的淡旺季矛盾减少，栽培效益也比较好，但栽培要求比较高，生产投入也比较大，生产中应合理安排前后季节茬口，不误农时，并增加施肥和其他生产投入。

（3）两年五种五收。在一年两种两收茬口的基础上，增加一个越冬茬。增加越冬茬的主要目的是解决北方地区早春蔬菜供应量少、淡季突出的问题。

（二）蔬菜茬口安排的一般原则

蔬菜茬口安排要有利于提高土地利用率和栽培效益，以当地蔬菜生产的主要栽培茬口为主，将全年的生产任务分配到不同的栽培季节里，做到周年生产，均衡供应。

1. 要有利于蔬菜生产 以当地的主要栽培茬口为主，充分利用有利的自然环境，创造高产和优质，同时降低生产成本。

2. 要有利于蔬菜的均衡供应 同一种蔬菜或同一类蔬菜应通过排开播种，将全年的种植任务分配到不同的栽培季节里进行周年生产，保证蔬菜的全年均衡供应。应避免栽培茬口过于单调，生产和供应过于集中。

3. 要有利于提高栽培效益 蔬菜生产投资大、成本高，在茬口安排上，应根据当地的蔬菜市场供应情况适当增加一些高效蔬菜茬口以及淡季供应茬口，以提高栽培效益。

4. 要有利于提高土地的利用率 蔬菜的前后茬口间应通过合理的间、套作以及育苗移栽等措施，尽量缩短空闲时间。

5. 要有利于控制蔬菜的病虫害 同种蔬菜长期连作容易诱发并加重病虫害。因此，在安排茬口时，应根据当地蔬菜生产的季节性、蔬菜的栽培方式、蔬菜种类、市场需求以及生产条件等合理安排茬口，并尽量减少病虫害的发生。

三、蔬菜生产计划的制订

（一）生产计划的类型

1. 根据计划来源分 生产计划根据计划来源分为国家下达计划、地方生产计划、基层单位生产计划3类。国家和地方生产计划一般属于指导性生产计划，通常合称为上级下达的生产计划。基层单位生产计划属于实施性生产计划，也称为执行计划。

2. 根据计划的时间长短分 生产计划根据计划时间长短分为年度计划和春季计划。年度计划一般从春播开始到冬播结束为止。

（二）生产计划制订的原则与方法

制订生产计划应遵循"以需定产，产稍大于销"的原则，根据当地的蔬菜需求量、消费习惯、生产水平等制订生产计划。考虑到生产以及销售过程中一些不定因素的影响，在制订计划时还要有安全系数。一些蔬菜产区还要考虑军工、特需、外贸出口、支援外地等任务，并将其列入计划中。另外，现阶段随着我国蔬菜生产市场化程度的提高，一些大中城市的蔬菜生产和供应在一定程度上也受到了外来蔬菜的影响，制订计划时也应考虑到这种影响。

1. 蔬菜供应人口数量　指本地区吃商品蔬菜的常住非农业人口和流动人口的数量。现阶段，大多数城市是按照人均每天消费 0.6 kg 的标准（包括安全系数）来计划蔬菜年上市量，并作为建立常年蔬菜生产基地面积的依据。

2. 消费情况　主要依据各地的消费习惯和消费水平。生产蔬菜的种类和品种要符合当地的消费习惯，以免出现蔬菜难卖现象。生产方式要与当地的蔬菜消费水平相适应，既要避免蔬菜的生产成本过高，出现"优质不优价"现象，也要避免因蔬菜档次偏低而卖不出高价现象。

3. 生产水平　指各地单位面积菜地商品蔬菜平均年单产和各种蔬菜的单季平均水平。我国各地的自然经济条件和技术水平相差悬殊，因而生产水平也不尽相同，在制订计划指标时应有所区别。

4. 安全系数　按照上述条件制订的生产（产量）计划，还要加上一定的安全系数，以防因不可抗拒的自然灾害所造成的减产。适宜的安全系数为 20%～30%，具体因地区和季节而异，如蔬菜生产淡季较旺季的高。

5. 外贸出口　我国蔬菜的外贸出口量近年来增加较快，一些地方已经形成了外贸出口蔬菜生产基地，制订计划时应当根据外贸出口合同要求，将出口部分的蔬菜生产列入计划内。

6. 外来蔬菜　目前我国大中城市的蔬菜供应中，外来蔬菜所占比重呈逐渐加大趋势，制订计划时应根据最近几年主要外来蔬菜的供应情况对本地蔬菜的生产计划进行适当调整。

四、任务考核评估

根据蔬菜生产实际条件和茬口安排原则制订设施或露地蔬菜生产计划。

项目四　南方常见蔬菜生产技术

知识目标

1. 了解南方常见蔬菜的主要种类和栽培共性。

2. 掌握南方常见蔬菜的生物学特性、品种类型、栽培季节与茬口安排。

3. 掌握南方常见蔬菜的栽培管理技术、栽培过程中常见的问题及防治对策。

技能目标

1. 能对南方常见蔬菜进行育苗和苗期管理。

2. 能根据南方常见蔬菜的生物学特性、品种类型，正确进行栽培季节与茬口安排。

3. 能对南方常见蔬菜进行栽培管理，并根据栽培过程中常见的问题制订防治对策。

子项目一　瓜类蔬菜生产技术

知识目标

1. 了解瓜类蔬菜的主要种类和栽培共性。

2. 掌握瓜类蔬菜（黄瓜、西瓜、西葫芦、冬瓜）的生物学特性、品种类型、栽培季节与茬口安排。

3. 掌握瓜类蔬菜（黄瓜、西瓜、西葫芦、冬瓜）的栽培管理技术，能根据栽培过程中常见的问题制订防治对策。

技能目标

1. 能独立完成塑料大棚春黄瓜与秋黄瓜的栽培管理。

2. 能进行棚室西葫芦、西瓜、冬瓜的栽培管理。

3. 能熟练对瓜类蔬菜（黄瓜、西葫芦、冬瓜、西瓜）进行植株调整。

4. 能正确分析瓜类蔬菜（黄瓜、西葫芦、冬瓜、西瓜）栽培过程中常见问题的发生原因，并采取有效措施进行防治。

瓜类蔬菜种类较多，属葫芦科一年生或多年生攀缘草本植物，在植物分类上主要包括南瓜属、丝瓜属、冬瓜属、葫芦属、西瓜属、甜瓜属、佛手瓜属、栝楼属、苦瓜属等 9 个属，其中栽培较多的有黄瓜、南瓜、冬瓜、丝瓜、西瓜、甜瓜、苦

蔬菜生产技术（南方本）

瓜、蛇瓜等。

瓜类蔬菜大多为一年生草本蔓性植物（佛手瓜为多年生），茎长，有节，节上长有卷须，叶片大，单叶互生，叶柄较长。

瓜类蔬菜喜温暖，不耐寒冷。生长适宜温度为 20～30 ℃，15 ℃以下生长不良，10 ℃以下生长停止，5 ℃以下开始受害，以甜瓜、西瓜和南瓜最耐热，且适宜高温干燥的气候；冬瓜、节瓜、丝瓜、苦瓜、瓠瓜、笋瓜和黄瓜等比较适宜炎热湿润的气候；西葫芦和佛手瓜既不耐热也不耐寒。

瓜类蔬菜花芽分化早，苗期开始花芽分化。瓜类蔬菜属短日照植物，对日照长短的反应因种类与品种而异；在苗期短日照，特别是适当的低温短日照，可使花芽分化提早，促进雌花形成，从而提高产量。

瓜类蔬菜生长期较长、根的再生能力、分枝能力强，直播或育苗移植均可。除黄瓜外，其他种类均具有发达的根系，但根的再生能力弱。幼苗经过移栽后，缓苗期长，所以通常采用直播；若育苗移栽，需采用护根措施。

瓜类蔬菜茎蔓分主蔓和侧蔓，侧蔓包括子蔓、孙蔓等多级侧蔓。主茎的每一个叶腋抽生侧蔓（子蔓），侧蔓又能发生侧蔓（孙蔓）。主蔓和侧蔓的生长因种类、品种与栽培条件等有很大差别。瓜类蔬菜均为雌雄同株异花植物，其雌花为子房下位，和子房壁一起发育成果实。

任务一　黄瓜生产技术

黄瓜生产
技术

黄瓜，别名胡瓜、王瓜、青瓜，主要以幼果为食，是南方地区进行保护地栽培及露地栽培的主要蔬菜，也是春夏提早及秋冬延后的主栽瓜类之一。设施栽培技术的普及与推广，推动了黄瓜春提早和秋延后栽培技术的发展，在不同生产季节里，采用不同生态型品种实现了黄瓜周年生产，从 4 月至翌年 1 月收获，对丰富春秋淡季和冬菜供应起到重要作用。黄瓜不仅含有丰富的维生素 C、维生素 E，还有抗衰老作用。

一、生物学特性

（一）形态特征

1. 根　根系不发达，属于浅根系作物，入土浅，主要根群分布在 20～30 cm耕层内，吸收能力弱。要求土壤疏松肥沃，水分充足。根的再生能力差，伤根后再生新根的能力比较弱，所以育苗时应该采取护根措施保护根系。

2. 茎　茎蔓生，四棱或五棱形，中空，上具刺毛，无限生长，易折断（含水量高，发脆）。苗期节间比较短，直立生长，到 5～6 片真叶展开后茎开始伸长，呈蔓性，茎的分枝能力取决于品种和栽培条件，早熟品种茎短而侧枝少，中、晚熟品种茎比较长而且侧枝多。

3. 叶　子叶长椭圆形，叶腋着生卷须，单叶互生，真叶掌状浅裂，两面均披有茸毛，叶片大而薄，蒸腾量大，需水多。

4. 花　栽培品种多为雌雄同株异花，花腋生，花冠黄色，雄花多簇生，雌花多单生，雄花比雌花早出现，异花授粉，在阴雨季节或设施栽培时进行人工授粉可以提高产量。

5. 果实 果实为假果，由子房和花托共同发育而成。果实为棍棒形或圆筒形，一般长 18～25 cm 或更长，果皮深绿色、绿色或墨绿色，表面平滑或有瘤状突起，瘤的顶到端着生黑刺或白刺。

6. 种子 种子披针形，扁平，黄白色。从授粉到采收种瓜一般需 30～40 d，种子无生理休眠期。种子寿命长，放在干燥容器内贮存发芽力可保持 10 年，一般室内贮存 3 年以后发芽率逐渐降低。生产上多用隔年的种子。

（二）对环境条件的要求

1. 温度 黄瓜喜温怕寒，生长适宜温度为 20～30 ℃，低于 10 ℃或高于 40 ℃时，生长缓慢或停止发育。一般 5 ℃以下遭受寒害，但经过低温锻炼的幼苗可以短期忍受 2～3 ℃的低温。种子发芽适温为 27～29 ℃，幼苗期为了促进雌性分化，昼温应保持在 22～28 ℃，夜温在 17～18 ℃。开花结果期昼温为 25～30 ℃，夜温为 15～20 ℃。黄瓜根系生长的适宜温度（地温）为 20～25 ℃，低于 12 ℃时根系停止生长，超过 25 ℃时容易加速根系的老化。

2. 光照 黄瓜喜光耐阴，适于温室和大棚设施栽培。幼苗期在低温和 8～10 h 短日照条件下有利于雌花的分化形成，促进提早开花结果。开花结果期如果阴雨天过多，光照不足，则植株生长弱，叶黄，色浅，藤茎细弱，容易落花和化瓜，并形成畸形瓜。

3. 水分 黄瓜喜湿怕旱又忌涝，适宜的空气湿度为白天 80%，夜间 90%。不同生育期对水分的需求有所不同，结果前对土壤湿度要求不严，保持半干半湿即可；结果期要求土壤长时间保持 80% 左右的湿度状态，故有"天晴的苋菜，落雨的黄瓜"之说。

4. 气体 黄瓜根系的有氧呼吸能力较强，如果土壤积水板结，将妨碍根系活动，并促发病害和提早衰亡。大棚黄瓜生产中进行 CO_2 施肥，可以大幅度提高产量和品质。

5. 土壤与营养 黄瓜喜肥，适于生长在富含有机质、疏松透气、保水保肥能力强的肥沃土壤中，pH 以 5.5～7.2 为宜。黄瓜对营养的吸收以钾最多，氮次之，钙、磷、镁再次之。黄瓜结果期需大量的肥料，每采收 1～2 次需及时追水追肥。

二、类型与品种

1. 按生态类型分类

（1）华南系。蔓叶发达，根多，耐移植，果实粗短，皮硬，无刺或黑刺。

（2）华北系。蔓细叶薄，根系不耐移植，瓜条粗长，皮薄，有棱、瘤、刺。

2. 按品种熟性分类

（1）早熟品种。第一雌花出现在主蔓的第 3～4 节处，而且雌花密度比较大，几乎每节都有雌花，一般播种后 55～60 d 开始收获。

（2）中熟品种。第一雌花一般出现在主蔓的第 5～6 节处，密度比早熟品种低一些，播种后 60 d 开始收获。

（3）晚熟品种。第一雌花一般出现在主蔓的第 7～8 节处，密度小，空节多，每 3～4 节出现一雌花，播种后 65 d 后开始收获，生长势强，耐高温，瓜大，产量高。

三、生产季节与茬口安排

我国长江流域及南方地区无霜期长，一年四季均可栽培黄瓜。所以，可以利用不同的品种错开播种，将栽培季节分为春季栽培、夏季栽培、秋季栽培和冬季栽培，其中以春季栽培为主（表 4-1-1）。

表 4-1-1　长江流域及南方地区黄瓜栽培季节与茬口安排

季节茬口	地区	播种期	采收期	栽培方式
春季栽培	长江流域	2 月	5—6 月	育苗移栽
	华南、西南地区	12 月至翌年 1 月	3—4 月	催芽直播或育苗移栽
夏季栽培	长江流域及华南地区	4—5 月	6—7 月	露地直播
秋季栽培	长江流域	6—8 月	7—9 月	露地直播
	华南、西南地区	8—9 月	9—11 月	露地直播
冬春栽培	长江流域	1 月中旬至 2 月	3—5 月	塑料棚栽培
	华南、西南地区	10—11 月	12 月至翌年 2 月	塑料棚栽培

秋延后栽培一般采用直播，于 8 月下旬至 9 月上旬播种，10 上旬开始收获，11 月下旬拉秧。

四、栽培技术

（一）大棚春茬黄瓜栽培技术

利用塑料大棚进行春提早栽培，长江流域春黄瓜的播种时间以 1 月中下旬为宜，3 月上定植，4 月上旬至 6 月中旬收获。

1. 品种选择　选择耐低温、耐弱光、抗病、瓜码密、单性结实能力强、瓜条生长快、品质好、早熟、商品性好，且符合当地消费习惯的品种，如中农 5 号、湘 1 号、早春 2 号等。

2. 育苗

（1）种子播前处理。播种前用 55 ℃的温水浸种 10～15 min，不断搅拌至水温降至 30 ℃时，继续浸泡 4～6 h，漂洗沥水后用催芽盘、纱布或毛巾包裹放在 25～28 ℃下进行催芽。一般 1～2 d 后种子就"露白"。冬春茬、春茬黄瓜需要选择耐低温的品种，为提高黄瓜幼苗的耐寒能力，可采用变温催芽。

嫁接育苗是黄瓜栽培特别是保护地栽培的增产措施之一，嫁接育苗是为了减少黄瓜的土传病害，提高生活力和产量。选择与黄瓜有亲和性、抗病力强和长势壮的植物如黑籽南瓜、南砧 1 号、新土佑南瓜等作砧木进行嫁接。

（2）播种。为防止定植时伤根，黄瓜应采用营养钵育苗。将准备好的育苗营养土装入营养钵，不要装太满，浇足底水后，每穴播入一粒，盖上厚约 2 cm 的细土，保持 25～30 ℃。

（3）苗期管理。黄瓜展开 2 片子叶后，生长最快的部分是根系，最易徒长的部分是下胚轴。白天温度为 25～30 ℃、夜间温度为 13～15 ℃、光照充足（白天）、水分适宜的条件下，子叶肥厚，色浓绿。夜温高、昼夜温差小、光照不足时表现为徒长。

黄瓜从第一真叶展开后，白天温度在 25～30 ℃、夜间在 13～17 ℃，可以促进雌花分化；夜温超过 18 ℃就不利于雌花分化。早春育苗，低温、短日照可以促进雌花分化，但弱光则不利于其生长，注意提高光照度，必要时人工补光。同时，要注意保持土壤湿润，在不影响幼苗正常生长前提下宁可干些也不宜过湿，以提高秧苗的质量。

定植前 7～10 d 要进行低温炼苗。降低温度、加大通风量、加强光照，白天温度保持在 15～20 ℃，夜间在 10 ℃左右，以苗不受冻害为准。

3. 整地定植

（1）定植时间。定植期依据大棚的地温和气温而定，当棚内土壤 10 cm 处地温稳定在 10 ℃及以上，最低气温高于 5 ℃时即可定植。一般本地终霜期向前推 20 d 左右，即为定植期。

（2）整地作畦。春茬黄瓜生长期长、产量高，需肥量大，应一次施足基肥，并以有机肥为主。施入农家肥 5 000～6 000 kg/亩，施肥后深翻 20 cm 以上。先将 2/3 基肥撒施后再深翻，耙平后作畦，畦面开深沟，施另外 1/3 的基肥于沟内。

（3）定植。棚室可采用垄或高畦栽培，畦宽 1.2 m，每畦内起两个高 10～15 cm 的垄，栽双行，株距宽 20～30 cm。也可按宽 60～70 cm 起垄，栽单行。定植时应选生长健壮、节间短、叶较大、色浓绿、根系好、生长一致的幼苗。黄瓜根系较浅，不宜深栽，与育苗土齐平即可；若是嫁接苗，则嫁接部位要高于地面 5 cm 左右。

4. 田间管理

（1）温湿度管理。定植后一周内密闭保温，中午棚温不超过 28 ℃不放风，地温要保持在 12 ℃以上，以利于发生新根。缓苗后根瓜坐稳前要注意控秧促根，控制浇水，实行大温差管理，防止地上部分徒长，促进根系生长。白天控制在 25～30 ℃，午后棚温降至 20～25 ℃，夜间保持在 10～13 ℃。

结果期外界温度已升高，此期应加强放风、排湿，减少叶片结露时间，白天相对湿度控制在 65% 左右，夜间不超过 85%。放风是大棚春黄瓜栽培控温控湿的关键措施，不但晴天的白天要放风，阴天也要进行短时间放风。当夜间外温达 12 ℃以上时昼夜放风。

（2）水肥管理。在定植时水浇透的前提下，一般根瓜坐住前不再浇水，结瓜后开始浇水。若土壤过度干燥则浇小水，但不追肥。结果期是促进植物生长发育，决定产量的关键时期，要加强水肥管理。一般每 5～7 d 浇一次水，每次浇水结合追施少量化肥，如按硫酸铵 20 kg/亩或硝酸铵 15 kg/亩进行随水追肥。拉秧前 30 d 不追或少追肥，结果盛期可追施浓度为 0.2%～0.3% 磷酸二氢钾的叶面肥。浇水

黄瓜常见生理性问题及防治方法

施肥后，加大通风量，促进排湿。

（3）植株调整。棚室黄瓜栽培过程中，要对其进行引蔓、落蔓、摘心、打杈等植株调整。

① 引蔓。瓜蔓长到 20 cm 左右时，开始吊绳引蔓。每株瓜苗用一根细尼龙绳或粗线绳，绳的一端系到瓜苗行上方的铁丝上，另一端系到瓜苗基部的木棍上，并将瓜蔓缠绕在绳上。要定期进行缠蔓，在低温时应于晴天上午 10 时至下午 3 时缠蔓；高温时应于下午瓜蔓失水变软时缠蔓。

② 落蔓。当瓜蔓长到绳顶后开始落蔓，应在晴天的下午进行。落蔓前先将瓜蔓基部的老叶和瓜采摘下来，将瓜蔓轻轻下放并将基部盘绕在地面上，不要让嫁接部位与土接触。每次下放的高度以功能叶不落地为宜。调整好瓜蔓高度后，将绳重新系到直立蔓的基部，拉住瓜蔓。

③ 整枝打杈。主蔓坐瓜前，基部长出的侧枝应及早打掉，一般应摘除根瓜以下的侧蔓，适当选留根瓜以上侧蔓，坐瓜后长出的侧蔓在第一雌花前留一叶摘心。主蔓具 25～30 片真叶以后也可摘心，以增加结果。打杈应于晴天的上午进行，不可在傍晚进行，以防打杈后伤口长时间不愈合而染病。

④ 摘叶、去卷须。植株下部的老叶、病叶及黄叶应及时摘除，卷须也应在长出的当天上午摘除，避免不必要的养分消耗。

5. 采收 黄瓜以嫩瓜为产品，在适宜的条件下，从雌花开放到采收需 8～18 d，根瓜采收宜早，采收初期每 2～3 d 收一次，盛果期每天收一次。根瓜采收宜早，采收时宜顶花带刺，若没有及时销售，要进行遮阳保湿。

（二）大棚秋茬黄瓜栽培技术

1. 品种选择 秋季延后栽培，其气候特点是前期高温多雨，后期低温寒冷。应选抗病、生长势强、丰产、苗期较耐热的品种，如津研 2 号、津研 7 号、湘春 7 号等。

2. 育苗

（1）播种期的确定。由于育苗期正值高温，苗龄不宜太长，一般 20～25 d 即可。播种期应在霜前 80～85 d。

（2）种子播前处理。种子播前处理、播种同春茬黄瓜栽培。所不同的是秋茬延后栽培苗期温度高，秧苗生长快，易徒长和感病，培育壮苗比早春育苗困难。

（3）苗期管理。播前进行催芽和种子消毒，播后 2 d 苗即可出齐。为防止高温，中午前后要遮阳。子叶充分展开后开始松土，每 2～3 d 松一次。为了促进雌花形成，在两片真叶展开后喷 200 mg/L 乙烯利，7 d 后再喷一次。

3. 整地定植 定植前作要及时清园，清除残株杂草，每亩施农家肥 5 000 kg，深翻细耙，做成宽 1.0～1.2 m 的畦。栽培期为霜前 55 d 至霜后 25 d，整个延后栽培天数为 80 d 左右（不包括育苗期）。霜前 55～60 d 即为延后栽培的定植期。秋季延后栽培，由于后期急骤降温，故定植密度要适当加大，以 4 000 株/亩左右为宜。

4. 田间管理

（1）温湿度管理。定植后至根瓜采收为 25 d 左右，此时温度高、光照强，管理上以降温为主。有遮阳条件的，每天中午前后要进行遮阳，坚持大通风，同时放底风、肩风，开天窗。根瓜采收至霜降，棚内由高温逐渐转入温湿度较为适宜，此期管理要点是白天放风降温，夜间开始闭棚保温，白天棚温保持 25～30 ℃，夜间 15～18 ℃。渐进霜期，外界气温明显下降，夜间温度低于 15 ℃，此时要注意夜间防寒保温。霜降以后，此期的管理要点是保温防寒，棚膜要严密封闭，防止外界冷空气侵入。

（2）水肥管理。定植后到根瓜伸腰前要控制肥水，一般不干不浇水。从结瓜到盛瓜期，既是植株生长旺盛期，也是气候条件最适宜期，此期要加强水肥管理，每 5 d 浇一次水，一般浇 2 次水追一次肥，追肥以选用腐熟的人粪尿为好；也可以追施化肥，每次每亩施硫酸铵 20 kg 或硝酸铵 15 kg，连续追施 3 次，浇水后注意排湿。霜降过后，生长逐渐转弱，对肥水需要也逐渐减少，此期大棚已严密封闭，一般不再追肥，不干不浇水，可每隔 5 d 进行一次叶面追肥。

（3）植株调整。植株调整方法同春茬黄瓜的栽培。

5. 采收　根瓜要适时采收，延迟采收会影响瓜秧的生长和第二条瓜的伸长。第一条瓜采收后经短期贮藏再上市。第二、第三条瓜对秋季延后栽培已进入盛果期，可适当推迟采收。最后 1～2 条瓜要尽量延迟采收，采收之后可保鲜贮藏 1 个多月，对改善市场供应和增加收入十分重要。

五、任务考核评估

1. 描述大棚春茬、秋茬黄瓜的栽培技术要点。
2. 简述黄瓜花的特性及提高开雌花的措施。
3. 能进行黄瓜的育苗、田间管理、植株调整等操作。

任务二　西瓜生产技术

西瓜为葫芦科西瓜属一年生草本植物，原产于非洲热带草原地区，性喜温暖、日照充足、空气干燥的气候条件，在我国已有悠久的栽培历史。西瓜不仅是一种营养丰富、可降温解渴的佳品，而且在医疗上也是一种能治疗多种疾病的良药。李时珍的《本草纲目》中称西瓜可以"消烦止渴，解暑热，疗喉痹，宽中下气，利小水（尿），治白痢，解酒毒，含汁治口疮"。

一、生物学特性

（一）形态特征

1. 根　西瓜的根深而广，主根深达 1 m 以上，侧根横向延伸可达 4～6 m，主要根群分布在 20～30 cm 的耕作层，吸肥吸水能力强，耐旱力强。根的再生能力弱，不耐移栽，一般直播或营养钵育苗移栽。

2. 茎　茎匍匐蔓生，主蔓长可达 3 m 以上，幼苗茎直立，节间缩短，4～5 节后节间伸长。分枝性强，可萌发 3～4 级侧枝，主蔓叶腋抽生子蔓，子蔓叶腋抽生孙蔓。茎上有卷须，节易产生不定根，压蔓可使不定根形成，增加吸收面积。

3. 叶　单叶互生，呈羽状深裂，茎、叶具有白色蜡质和茸毛，有减少水分蒸

蔬菜采收
技术

发、增强抗旱能力的作用。

4. 花　花小黄色，单生，雌雄同株异花。早熟品种在主蔓第 6～7 节着生第一雌花，中、晚熟品种在第 10 节以后发生第一朵雌花，子蔓雌花节位较低。

5. 果　果实为瓠瓜，有椭圆形、球形，颜色有深绿、浅绿或带有黑绿条带或斑纹，瓜瓤有红、黄、白等颜色，其形状、皮色、瓜瓤依品种而异。

6. 种子　种子椭圆而扁平，大小因品种而异。种子千粒重 30～100 g，寿命一般为 5 年，生产上多用 1～2 年种子，种子发芽率因贮藏条件而异。

（二）生长发育周期

西瓜生育期可划分为发芽期、幼苗期、抽蔓期和结果期 4 个时期。

1. 发芽期　由种子萌动到真叶显露为发芽期。

2. 幼苗期　由"露心"至"团棵"，即第四片真叶完全展开为幼苗期。

3. 抽蔓期　由"团棵"至主蔓留果节位雌花开放为抽蔓期。

4. 结果期　留果节位雌花开放至果实成熟为结果期。

（三）对环境条件的要求

1. 温度　西瓜喜高温、干燥的气候，不耐寒，种子发芽适温为 25～30 ℃，最高为 35 ℃。植株生长发育适温为 24～35 ℃，在 15 ℃时生长缓慢，低于 10 ℃停止生长。果实膨大期高于 30 ℃较理想，并且昼夜温差在 8～14 ℃有利于糖分的积累。

2. 水分　西瓜耐旱、不耐湿，要求空气干燥，空气相对湿度在 50%～60%，土壤最适湿度为 60%～80%。阴雨天多时，湿度过大，西瓜易感病，且产量低、品质差。

3. 光照　西瓜喜光，生长发育要求充足的光照。光照充足，植株生长健壮，糖分含量高，产量高，品质好；光照不足，植株生长慢，叶薄色淡，不能及时坐瓜，结瓜迟，品质差，易感病。

4. 土壤与营养　西瓜对土壤的适应性较广，但最适宜的是耕作层较深的沙壤土。西瓜对土壤酸度的适应性广，在 pH 5.0～7.5 的范围内生长发育正常，以 pH 6.3 为最宜。植株形成营养体时吸收氮最多，钾次之，而在坐果以后吸收钾最多，氮次之，故增施磷、钾肥能提高含糖量。

二、类型与品种

西瓜可分为果用和籽用两大类。果用西瓜是普遍栽培的主要类型。果用西瓜的分类方法很多，依大小分为小型（2.5 kg 以下）、中型（2.5～5.0 kg）、大型（5.0～10.0 kg）和特大型（10 kg 以上）4 类；依果形可分为圆形、椭圆形和枕形；依瓤色可分为红色、白色、黄色等；根据栽培熟性可分为早熟、中熟、晚熟等。

三、栽培季节与茬口安排

西瓜要求热量多，在长江流域一般以 4 月下旬至 8 月为生长最适宜的季节。露地栽培一般春播夏收，断霜后播种或定植。长江中下游地区 4 月中下旬终霜后直播或定植，7 月中下旬采收。华南地区适于生长的季节更长，可以进行春、秋两季栽培。设施栽培中，由于西瓜栽培期短，产量低，较少用温室栽培，主要用塑料大、中、小拱棚于春季和秋季栽培。

四、栽培技术

1. 选地　宜选择土层深厚、土质疏松肥沃、排灌方便的沙壤土，以旱地 5 年内、水田 3 年内未种过瓜类作物的田块为宜。

2. 整地施肥　瓜田深耕冻垡，移栽前适时整地。基肥以优质有机肥和饼肥为主、无机肥为辅，氮、磷、钾要搭配合理，微肥按缺素情况分别底施或喷施。

施肥量因土壤肥力情况和栽培品种而定，一般中等肥力田块，结合整地每亩施用腐熟有机肥 3 000～4 000 kg、45％硝硫基或硫酸钾型控释肥 60～80 kg，勿施含氯肥料。小果型西瓜和嫁接栽培的西瓜可少施 20％肥料。采用高畦栽植，宽畦 4.0～4.5 m，窄畦 2.0～2.5 m。宽畦可在畦两侧定植，瓜蔓对爬，也可在中间定植，瓜蔓两面爬；窄畦在一侧定植，瓜蔓单面爬。

3. 嫁接育苗　砧木应选择与西瓜的亲和力强、抗枯萎病能力强的品种，目前生产上常用的西瓜砧木主要有南瓜、瓠瓜、葫芦。一般选用插接法，砧木应比接穗早播 3～5 d，砧木播于营养钵中，接穗（西瓜）播于穴盘或沙床上，当砧木子叶出土后，即可催芽播种西瓜。当接穗两片子叶展平、心叶未出，砧木苗第一片真叶初现时为嫁接适期。

4. 定植　早熟西瓜苗龄约 1 个月，长出 2～3 片后真叶即可定植。中熟西瓜苗龄 20～25 d，晚熟西瓜苗龄 7～10 d 即可定植。宽畦定植 2 行，窄畦定植 1 行。小果型西瓜棚立架式栽培，每亩定植 1 500～1 800 株，中、大型西瓜一般每亩定植 650～700 株。按株行距开挖定植穴，将营养钵放入定植穴内，深度与畦面持平，用细土填满苗穴，浇定根水。

5. 田间管理

（1）水肥管理。幼苗期应尽量少浇水，甚至不浇水，促使幼苗形成发达的根系；开花坐果前控制水分，防止疯长；坐果以后，应保证水分供应充足，以利于果实膨大，提高质量。采收前 7～10 d 不宜浇水，使果实积累糖分。

当幼瓜长至鸡蛋大小时，视植株长势追施膨瓜肥，一般每亩追施 45％硝硫基或硫酸钾型控释肥 15～20 kg。

（2）整枝打杈。一般采用三蔓整枝方式。在主蔓 8～9 叶时，选留主蔓和 2 个健壮侧蔓，其余子蔓和孙蔓全部除去。整枝不宜在阴雨天进行，以防传播病害。

小果型立架式栽培要进行吊蔓、引蔓、绑蔓等处理，中后期还要用网兜套果。

应选留主蔓上第二、第三雌花或侧蔓第一、第二雌花坐瓜。为确保在适宜的节位上坐瓜，遇低温或阴雨天气，应采用人工辅助授粉，以利于保花保果。果实充分长大后应及时翻瓜，翻瓜时顺着一个方向转动，每次转动 1/3 左右。

6. 采收　采收宜在上午进行。长途运输或贮藏的，可在八成熟时采收；当天销售的，可在九成熟时采收，切忌生瓜上市。一般早熟品种在授粉后 30 d 左右、中熟品种 35 d 左右、晚熟品种 40 d 左右采收。

果实成熟的快慢受温度、光照和时间的影响，最好在授粉时注明日期，预计成熟时采摘样瓜剖开果实，测其糖分并品尝，确认成熟以后按标记分批采收。

五、病虫害防治

西瓜的主要病害有枯萎病、炭疽病、病毒病、白粉病、疫病，主要虫害有小地老虎、蚜虫、红蜘蛛、瓜蚜、潜叶蝇等。为防止病害发生，可以实行4～5年轮作，选用无病种子，种子用福尔马林100倍液浸种30 min。

真菌性病害防治方法：发现病株及时拔除烧毁；病穴内用石灰或50%代森铵水剂400倍液消毒；发病初期可在根际浇50%代森铵水剂500～1 000倍液防治；推广西瓜嫁接换根技术；施用腐熟有机肥及增施磷、钾肥。西瓜生长期间（5—7月）每隔7～10 d交替使用70%甲基硫菌灵可湿性粉剂1 000倍液、25%多菌灵可湿性粉剂500～700倍液、50%代森锌可湿性粉剂1 000倍液或1∶1∶200的波尔多液等药剂进行防治。

小地老虎、瓜蚜防治方法：早春多耕多耙，消灭虫卵；用糖醋液诱蛾，消灭成虫；用90%敌百虫原药800～1 000倍液浇根；加少量水拌炒香的饼肥，诱杀成虫。

六、任务考核评估

1. 描述西瓜的栽培技术要点。
2. 简述西瓜嫁接育苗的意义和操作过程。

任务三　西葫芦生产技术

西葫芦为葫芦科南瓜属一年生蔓生草本植物。西葫芦的茎有棱沟，含有维生素C、葡萄糖等营养物质，尤其是钙的含量较高，具有清热利尿、除烦止渴、润肺止咳、消肿散结的功能。

一、生物学特性

西葫芦生产
技术

（一）形态特征

1. 根　西葫芦具有强大的根系，对土壤要求不严格，主根入土深度达2.5 m以上。根群发达，吸收水、肥能力强，具有一定的耐干旱和耐瘠薄的能力，但根系再生能力差。

2. 茎　茎蔓生，有棱沟，多刺，深绿色或淡绿色，一般为空心，主蔓有很强的分枝能力，叶腋易生侧枝，栽培上宜在早期摘除。

3. 叶　叶片掌状五裂，叶肥大、互生，叶柄直立、中空、粗糙，叶面有较硬的刺毛，具有较强抗旱能力。叶色绿或浅绿，部分品种叶片表面近叶脉处有大小和多少不等的银白色斑块，这些斑块的多少因品种不同而异。

4. 花　雌雄同株异花，雌花无单性结实能力，雌花子房下位，着生节位因品种不同而异。矮生的早熟品种第一雌花着生在第4～8节上，也有些极早熟品种第1～2节就有雌花发生，蔓生品种约于第10节着生第一雌花。

5. 果　果实多为长圆筒形，还有短圆筒形、球形、灯泡形和葫芦形等，果皮为绿色、浅绿色、白色或金黄色等。果实的形状、大小和颜色因品种的不同而有差异。

6. 种子　种子扁平，为浅黄色，披针形，千粒重 150～250 g，发芽年限为 4～5 年，使用年限 2～3 年。

（二）生长发育周期

西葫芦的生长发育周期可分为发芽期、幼苗期、抽蔓期和结果期 4 个时期。

（三）对环境条件的要求

1. 温度　西葫芦喜温怕寒，不耐热但耐低温能力较强。适应的温度范围为 15～38 ℃，发芽期的适宜温度为 25～30 ℃，茎叶生长的适宜温度为 18～25 ℃，开花结果期的适宜温度为 22～25 ℃，低于 15 ℃不能正常授粉，高于 32 ℃花器发育不正常，易形成两性花。

2. 光照　西葫芦较喜光，为短日照作物，在短日照条件下雌花多，开花结果早。适宜的光照时间为 12 h，短于 8 h 或长于 14 h 都不利于坐瓜和果实生长。

3. 水分　西葫芦耐旱能力强，属半耐旱性蔬菜。生长前期以土壤不干为度，果实膨大期需水量较多，要求保持土壤湿润，空气相对湿度保持在 45%～55%。

4. 土壤与养分　西葫芦对土壤的适应性比较强，适宜生长在疏松肥沃、保水保肥力强的微酸性土壤中，适宜的土壤 pH 5.5～6.8。西葫芦较喜肥，同时又耐瘠薄，吸肥能力强，需钾肥较多，施肥时宜将氮、钾、磷、钙、镁肥配合施用。

二、类型与品种

1. 矮生类型　又称短蔓型，茎短，一般为 0.3～0.5 m，节间短，茎粗壮，多直立生长。第 3～8 节出现雌花，雌花间隔叶数为 1～2 片叶。有的连续出现雌花，早熟丰产，适合密植，分枝性弱，管理省工，是目前各地栽培的主要品种类型，主栽品种有阿尔及利亚西葫芦、一窝猴、早青一代。

2. 半蔓生类型　又称半蔓型，节间较长，蔓长 0.5～1.0 m，为中熟种。

3. 蔓生类型　又称长蔓型，生长势强，主蔓 2 m 左右，结果晚，第 10 节左右才发生雌花，雌雄花间隔 2～4 片叶，较耐热，晚熟，主要品种有北京条西葫芦、青皮西葫芦、扯秧西葫芦等。此类型的西葫芦生长期长，近年栽培较少。

三、栽培季节与茬口安排

西葫芦露地栽培为春夏茬，设施栽培为秋冬茬和冬春茬。秋冬茬一般在 8 月上中旬育苗或催芽直播，9 月下旬到 10 月初定植，11 月至翌年 1 月下旬收获；冬春茬一般在 9 月下旬至 10 月上旬育苗，12 月初上市，翌年 5 月拉秧。

四、栽培技术

（一）日光温室西葫芦生产技术

1. 品种选择　品种一般选用植株较小、株型紧凑、抗逆性强、丰产优质、瓜条整齐、商品性好的品种。目前日光温室生产上应用较多的品种有冬玉、冬旺、冬秀、法拉丽、南奥等。

2. 育苗

（1）苗床准备。用 3 年内未种过瓜类作物的肥沃田园土和充分腐熟的有机肥粉碎过筛后，按 7∶3 的比例混合均匀，每立方米营养土中均匀加入 500 g 磷酸二铵和 100 g 50％多菌灵。将配制好的营养土做成宽 1.2 m 的苗床，长度根据用苗多少确定，并留少许营养土待播种后盖种。

为便于苗期管理、培育壮苗、幼苗移栽和提高移栽成活率，一般采用营养钵或育苗盘育苗，也可以直接播种育苗或嫁接育苗。

（2）浸种催芽。催芽前先将种子在日光下暴晒 1～2 d，用 10％磷酸三钠溶液浸泡 20 min，用清水冲洗干净后加入 50～55 ℃热水，边加边用木棍搅拌，直到水温降至 30 ℃，保持水温 30 ℃浸泡种子 6～8 h，捞出后置于 25～28 ℃的条件下催芽。催芽期间经常翻动，常用清水冲洗，保持种子湿润，当种子露白即可播种。

（3）播种。选晴天上午，先将苗床浇透水，将出芽的种子平放，然后覆盖厚 2 cm 的营养土。

（4）苗期管理。出苗前温度保持在 25～28 ℃，以促进出苗。出苗后白天温度保持在 20～25 ℃，夜温 15～18 ℃，超过 25 ℃要及时放风排湿，防止徒长。育苗后期白天温度保持在 16～22 ℃，夜温 10～13 ℃。定植前 3～4 d 再将温度降低 1～2 ℃，以锻炼秧苗，提高秧苗抗寒能力。

西葫芦秧苗长到 3 叶 1 心或 4 叶 1 心、株高 8～13 cm、苗龄 20～25 d 时即可定植。定植前封棚杀菌，提前半月盖好棚膜，保持棚内温度在 70 ℃以上，对棚内病菌和虫卵能起到很好的杀灭作用。

3. 整地作畦与定植

（1）整地作畦。每亩施充分腐熟的农家肥料 5 000～9 000 kg、过磷酸钙 150 kg、硫酸钾 30 kg、尿素 10 kg，做成南北向高垄，垄面宽 100 cm，垄沟宽 60 cm，垄高 20～25 cm，垄中间开暗沟，宽 30 cm，深 15 cm，垄面要内高外低，便于拉紧地膜和膜外流水。

（2）定植。在晴天的上午定植，定植时，大苗、壮苗栽在温室四周或出口处，小苗栽在温室中间。每垄定植 2 行，株距平均 40～50 cm，呈"丁"字形错开定植。如果是嫁接苗，定植深度以嫁接部位高于地面 5 cm 左右为宜。随栽随浇水，浇透定植水。

4. 田间管理

（1）温度管理。定植后 7 d 内保持高温高湿，白天温度保持在 25～30 ℃，不超过 30 ℃不放风，下午室温降到 20 ℃时盖帘保温，夜间温度保持在 16～20 ℃，促进缓苗。缓苗后，降温降湿，大温差培育壮苗，白天保持在 20～25 ℃，室温达到 25 ℃就要及时放风降温，下午温度降到 15 ℃后再盖草帘，夜间保持 15 ℃左右。

开花结果期白天温度保持在 22～25 ℃，超过 25 ℃及时放风降温，下午温度降到 20 ℃时盖帘保温，夜间维持在 15 ℃以上。当早晨温度低于 8 ℃时，就要增加草帘厚度以利于保温。

（2）肥水管理。从定植到开花，若无明显缺水现象一般不浇水，根瓜采收后浇头水，浇头水时一般不追肥。以后每隔 10～15 d 浇一次水，浇水时每亩每次随水追施尿素 10～15 kg、复合型磷酸二氢钾 5～6 kg。浇水应在晴天的上午进行，浇水后要加大通风量，以降低棚内湿度，减少病害发生。

结瓜盛期，每隔 7～10 d 叶面追施一次复合型磷酸二氢钾 200 倍液或植物生命素、利果美、高镁施、芸薹素等溶液或尿素 100～150 g 加复合型磷酸二氢钾 100 g，兑水 15 kg 进行叶面喷雾。

（3）光照管理。西葫芦属强光照植物，温室内种植的西葫芦光照度均达不到它对光照的需求，特别在 12 月至翌年 1 月。因此在温度许可的范围内，尽量将草帘早揭晚盖，延长光照时间，并经常清扫膜面，保持棚膜清洁。提高棚膜透光度是温室西葫芦栽培的有效增产措施。

5. 保花保果

（1）人工授粉。人工授粉在上午 9—10 时雄花花粉成熟散开时进行，摘取已开的雄花在雌花柱头上轻轻涂花粉。授粉时如果阴天要推迟授粉时间，待雄花花粉成熟散开后再进行授粉。

（2）激素蘸花。深秋、冬季和早春一般雄花开放很少，为保花保果可用浓度为 60～80 mg/kg（冬季为 100～150 mg/kg）的 2，4-滴等生长激素蘸花，同时在蘸花液中加入 0.1% 腐霉利或 0.3% 嘧霉胺，可有效防治灰霉病。

（3）植株调整。生长期需要及时进行吊蔓、绑蔓、落蔓、打杈、摘叶等处理。瓜蔓过高时落蔓，使生长点保持适当的高度，并及时除去基部侧芽，以减少养分消耗，一般瓜下留 6～7 片功能叶，其他病叶、黄叶、底部老叶及时清除，带到棚外集中深埋。

6. 采收　根瓜长到 200～300 g 时应及时采收，前、中期结的瓜也应适期早收，以促进植株生长，后期结瓜数量减少，为提高产量可适当晚收。

五、任务考核评估

描述日光温室西葫芦生产技术要点。

任务四　冬瓜生产技术

冬瓜为一年生蔓生或架生草本植物，茎被黄褐色硬毛及长柔毛，有棱沟。冬瓜形状如枕，又称枕瓜，生产于夏季，因为瓜熟之际表面上有一层白粉状的东西，就好像是冬天所结的白霜，所以称为冬瓜，也是这个原因，冬瓜又称白瓜。

一、生物学特性

（一）形态特征

茎被黄褐色硬毛及长柔毛，有棱沟，叶柄粗壮，被粗硬毛和长柔毛，雌雄同株，花单生，果实长圆柱形或近球形，有硬毛和白霜，种子卵形。

（二）对环境条件的要求

1. 温度　冬瓜喜温、耐热。生长发育适温为 25～30 ℃，种子发芽适温为 28～30 ℃，根系生长的最低温度为 12～16 ℃，均比其他瓜类蔬菜要求高。授粉、坐果的适宜气温为 25 ℃左右，20 ℃以下的气温不利于果实发育。

2. 光照　冬瓜为短日照作物，短日照、低温有利于花芽分化，但整个生育期中还要求长日照和充足的光照。结果期如遇长期阴雨、低温，则会发生落花、化瓜和烂瓜。

3. 水分　冬瓜叶面积大，蒸腾作用强，需要较多的水分，但空气湿度过大或过小都不利于授粉、坐果和果实发育。

4. 营养　冬瓜生长期长，植株营养生长及果实生长发育要求有足够多的土壤养分，必须施入较多的肥料。施肥以氮肥为主，适当配施磷、钾肥，增强植株抗逆能力，并增加单果种子生产量。

5. 土壤　冬瓜对土壤要求不严格，在沙壤土或黏壤土中均可栽培，但须避免连作。

二、类型与品种

冬瓜的品种很多，种植方法也有所不同，按栽培形式分为设施栽培冬瓜和露地栽培冬瓜；按栽培方式可分为地冬瓜、棚冬瓜和架冬瓜 3 种；按瓜的大小可分为小型冬瓜和大型冬瓜；按冬瓜的熟性可分为早熟、中熟、晚熟 3 种类型。因此，要根据实际选择适合种植的品种。

三、栽培季节

冬瓜具有耐热、耐湿、适应性强等特点，在炎热的夏季也能苗壮生长，因此露地栽培均在春末夏初栽培，秋季收获。如露地冬瓜栽培一般在 3 月上中旬播种育苗，4 月中下旬定植；日光温室保护地栽培在 9 月下旬至 10 月上旬播种，11 月中旬定植。

四、栽培技术

1. 品种选择　选择抗病、抗逆性强，耐低温、弱光，优质、高产，商品性好，适合市场需求的品种。

2. 育苗

（1）营养土或基质准备。营养土由 50％田园土和 50％腐熟土杂肥（体积比）混合而成，必须使用近年未种过瓜类的肥沃田园土，以沙质土为最好，每立方米营养土要加腐熟、压碎的有机肥 20 kg、过磷酸钙 1 kg，充分混合后装入营养钵中。装好后浇透水备用。

（2）种子处理。将精选种子在 55 ℃的温水中浸种 20～30 min，不断搅拌，待水温降至 30 ℃时停止搅拌，并保持此水温浸泡 10～12 h，再用清水洗去黏液，沥水后用湿布包裹，置于 28～32 ℃温度下催芽。当 60％～70％种子出芽时即可播种。

（3）播种。每个营养钵中播一粒发芽的种子，盖土 1.0～1.5 cm。播种后，以温度管理为重点，播种后出苗前苗床温度可控制在 30 ℃左右，夜间不低于 20 ℃。出苗后可以适当降温，白天控制在 23～28 ℃，夜间不低于 15 ℃。定植前一个星期左右应进行定植前的低温炼苗，白天温度在 22～26 ℃，夜间为 13～16 ℃，当幼苗长出3～4 片真叶、苗龄 30～35 d 时定植。

3. 整地施肥与定植

（1）整地施肥。栽培冬瓜的地块以地势平坦、排灌方便为好。前一年秋季深翻土地 30 cm 以上，瓜地周围开挖排水沟，施基肥后耙细作畦。定植前 10～15 d，翻地时施足基肥，每亩施用腐熟的有机肥 2 000 kg、过磷酸钙 50 kg、草木灰 25 kg。深翻土地 2～3 遍，耙细整平按 60～80 cm 的行距起垄。

（2）定植。当冬瓜苗长到 3～4 片真叶时即可移栽，冬瓜的栽植密度因品种、栽培方式与栽培季节而不同。春植生长期长，结瓜迟，瓜形大，宜单行栽植，大型冬瓜的株距以 80～100 cm 为宜，小型冬瓜以 30～50 cm 为宜。定植前开穴，每穴再施入腐熟农家肥 1～2 kg，拌匀后定植，以促进生长发育。定植应选在晴天的上午进行，选茎节粗壮、叶厚色浓的壮苗定植，定植穴之间撒适量的石灰粉，对土壤进行消毒杀菌。定植时，将营养钵塑料盒去掉，苗随营养土一起放到定植穴中，随即用土覆盖苗的周围，定植后马上浇定植水，定植水要一次浇透。

4. 田间管理

（1）温度管理。苗期白天温度控制在 25～28 ℃，夜间控制在 13～16 ℃；花期白天温度控制在 30～33 ℃，夜间不得低于 15 ℃，否则会影响授粉坐果。

（2）肥水管理。定植后要保持土壤湿润，用稀薄粪水浇施 2～3 次，促其生长。伸蔓期浇一次透水，以后浇水不宜太勤，应勤中耕松土。中耕时，前期可深，后期宜浅，离根远处应深，近处宜浅。开花授粉期不用追肥，但要严格控制浇水，以枝叶长势健壮为宜，避免水分过多造成生长过旺而影响坐果，当果实长到拳头大小时，追施坐果肥一次，每亩施尿素 15 kg，可随水进行膜下渗灌。坐果后期，幼果开始迅速增大、增重，茎叶生长明显下降，这阶段需要水分最多，氮肥、钾肥需求量增加，可追施 1～2 次腐熟的人粪尿、氮钾肥 20 kg，结合施肥浇一次透水，这期间充足的水肥配合可以让瓜果迅速膨大。

冬瓜施肥应勤施薄施，前轻后重，合理搭配氮、磷、钾。瓜蔓上架后，需水量逐渐增多，要注意经常淋水，保持土壤湿润，下雨期间应注意排水，以防积水。

（3）植株调整。

① 整枝、压蔓。冬瓜在伸蔓后进行整枝，一般采取二蔓或三蔓整枝，即除主蔓以外，再在主蔓上留一条或两条子蔓。其余侧枝全部摘除。冬瓜自蔓长 50 cm 左右时压蔓，以后每长 50 cm 左右压蔓一次，共压 3～4 次。

② 搭架、绑蔓。搭架在开始伸蔓时进行，架式有平架、篱架、拱架 3 种。大棚内搭架大多采用"门"字形平架，架材可就地取材，用树棍、竹竿等均可，架高 65～80 cm，架面用竹竿绑牢，一般一垄一架。定植 25～30 d 即可理蔓上架，上架后每 20～30 cm 用绳绑蔓一次，结合绑蔓去掉侧枝、卷须和多余的雌花。

③ 人工授粉。在冬瓜开花期，每天上午 10 时以前进行人工辅助授粉。摘取雄花，使花冠后翻，露出花药，将花药在雌花柱头上轻轻涂抹，要使柱头上多授些花粉。阴雨天授粉后要在雌花上套上一小纸袋；也可用 100 mg/kg 的 2,4-滴防止落花落果。

④ 留瓜。一般在 25～32 节位，主蔓第 3～4 个雌花留瓜最为理想。待幼果生长至 200 g 大小时，选留 1 个瓜柄粗、果形正的果实，其余幼果及时摘除。冬瓜一般留第二、第三雌花坐瓜。通常第三雌花所结的瓜比第二雌花结的瓜大，第二雌花结的瓜又比第一雌花结的瓜大。早熟冬瓜因果小，每株可留果 2～3 个，以增加产量。选择的幼瓜应为圆筒形，上下大小均匀，肩宽而平，全身披毛且光滑。选好瓜后其余的幼瓜应及时摘除。

⑤ 遮瓜与翻瓜。光照度大，容易发生日烧或引起腐烂，此时应注意用瓜叶或草给冬瓜遮阳，同时将瓜垫起并翻瓜，使瓜面着色均匀。

5. 采收 冬瓜多在成熟后采收，收瓜要选择晴天，采收时留果柄。为了获得更多的种植收益，还可以通过贮藏来延长供应时间，但贮藏的冬瓜必须是充分成熟的，并且搬运时相互不能碰撞，也不能乱抛、倒放，否则不耐贮藏。

大棚冬瓜可适时采收，当果毛脱落、皮色变老、皮质开始变硬时，连果柄一起采下。

五、任务考核评估

描述冬瓜生产的主要类型及生产技术要点。

子项目二　茄果类蔬菜生产技术

🌱知识目标

1. 了解茄果类蔬菜的主要种类、生育共性和栽培共性。

2. 掌握茄果类蔬菜（番茄、茄子、辣椒）的生物学特性、品种类型、栽培季节与茬口安排。

3. 掌握茄果类蔬菜（番茄、茄子、辣椒）的栽培管理技术，能根据栽培过程中常见的问题制订防治对策。

🌿技能目标

1. 掌握茄果类蔬菜（番茄、茄子、辣椒）育苗、定植、水肥管理等田间管理技术。

2. 能熟练对茄果类蔬菜（番茄、茄子、辣椒）进行植株调整。

3. 能正确分析茄果类蔬菜（番茄、茄子、辣椒）栽培过程中常见问题的发生原因，并采取有效措施进行防治。

　　茄果类蔬菜是指茄科植物中以浆果供食用的蔬菜，包括番茄、茄子、辣椒、酸浆等，其中番茄、茄子、辣椒是我国最主要的果菜。茄果类蔬菜喜温暖，不耐霜冻，也不耐炎热，温度低于 10 ℃时生长停滞，温度超过 35 ℃时植株容易早衰；属于喜光、半耐干旱性蔬菜，生产期间要求较强的光照和良好的通风条件；幼苗生长缓慢，苗龄较长，要求进行育苗生产；枝叶茂盛，茎节上容易生不定根，适合进行再生生产和扦插生产；分枝较多，需要整枝打杈；生产期长，产量高，对养分需求量大，特别是对磷、钾肥的需求量比较大；具有共同的病虫害，生产中应实行 3 年以上的轮作。

任务一　番茄生产技术

　　番茄别名西红柿，原产于南美洲秘鲁等地，属茄科番茄属一年生蔬菜，以成熟多汁的浆果为产品。番茄果实营养丰富，具特殊风味，可以生食、煮食、加工制成番茄酱、汁或整果罐藏。由于其具有适应性强、容易生产、产量高、营养丰富、用途广泛等特点，在我国发展迅速，成为全国各地的主要蔬菜之一，也是全世界生产最为普遍的果菜之一。

一、生物学特性

（一）形态特征

1. 根　根系发达，分布广而深，生根能力强，较耐移植。移栽番茄的主要根群分布在0.3～0.6 m的土层中，吸收力强。

2. 茎　茎呈半直立性或蔓性，需支架生产。分枝能力强，几乎每一节上均能产生分枝，需要整枝。茎上易生不定根（图4-2-1），适合扦插繁殖。番

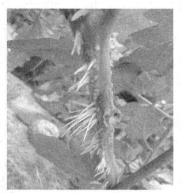

图 4-2-1　番茄茎的上不定根

番茄生产技术

小果型番茄设施生产技术

茄茎分枝形式为合轴分枝，茎端形成花芽。

3. 叶 羽状复叶，互生，小叶 5～9 片，叶面上布满银灰色的茸毛。

4. 花 完全花（图 4-2-2），小型果品种为总状花序，每花序有花 10 余朵到几十朵；大型果为聚伞花序，着花 5～8 朵。花小，色黄，为合瓣花冠，花药 5～9 枚，呈圆筒形，围住柱头。花药成熟后向内纵裂，散出花粉，自花授粉，但也有 0.5％～4.0％的异花授粉率。花梗着生于花穗上，花梗上有一明显的凹陷圆环，称为离层，在环境条件不适时，便形成断带引起落花。

图 4-2-2 番茄的完全花

5. 果实 为多汁浆果，食用部分（果肉）由果皮（中果皮）、隔壁及胎座（果肉部分）组成，大型果实有心室 5～6 个，小型果只有 2～3 个。优良品种的果肉厚，种子腔小。果实的形状有圆球形、扁圆形、卵圆形、梨形、长圆形、桃形等，颜色有红色、粉红色、橙黄色、黄色等，是区别品种的重要标志。单果重多在 50～200 g，＜70 g 为小型果，70～200 g 为中型果，＞200 g 为大型果。

6. 种子 种子扁平，略呈卵圆形，灰黄色，表面有茸毛。种子成熟早于果实，一般在授粉后 35～40 d 就有发芽力。

番茄种子的发芽力强，发芽年限能保持 5～6 年，但 1～2 年的种子发芽率最高。种子千粒重 3.25 g 左右。

（二）生长发育周期

1. 发芽期 由种子萌发到子叶充分展开为番茄的发芽期，一般为期 3～5 d。

2. 幼苗期 由第一片真叶出现到现蕾为幼苗期，一般需要 40～50 d。当幼苗具有 2～3 片真叶时，生长点开始分化花芽。

3. 开花坐果期 由第一花序的花蕾膨大到坐果为开花坐果期。此期是番茄由营养生长向生殖生长过渡和并进的转折期，春季番茄的开花坐果期一般为 20～30 d。

4. 结果期 从第一果穗膨大到整个番茄果实采收完毕为结果期。一般从开花授粉到成熟需要 40～50 d。

（三）对环境条件的要求

1. 温度　番茄是一种喜温蔬菜，生育适温为 20～25 ℃，适宜地温为 20～22 ℃；低于 15 ℃时，授粉受精和花器发育不良，低于 10 ℃植株生长停止，-1～2 ℃下植株死亡；高于 30 ℃光合作用减弱，高于 35 ℃停止生长。种子发芽期适宜温度为 25～30 ℃；幼苗期白天适温为 20～25 ℃，晚上为 10～15 ℃；开花坐果期白天适温为 20～30 ℃，晚上为 15～20 ℃；结果期白天适温为 25～28 ℃，晚上为 15～20 ℃。

2. 光照　喜光，光饱和点为 70 klx，一般应保证 30 klx 以上的光照度。

3. 水分　吸水力强，属于半耐旱性蔬菜。适宜的空气相对湿度为 45%～55%，土壤湿度为土壤持水量的 60%～80%。

4. 土壤与营养　番茄对土壤要求不严格，但生产须选土层深厚、排水良好、富含有机质的肥沃园地。适宜的土壤酸碱度为中性至微酸性。生育前期需要较多的氮、适量的磷和少量的钾，以促进茎叶生长和花芽分化。坐果以后需要较多的磷和钾。施肥时氮、磷、钾合理的配合比率为 1：1：2。

二、类型与品种

（一）类型

番茄的类型很多，按成熟期不同，可分为早熟种、中熟种、晚熟种；按生长季节不同，可分为春番茄、夏番茄、秋冬番茄或冬番茄；按植株生长习性不同，可分为有限生长型和无限生长型；按果实颜色不同，可分为大红、粉红、橙黄等；按番茄的利用方式不同，可分为鲜食番茄和加工番茄等。根据植物学分类，番茄属于番茄属，包括细叶番茄、秘鲁番茄、普通番茄等，其特征为：

1. 细叶番茄　近野生种，茎细长，叶片小，果实圆形，味酸，子多，不作食用生产。

2. 秘鲁番茄　属野生种，表面多腺毛，果小，二室，不作食用生产。

3. 普通番茄　分为 5 个变种：

（1）普通番茄。果大，叶多，茎蔓性，为生产中最普通的种类。

（2）大叶番茄。叶大而少，缺刻少，形似马铃薯叶，又称薯叶番茄。

（3）直立番茄。茎短而粗，高 60～70 cm，叶小浓绿，叶厚，果中大，扁圆橙红色，一般为半直立，用矮架材略加支撑即可。

（4）樱桃番茄。果小而圆，似樱桃，植株强壮，茎细长淡绿，果有黄、红果，俗称"二宝"。

（5）梨形番茄。果似洋梨形，有红、黄两种，生长强健，叶为浓绿色。

（二）品种

1. 有限生长型　主茎生长 6～7 片叶后，开始着生第一花序，以后每隔 1～2 叶形成一个花序，当主茎着生 2～4 个花序后，主茎顶端形成花序，不再发生延续枝。由腋芽所生的侧枝，也只能形成 1～2 个花序而自行封顶。代表品种有早丰、浦红 1 号、浙杂 805、浙杂 7 号、浙杂 804、皖红 1 号、湘番茄 1 号、东农 704、苏抗 9 号、渝抗 4 号等。

2. 无限生长型　主茎生长 7～9 片叶后着生第一花序，以后每隔 2～3 片叶着生一个花序，条件适宜时可无限着生花序，不断开花结果，如武昌大红、粤农 2 号、弗洛雷德、玛娜佩尔、强力米寿、浙杂 5 号、苏抗 7 号、浦红 5 号、双抗 2 号、中蔬 6 号、中杂 4 号、浦红 7 号、浦红 8 号、洪抗 1 号、毛粉 802 等。

三、生产季节与茬口安排

番茄不耐霜冻，也不耐高温，整个生长期必须安排在无霜期内。我国南方主要城市的露地番茄生产季节见表 4-2-1。

表 4-2-1　南方主要城市露地番茄生产季节

城市	生产季节	播种期	定植期	收获期
上海	春番茄	12 月上中旬	3 月下旬至 4 月上旬	5 月下旬至 7 月下旬
武汉	春番茄	12 月下旬至 1 月上旬	4 月上旬	6 月上旬至 7 月下旬
成都	春番茄	12 月下旬至 1 月上旬	3 月下旬至 4 月上旬	6 月上旬至 8 月上旬
广州	春番茄	12 月至翌年 1 月	2 月	3—5 月
	秋番茄	2—3 月	3—4 月	5—6 月

四、栽培技术

（一）大棚番茄春提早生产技术

1. 品种选择　宜选择耐低温弱光、抗病性好、生育期短、早熟性好的有限生长类型品种或早熟性特别突出的无限生长类型品种。

2. 育苗

（1）播种时期及播种量。多采用保护育苗。大棚番茄春提早生产的播种期一般在 10 月下旬至 12 月上中旬，并根据各地气候的差异进行适度调整。一般每亩番茄需种子量 25～50 g。

（2）苗床选择。苗床选择保水、保肥、透气性好，富含有机质，前茬不是茄科作物、无病虫害污染的菜园地进行育苗。

（3）消毒。催芽播种前可把种子放入 55～60 ℃的热水中浸烫 10 min，并不断搅动，对种子进行消毒。处理过的种子放入 25 ℃左右的温水中浸泡 4～6 h，取出放入纱布袋内，置于 25～30 ℃的环境下催芽。在催芽过程中，每天用清水冲洗 1～2 次，并不断翻动种子。待出芽后，温度降至 15～18 ℃，一般 80% 的种子露白后即可播种。

（4）播种。选晴天上午，浇足床水，待水分渗入土内开始播种。播种时将种子均匀撒于苗床上，每平方米播种量为 10 g，再覆盖厚 0.5～1.0 cm 的营养土，刮平，畦面平盖地膜，并扣小拱棚保温。出苗后揭去地膜，夜间温度低时可采用双层薄膜覆盖，也可在棚膜上覆盖草帘。

（5）苗期管理。大棚番茄春提早生产壮苗标准为：苗龄 50～60 d，苗高 18～20 cm，6～7 片真叶，茎粗 0.6 cm 以上，叶色深绿，根系发达。苗期应注重温度、水分管理，并及时分苗和炼苗。

a. 温度管理。出苗前白天温度控制在 25～30 ℃，夜间保持在 18～20 ℃。出苗后白天气温达到 18～20 ℃时，可揭开棚膜；夜间气温稳定在 10 ℃以上，不必覆盖薄膜。当第一张真叶出现后，白天温度提高到 25～28 ℃，夜间保持在 15～18 ℃。

b. 水分管理。视苗情进行水分调控。如果幼苗生长健壮，以控为主，加大通风，控制浇水；反之，则应适时补水，以促为主。

c. 分苗　当 70%～80% 的幼苗出土后或当 2～3 片真叶展开后时进行分苗。分苗容器可选用 9 cm×9 cm 或 10 cm×10 cm 的熟料营养钵。分苗时钵与钵之间一定要用土填平；分苗后要浇足水分，促进小苗成活。

d. 炼苗定植。前 7～10 d 揭去薄膜，并加大通风量。苗床温度白天控制在 20～25 ℃，夜间在 10～15 ℃。定植前 5～7 d 不宜浇水。

3. 定植　定植应在晴天的下午进行。一般在 2 月中下旬至 3 月下旬定植；定植前 15～20 d 采用扣棚烤地或用 45% 百菌清烟剂对大棚进行消毒。

每亩施入农家肥 5 000 kg、氮磷钾复合肥 50 kg、钾肥 50 kg。定植行距 50～60 cm，株距早熟品种为 25 cm、中熟品种为 30 cm、晚熟品种为 35 cm，定植密度为 4 000～5 000 株/亩。定植后浇足定根水，采用穴浇或膜下滴灌，忌大水漫灌。

4. 田间管理

（1）温度管理。定植初期以防寒保温为主。定植后 3～4 d 一般不通风或稍通风，白天维持棚温在 30 ℃左右，并深锄培土，提高地温，加快缓苗。缓苗后，适当加大通风量，降低棚内气温，白天温度保持在 25～28 ℃，夜间在 13～15 ℃。随着外界温度的升高，加大放风量，延长放风时间，控制白天温度不超过 26 ℃，夜间不超过 17 ℃。

（2）肥水管理。开花初期控制浇水，防止茎叶徒长，促进根系发育，减少落花落果。当新生花序坐果后，要加强肥水管理。第一花序坐果后，及时追肥浇水，第二、第三花序坐果后，再各浇水一次。

（3）整形修剪。支架在缓苗之后、花蕾即将开放时进行，常规生产一般采用人字架（图 4-2-3）棚内叶可以采用吊蔓。采取连续摘心换头整枝，或在越夏时由基部换头，利用再生枝越夏。越夏期间管理以薄水勤浇、促进侧枝生长为主。适时摘除病、老叶。

图 4-2-3　番茄人字架生产

（4）花果管理。花期用 15～20 mg/L 的 2，4 -滴蘸花，或用 30～50 mg/L 的防落素喷花，防止落花落果。当日平均气温降至 16 ℃时扣膜，当棚内温度降低到 2 ℃时全部采收果实，红果立即上市，青果进行简易贮藏，待转色后陆续上市。

（5）病虫害防治。番茄主要病害有早疫病、晚疫病、灰霉病、叶霉病、病毒病等，主要虫害有白粉虱、蚜虫等。防治以"预防为主，综合防治"为原则。综合防治措施：①因地制宜选用商品性好、产量高、适应性强的抗病品种；②注重清洁田园，实行轮作，合理密植；③苗期采用种子播前处理及苗床消毒，培育壮苗；④生产期间注重环境调控，加强田间管理，采用防虫网覆盖、黄板、杀虫灯等物理方法诱杀害虫，减少病虫危害；⑤合理选用农药进行化学防治，要注意使用方法和使用浓度。

5. 采收　番茄采收要在早晨或傍晚温度偏低时进行。中午前后采收的果实含水量少，鲜艳度差，外观不佳，同时果实的温度也比较高，不便于存放，容易腐烂。

番茄一般在开花后 40～45 d 成熟。依据番茄果实的采收目的不同，通常将番茄的采收时期划分为绿熟期、转色期、成熟期和完熟期 4 个时期。

（1）绿熟期。果实已充分长大，果皮由绿转白，种子基本发育完成，但食用性还很差，需经过一段时间的后熟，果实变色后才可以食用。此期采收的果实质地较硬，比较耐贮存和挤压，适于长途贩运。长期贮存或长途贩运的果实多在此期采收。

（2）转色期。果实脐部开始变色，采收后经短时间后熟即可全部变色，变色后的果实风味也比较好。但果实质地硬度较差，不耐贮存，也不耐挤碰。此期采收的果实只能用于短期贮存和短距离贩运。

（3）成熟期。果实大部分变色，表现出该品种特有的颜色和风味，品质最佳，也是最理想的食用期。但果实质地较软，不耐挤碰，挤碰后果肉很快变质。此期采收的果实适于就地销售。

（4）完熟期。果实全部变色，果肉变软、味甜，种子成熟饱满，食用品质变劣。此期采收的果实主要用于种子生产和加工番茄果酱。

（二）番茄春露地生产技术

1. 品种选择　应根据不同地区的气候特点、生产形式及生产目的等，选择适宜本地区的品种。四川及重庆地区多选用西粉 3 号、早丰、合作 903、渝抗 2 号等品种。

2. 播种育苗　早春露地番茄生产的适宜苗龄为 50 d，即定植前 50 d 左右采用小拱棚或酿热温床进行播种育苗。

3. 整地定植　应提早深翻炕土，开厢作畦，基肥沟施，覆盖地膜。在当地晚霜期后，耕层 5～10 cm 地温稳定在 12 ℃时定植。一般长江流域在清明前后，重庆及四川地区可在 3 月上旬定植，但要覆盖棚膜以防"倒春寒"。在适宜定植期内应抢早定植。定植最好在无风的晴天进行。栽苗时不要栽得过深或过浅。

定植密度取决于品种、生育期及整枝方式等因素。如早熟和自封顶品种采用 50 cm×30 cm 的行株距，一般每亩栽 4 400 株左右；中晚熟和无限生长型品种采用

60 cm×（30～50）cm 的行株距，一般每亩栽 2 200～3 700 株。

4. 田间管理　强化肥水管理；及时进行植株调整，疏花疏果，防止落花落果；加强病虫害防治；采收前可使用乙烯利进行人工催熟。

五、生产中常见问题及防治对策

1. 番茄落花落果现象　番茄在环境条件不利、植株营养不良时，容易落花落果，特别是落花。不同生产形式及生产季节落花落果的原因不同。春早熟番茄栽培，低温和气温骤变，妨碍花粉管的伸长及花粉发芽是落花落果的主要原因；越夏番茄生产，高温干旱或连续阴雨天是主要原因。另外，生产管理不当，如密度过大、整枝打杈不及时引起的疯秧、管理粗放等也都会引起落花落果。番茄落花落果的防治措施如下：

（1）培育壮苗。加强苗期管理、提高秧苗质量是保花保果的基础。

（2）加强花期管理。应根据具体情况和原因，加强花期肥水管理，及时进行植株调整；保护地番茄生产应采取增温保温和增光措施；夏季应遮光降温，防止高温干燥；番茄坐果后，营养生长和生殖生长同时进行，要及时整枝打杈、摘叶摘心、疏花疏果，使其平衡生长。

（3）人工辅助授粉。上午 9—10 时可摇动植株、架材或通过人来回走动来振动植株，以促进花粉扩散。

（4）激素处理。生产上常用 2，4 -滴和防落素进行处理。

2. 番茄畸形果现象　早春番茄生产，由于日照时间短、气温低等不利因素，导致番茄畸形果现象较普遍，严重影响了番茄的商品性。番茄的畸形果包括：果顶乳突果、空洞果、棱角果、裂口果等。番茄畸形果的防治措施如下：

（1）加强苗期温度管理。当番茄幼苗 2～3 片真叶时，正值第一果穗花芽分化，这时白天温度应保持在 22～27 ℃、夜间在 13～15 ℃，保证花芽正常分化，避免连续出现 8 ℃以下的低温。定植前 10 d 是幼苗低温锻炼期，白天应保持在 20 ℃左右，夜间保持在 8～10 ℃，进行低温锻炼，让幼苗尽快适应定植后的气候条件。

（2）坐果时合理施用肥水。

（3）正确使用植物生长调节剂。施用浓度适宜，避免重复蘸花，掌握好蘸花时间。

（4）及时摘除畸形花或畸形果。

六、任务考核评估

1. 描述设施番茄、露地番茄及观赏番茄的生产技术要点。
2. 说出番茄生产过程中常见的问题及防治方法。

任务二　茄子生产技术

　　茄子为茄科茄属中以浆果为产品的蔬菜，起源于亚洲东南热带地区，野生种果实小且味苦，经长期生产驯化，风味改善，果实变大。现代的茄子是原产于印度的一种或几种亲缘关系密切的野生茄子的改良变种。早在公元前 5 世纪，我国已经开

茄子生产技术

始茄子的种植，因此有学者认为我国是茄子的第二起源地。

一、生物学特性

（一）形态特征

1. 根　直根系，发达，深可达 1 m 以上，主要根群分布在 30 cm 土层中，木质化相对较早，再生力稍差，不定根的发生力也弱。

2. 茎　茎直立，粗壮，分枝较多，分枝较为规律，属假二权分枝。

3. 叶　单叶，叶形大，互生。

4. 花　花为两性花，多为单生，也有 2～4 朵簇生的，白色或紫色。开花时花药顶孔开裂散出花粉。花萼宿存，其上有刺。茄子自花授粉率高，自然杂交率在 3%～6%。根据花柱长短不同，可分为长柱花、中柱花和短柱花（图 4-2-4）。

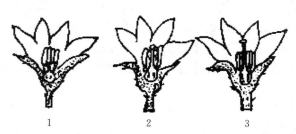

图 4-2-4　茄子的花型
1. 短柱花　2. 中柱花　3. 长柱花

长柱花柱头高出花药，花大，色深，容易在柱头上授粉，为健全花；中柱花的柱头与花平齐，授粉率比长柱花低；短柱花的柱头低于花药，花小，花梗细，柱头上授粉的机会非常少，几乎完全落花，为不健全花。

5. 果实　茄子果实为浆果，圆形、长棒状或卵圆形，果皮有深紫、紫、紫红、绿、绿白等色，果肉白色。

6. 种子　扁圆形，外皮光滑而坚硬，千粒重 5 g 左右。

（二）分枝结果习性

茄子分枝结果较为规律。当主茎达一定叶数，顶芽分化形成花芽后，其下端邻近的两个叶腋抽生侧枝，代替主茎，构成双权假轴分枝；侧枝上生出 2～3 片叶后，顶端又现蕾封顶，其下端两个腋芽又抽生两个侧枝。如此继续向上生长，陆续开花结果。按果实形成的先后顺序，分别称为门茄、对茄、四门斗、八面风、满天星。实际上一般只有 1～3 次分枝比较规律，结果良好，往上的分枝和结果好坏在一定程度上取决于管理技术水平的高低。

（三）生长发育周期

茄子生长发育周期分为 3 个时期：发芽期、幼苗期和开花结果期。

1. 发芽期　从种子播种到第一片真叶出现为发芽期，需 10～15 d。

2. 幼苗期　第一片真叶出现到第一朵花现蕾为幼苗期，需 50～60 d。

3. 开花结果期　门茄现蕾到果实采收完毕为开花结果期。历经门茄现蕾期、门茄瞪眼期、对茄与四门斗结果期、八面风时期。各期经历的天数随生产条件、品种的不同而异。一般从开花到瞪眼需 8～12 d，从瞪眼到商品成熟需 13～14 d。

（四）对环境条件的要求

1. 温度　茄子喜温，对温度的要求高于番茄、辣椒，耐热性较强。结果期适温为 25～30 ℃，在 17 ℃以下时生育缓慢，花芽分化延迟，花粉管的伸长也大受影响，因而引起落花，低于 10 ℃时新陈代谢失调，5 ℃以下就会受冻害。

2. 光照　茄子为喜光性蔬菜，对光照时间及光照度的要求都较高，茄子光饱和点为 40 klx，在日照时间长、强度高的条件下，茄子生育旺盛，花芽质量好，果实产量高，着色佳。

3. 水分　茄子枝叶繁茂，生育期间需水量大，通常以土壤持水量的70%～80%为宜。门茄形成之前需水量较少，不宜多浇水，防止秧苗徒长，门茄生长以后需水量逐渐增多，水分不足会影响产量和品质。

4. 土壤与营养　茄子适于在富含有机质、保水保肥能力强的土壤中生产。茄子对氮肥的要求较高，缺氮时延迟花芽分化，花数明显减少，尤其在开花盛期，如果氮不足，短柱花变多，植株发育也不好。在氮肥水平低的条件下，施用磷肥效果不太显著。后期对钾的吸收急剧增加。

二、类型与品种

根据茄子果实的形状，可分为圆茄、长茄和卵茄 3 种类型。

1. 圆茄类　植株高大，茎秆粗壮，叶片大，宽而厚，植株长势旺，多较晚熟。果实大，有球形、长圆形、扁圆形等几种。较优良的品种有北京五叶茄、北京六叶茄、丰研 2 号、天津快圆茄、高唐紫圆茄、天津二艺茄、大显茄、安阳茄、西安大圆茄等。

2. 长茄类　植株高度及生长势中等，分枝比较多，枝干直立伸展，叶小而狭长，绿色，株形较小，适合密植。花较小，多为淡紫色。结果数多，单果较轻。果实长棒状，依品种不同，长度为 25～40 cm 不等，果形指数在 3 以上。该类品种多较早熟。较优良的品种有杭州红茄、紫阳长茄、鹰嘴长茄、南京紫面条茄、徐州长茄、济南长茄、苏崎茄、苏长茄、齐茄 1 号等。

3. 卵茄类　又称矮茄类。植株较矮，枝叶细小，生长势中等或较弱。花小，多为淡紫色。果实较小，形状为卵形、长卵形和灯泡形，果皮为黑紫色或赤紫色，种子较多，品质不佳。产量较低，早熟性好，主要用于早熟生产。较优良的品种有济南早小长茄、茄冠、辽茄 2 号、辽茄 3 号、内茄 2 号等。

三、生产季节与茬口安排

茄子对光周期要求不严，只要温度适宜，四季均可生产。长江流域可进行春提早生产、露地生产和秋延后生产。由于茄子耐热性较强，夏季供应时间较长，成为许多地方填补夏秋淡季的重要蔬菜。华南无霜地区，一年四季均可露地生产，冬季于 8 月上旬播种育苗，10—12 月采收，为南菜北运的主要种类之一。云贵高原由于低纬度、高海拔的地形特点，无炎热夏季，适合茄子生长季节长，许多地方可以越冬生产。长江流域多在清明后定植，前茬为春播速生性蔬菜，后茬为秋冬蔬菜。

四、栽培技术

（一）茄子大棚春提早生产技术

1. 品种选择　选择耐低温和弱光、抗病性强、植株长势中等、开张度小、适合密植的早熟或中早熟品种。优良品种有杭茄1号、湘茄、蓉杂茄、渝早茄、粤丰紫红茄、苏崎茄等。

2. 培育壮苗

（1）播种时期。大棚早春栽培需在保护地中育苗，苗龄90～100 d，以此可推算播种时期。播种过早，茄苗易老化，影响产量；播种过晚，上市时间延迟。长江流域10月播种，华南地区9—10月播种，华北地区12上旬至翌年1月上旬播种。

（2）播种方法。精选种子并适当晒种。用55 ℃温水浸泡15 min，待水温降至室温后再浸泡10 h左右。也可用50%多菌灵可湿性粉剂1 000倍液浸种20 min、0.2%高锰酸钾浸种10 min或福尔马林100倍液浸种10 min。浸种后将种子用湿纱布包好，置于28～30 ℃的条件下催芽。若对种子进行变温处理，即每天25～30 ℃高温16 h、15～16 ℃低温8 h，则出芽整齐、粗壮。当2/3的种子露白时即可播种。播种前搭建好大棚，平整播种苗床，浇足底水，水渗透后薄撒一层干细土。把种子均匀撒播床面，每平方米苗床用种量为5～8 g。播后覆盖厚1 cm的细土，稍加镇压，再覆盖地膜，以提高地温，加快出苗。

（3）苗期管理。出苗前棚内白天温度保持在25～30 ℃，夜温在15～18 ℃。出苗后及时撤掉地膜，适当降低棚内温度，防止幼苗徒长，白天温度保持在20～25 ℃，夜温在14～16 ℃，超过28 ℃要及时放风。2～3片真叶期分苗至营养钵。分苗后保温保湿4～5 d以利于缓苗。后期控制浇水。定植前7～10 d逐渐加大通风量，降温排湿，进行低温锻炼，夜温可降至12 ℃左右。壮苗的标准是：茎粗，节间短，有9～10片真叶，叶片大，颜色浓绿，大部分现蕾。

（4）嫁接育苗。利用嫁接苗栽培可大大减轻茄子黄萎病、枯萎病、青枯病、根结线虫病等土传病害的发生，同时可增强抗性，提高产量和品质。生产中可选托鲁巴姆、托托斯加、红茄等作砧木，多采用劈接法、斜切接法、贴接法进行嫁接。劈接法是在砧木6～8片真叶时切去2片真叶以上部分，在茎中垂直竖切深1.2 cm左右的切口；接穗5～7片真叶时取2～3片真叶以上部分，削成楔形后插入砧木切口，对齐后用嫁接夹固定。斜切接法的嫁接苗龄与劈接法相同，在砧木第二片真叶的上部节间斜削成长1.0～1.5 cm、呈30°角的斜面，去掉以上部分；接穗取2～3片真叶以上部分，削成与砧木斜面形状和面积相同但方向相反的斜面，把2个斜面迅速对齐贴紧，用嫁接夹固定。

3. 整地施肥　选择保水保肥、排灌良好的土壤。茄子连作时黄萎病等病害严重，应实行5年以上轮作。茄子耐肥，要重施基肥，结合翻地，每公顷施腐熟有机肥75 t、磷肥750 kg、钾肥300 kg，耙平后做宽1.2 m的小高畦。

4. 定植　茄子喜温，定植时要求棚内温度相对稳定在10 ℃以上，10 cm地温不低于12 ℃。长江中下游地区采用大棚＋小拱棚＋地膜覆盖生产时，11—12月定植；大棚＋地膜覆盖，2月定植；小棚＋地膜覆盖，3月上旬定植。选择寒尾暖头的天气定植，按照品种特性和栽培方式确定密度，一般采取宽窄行定植，每畦栽 2 行，大行宽 70 cm，小行宽 50 cm，株距 35 cm 左右。宜采用暗水定植法，地膜覆盖时要求地膜拉紧铺平，定植孔和膜边要用泥土封严。

5. 田间管理

（1）温光调节。定植后 7 d 内，要以闭棚保温为主，促进缓苗。缓苗后，白天温度保持在 25～30 ℃，夜间在 15～20 ℃，以促发新根，晴天棚内温度超过 30 ℃时要及时通风，降温排湿。开花结果期白天棚温不宜超过 30 ℃，夜间在 18 ℃左右。以后随外界温度的升高，加大通风量和延长通风时间。根据当地温度适时撤掉小棚。当气温稳定在 15 ℃以上时应将围裙幕卷起，昼夜通风。南方早春季节阴雨天气较多，光照相对不足，应在晴天或中午温度较高时部分或全部揭开小棚，增加光照。保持棚膜清洁干净，及时更换透光不好的棚膜。

（2）肥水管理。茄子定植后气温较低，缓苗后可浇一次小水。门茄开花前适当控水蹲苗，提高地温，促进根系生长。门茄瞪眼后，逐渐加大浇水量。浇水应在晴天上午进行，最好采用膜下暗灌，浇水后适当放风，以降低棚内空气湿度。茄子盛果期蒸腾旺盛，需水量大，一般每隔 7～8 d 浇一次水，以保持土壤充分湿润。

茄子喜肥耐肥。缓苗后施一次提苗肥，每公顷施尿素 112.5 kg 或腐熟粪肥 15 t 兑水施入。开花前一般不施肥。门茄"瞪眼"后结束蹲苗，结合浇水每公顷追施尿素 150～225 kg。对茄采收后，每公顷追施磷酸二铵 225 kg、硫酸钾 150 kg 或氮磷钾复合肥 375 kg。以后根据植株生长情况适当追肥，一般可隔水补施氮肥。化肥与腐熟有机肥交替使用效果更佳。生长期内叶面交替喷洒 0.2％尿素和 0.3％磷酸二氢钾可提高产量。

（3）植株调整。大棚内植株密度大，枝叶茂盛，整枝摘叶有利于通风透光，减少病害，提高坐果率，改善品质。门茄开花后，花蕾下面留 1 片叶，再下面的叶片全部打掉（图 4-2-5）；对茄坐果后，除去门茄以下侧枝；四门斗 4～5 cm 大小时，除去对茄以下老叶、黄叶、病叶及过密的叶和纤细枝。早春低温和弱照易引起茄子落花和果实畸形，用 40～50 mg/L 的防落素喷花或涂抹花萼和花瓣可有效防止落花和果实畸形。

图 4-2-5　茄子植株调整

（4）病虫害防治。茄子的主要病害有立枯病、绵疫病、灰霉病、黄萎病、褐纹病等，主要虫害有红蜘蛛、茶黄螨等。可用福美双、百菌清、三乙膦酸铝、杀毒矾防治立枯病、绵疫病；用腐霉利、百菌清等防治灰霉病；用甲基硫菌灵、多菌灵等防治黄萎病、褐纹病；用炔螨特、三唑灵、噻螨酮等防治红蜘蛛、茶黄螨。

6. 采收　在适宜温度条件下，果实生长 15 d 左右即可达到商品成熟。果实的采收标准是根据宿留萼片与果实相连部位的白色环状带（俗称"茄眼睛"）宽窄来判断，若环状带宽，表示果实生长快，花青素来不及形成，果实嫩；环状带不明显，表示果实生长转慢，要及时采收。采收时间最好在早晨，其次是下午或傍晚，应避免在中午气温高时采收，中午时果实含水量低、品质差。采收时最好用剪刀采收，不要生硬扭拽，防止折断枝条或拉掉果柄。

（二）茄子早春露地生产技术

1. 培育壮苗　终霜前 3 个月温床育苗，晚霜后定植于露地。

2. 适时定植　待气温度相对稳定在 10 ℃以上、10 cm 地温稳定在 12 ℃以上时定植。定植前施足底肥。株行距因品种而异，一般早熟品种为 40 cm×50 cm，中晚熟品种为（40～50）cm×（60～70）cm。按"品"字形交错定植。定植后浇定根水。

3. 田间管理　及时浇缓苗水，深中耕 1～2 次后控水蹲苗。门茄膨大时开始追肥浇水，每公顷施尿素 225 kg、硫酸钾 150 kg，以后每 7～10 d 浇一次水，追肥 3～4 次。追肥应多施氮肥、增施磷钾肥，同时配施有机肥。门茄坐果后打去基部侧枝，门茄采收后摘除下部老叶，生长后期摘心。

五、生产中常见问题及防治对策

早春茄子由于受低温等环境条件的影响，容易落花或形成畸形果，严重影响产量和品质。造成落花或畸形果的原因有：

1. 环境条件　早春长期弱光或苗期夜温过高易形成短柱花，土壤干旱、空气干燥使花发育受阻，空气湿度过大且持续时间长影响授粉等均可导致落花。

2. 营养因素　营养不足，植株长势弱，花小，花柱短，易落花；营养过旺，植株徒长，易落花。

3. 激素处理　处理时间过晚、浓度过大或处理时温度过高易形成畸形果。

防止落花或畸形果的措施：

一是改善环境条件。保持棚膜清洁以增加透光率，早揭晚盖草苫以尽量延长光照时间，地膜覆盖以增加近地面光照，人工补光；适当浇水以保持土壤和空气湿润，浇水后适当放风以降低棚内空气湿度。二是加强水肥管理。保证养分充足供应，使植株生长健壮而又不贪青徒长。三是激素处理。应在开花当天或提前 1～2 d 进行，防落素的浓度以 40～50 mg/L 为宜，低温下用高浓度，温度高时降低浓度。

六、任务考核评估

1. 描述茄子生产的技术要点。

辣椒生产技术

2. 说出茄子生产过程中常见的问题及防治方法。

任务三　辣椒生产技术

辣椒为茄科辣椒属的一年或有限多年生草本植物。一般所称的"辣椒"，是指这种植物的果实。辣椒果实通常呈圆锥形或长圆形，未成熟时呈绿色，成熟后变成鲜红色、黄色或紫色，以红色最为常见。辣椒的果实因果皮含有辣椒素而有辣味，主要供食用，果实、根和茎枝也可以入药，辣椒中维生素 C 的含量在蔬菜中居第一位。辣椒在我国主要产地有四川、贵州、湖南、云南、陕西和内蒙古托克托县等。

一、生物学特性

（一）形态特征

1. 根　浅根系，根量小，入土浅，吸收根少，木栓化程度高，因而受损后其恢复能力弱，主要根系多集中在 10～15 cm 的耕层内。辣椒根的再生能力比番茄、茄子弱，茎基部不易发生不定根。在栽培中常采用育苗移栽，育苗中注意培育壮苗和根系的保护。

2. 茎　近无毛或微生柔毛，分枝呈"之"字形折曲。茎直立，基部木质化程度较高，为深绿、绿、浅绿或黄绿色，具有深绿或紫色纵条纹。当茎端顶芽分化出花芽后，以双杈或三杈分枝形式继续生长，分枝形式因品种不同而异。另外，在昼夜温差较大，夜温低，营养状况良好，生长较缓慢时，易出现三杈分枝，反之则多出现二杈分枝。一般情况下，小果型品种植株高大，分枝多，开展度大，如云南省开远小辣椒、大米辣、小米辣等；大果型品种植株稍矮小，分枝少，展开度小。

3. 叶　单叶互生，卵圆形、披针形或椭圆形，全缘。通常甜椒叶较辣椒叶要宽一些。叶先端渐尖、全缘，叶面光滑，稍具光泽，也有少数品种叶面密生茸毛。叶片的大小和叶色的深浅主要与品种及栽培条件有关。一般叶片肥大，叶色绿或深绿者，果型也大，果面色绿或深绿；而小果型品种叶片则一般较小，且微长。

4. 花　完全花，单生或簇生，俯垂；花冠白色或绿白色，也有少数黄绿色、黄色或紫白色，基部合生，并具蜜腺，花萼5～7裂，基部联合呈钟状萼筒，为宿存萼。雄蕊5～7枚，基部联合，花药长圆形，白色或浅紫、紫、蓝、淡蓝色，极少金黄色或淡黄色，花药成熟散粉时纵裂，雌蕊一枚，子房3～6室或2室。雌蕊由柱头、花柱和子房3部分组成，柱头上有刺状隆起，便于黏着花粉，一旦授粉条件适宜，授粉后8 h开始受精，14 h达到70%，到受精结束需要24 h以上（花粉发芽，花粉管伸长通过花柱到达子房受精，形成种子）。

5. 果实、种子　果梗较粗壮，俯垂；果实长指状，顶端渐尖且常弯曲，未成熟时绿色，成熟后为红色、橙色或紫红色，味辣。种子扁肾形，淡黄色，表面皱缩，稍有光泽，发芽力一般可保持2～3年。

（二）对环境条件的要求

1. 温度　要求年平均温度为 12～18 ℃，18～22 ℃的地区可以种植秋茬。发育期适宜的昼夜温差为 6～10 ℃，以白天温度在 26～27 ℃、夜温在 16～20 ℃最为理想。授粉结实时以白天温度为 20～25 ℃较适宜。低于 10 ℃时难以授粉，易引起落花落果；高于 35 ℃时由于花器发育不全或柱头干枯不能受精而落花，即使受精，果实也不发育而干枯。果实发育和转色，要求白天日间温度在 20～30 ℃。

2. 光照　辣椒对光照的适应性较强，属中光性植物，只要有适宜的温度和良好的营养条件，都能顺利进行花芽分化，一般在 10～12 h 较短的光照条件下能较早地开花结果。辣椒光合作用的光饱和点为 35 klx，光补偿点是 1 500 lx，过强的光照反而抑制植株生长，过弱则会引起植株生长衰弱，导致落花落果。辣椒对光照的要求在不同生育期也有差异。

3. 水分　辣椒既不耐旱，也不耐涝。其植株本身需水量虽不大，但由于根系不发达，主根分布浅，需经常浇水，才能正常开花结果。

4. 土壤与营养

（1）常规种。辣椒对土壤的要求不太严格，对土壤酸碱的适应性较广，在 pH 为 6.2～8.5 的范围内均可栽培。由于根系不发达，根量少，吸收能力差，对氧的要求严格，所以最适宜生长在土质疏松、含有机质多、排水和透气性优良的沙壤土中，以 24 h 降水量达 50 mm 以上（暴雨）时也不会产生田间积水的山坡地最为适宜。种植辣椒的土地应尽可能前几茬（前 2～3 年）没有种植过茄科作物（尤其是烤烟、辣椒、番茄、马铃薯、茄子等）。

（2）杂交种。注意土地的选择，土地要肥沃、背风向阳，而且在上一播种季节中未种植番茄和茄子。修建阳畦。在育苗时，种子用量为 2 250 g/hm²，控制阳畦的面积，标准应超过 150 m²/hm²。施足肥料，并灌足水分，可以施加一定量的尿素等。禁止使用硫酸铵，避免氨气对幼苗造成损伤。

二、类型与品种

根据辣椒的分枝结果习性，可将辣椒分为无限分枝型和有限分枝型；根据生产目的不同，分为菜椒和干椒；根据辣味淡浓分为"辣椒"和"甜椒"；根据果实形状分为长椒类、灯笼椒类、樱桃椒类、圆锥椒类、簇生椒类等。

常见辣椒品种有：

1. 云南　涮涮辣、小米辣、孟定朝天椒、那刀辣、花椒、小雀辣、丘北辣椒。

2. 四川、重庆　朝天椒、二荆条（麻辣和煳辣）。

3. 贵州　花溪辣椒、虾子辣椒、牛场辣椒、鸡爪辣、牛角椒（干辣）。

4. 湖南　朝天椒、邵阳干辣椒（咸辣和酸辣）。

三、栽培季节与茬口安排

辣椒的栽培方式主要包括露地春夏茬、夏秋茬，地膜覆盖早熟栽培，塑料棚春提早、秋延晚栽培，日光温室早春茬、秋冬茬、冬春茬栽培等。这些栽培方式的栽培季节不同，其中保护地栽培辣椒在我国比较常见。

长江流域露地栽培一般 11—12 月利用设施育苗，翌年 3—4 月定植，5 月下旬至 10 月中旬采收。华南地区春露地栽培于 10—11 月育苗，翌年 1—2 月定植，4—6 月采收；越夏茬于 12 月至翌年 1 月育苗，2—3 月定植，5—9 月采收。

四、栽培技术

1. 品种选择　辣椒根据不同的分类方式可以分为多种，不同种类的辣椒又分为常规种和杂交种，品种的选用应适应当地气候，经审（认）定的优质、高产、抗病、抗逆性强、商品性好的品种，种子质量应符合《瓜菜作物种子 第3部分：茄果类》（GB 16715.3—2010）标准的要求。

2. 种子播前处理　先将种子晾晒1~2 d清除杂质，用清水浸2~3 h，然后将种子浸入55 ℃的温水中不断搅拌，并保持水温不断加热，保持15 min，待水温降至30 ℃时停止搅拌，把漂在水上面的秕粒、坏籽捞出。浸泡8~12 h，种子吸足水后，搓去种子表面的黏液和辣味，用清水淘洗3~4次，用纱布包好，放在盆内催芽，催芽时最好掺些细沙以利于保水和透气。温度控制在28~30 ℃，每天用温水淋洗，而且经常翻动使种子均匀受热。当部分种子刚露出小芽时（图4-2-6），将温度降至20~25 ℃蹲芽，经过4~5 d出芽率达60%~70%时即可播种。

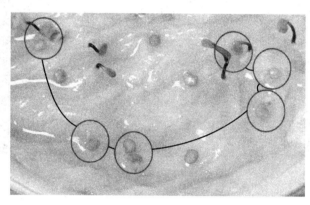

图4-2-6　辣椒种子露白

3. 播种

（1）播种方法。播前将苗床或营养钵浇透水，然后将催芽后的种子拌适量细泥土均匀点播在苗床上中或营养钵、空穴盘内，之后覆盖厚1.0~1.5 cm的细泥土或育苗基质，其上覆盖地膜，冬春茬加盖小拱棚，秋冬茬覆盖遮阳网。当75%的幼苗出土后，及时揭去地膜。

（2）播种量。每亩播种量40~50 g。

（3）播种期。冬春茬栽培11月中下旬至12月中旬育苗，苗龄60~70 d；秋冬茬栽培7月中下旬育苗，苗龄40~50 d。

4. 苗期管理

（1）温湿度管理。高温出苗，幼苗顶土时即撤除地膜。秋冬茬小拱棚应遮阳防晒，或早晨高温到来之前喷洒清水降温，入冬前控制浇水，保持土表干燥，根系层湿润。冬春茬小拱棚要注意提温保温，幼苗子叶变绿后打开两端棚膜通风炼苗，防止产生高脚苗。移栽前或分苗前要进行降温炼苗。

（2）水肥管理。苗期一般不灌水施肥，确有干旱，可喷洒0.2%磷酸二氢钾加

0.1％尿素混合液 2～3 次。分苗前和移栽前要灌足水，灌水后要及时通风排湿。适当控制氮素肥料，以防幼苗徒长。

（3）分苗。点播育苗的，幼苗 2 叶 1 心时分苗至营养钵中，根据幼苗大小分级管理，每钵 1 株苗，分苗后灌透水，促进缓苗。

（4）炼苗。育苗定植前 7～10 d 开始通风透气，控制水分，降低温度，以增强幼苗的抗逆性。

（5）壮苗标准。冬春栽培苗龄 60～70 d，10～12 片真叶，叶片肥厚，叶色浓绿，株高 15～20 cm，茎粗 0.6～0.7 cm，现大花蕾，根系发达，根白色，无病虫害；秋冬茬苗龄 40～50 d，定植时现蕾而无花。待辣椒幼苗长出真叶后即可进行定植（图 4 - 2 - 7）。

图 4 - 2 - 7　辣椒幼苗真叶

5. 整地定植

（1）整地作畦。定植前整地作畦或起垄。垄作，垄宽 60 cm；畦作，畦宽120 cm，双行，宜采用地膜覆盖。每亩施入腐熟的农家肥 5～7 t、氮磷钾复合肥 70 kg 或过磷酸钙 30～40 kg、硫酸钾 30 kg。

（2）定植时间。终霜过后，当土壤 10 cm 温度稳定通过 10 ℃时定植。定植要在晴天进行。

（3）定植密度。定植密度为 5 万～6 万株/hm²。

（4）定植方法。沟栽或埯栽，株距 27～30 cm，覆土，浇足定植水。

6. 田间管理

（1）缺塘补苗。定植后，发现死苗缺塘要立即补上，以保证全苗。

（2）水肥管理。定植 7～10 d 后浇第二次水，适当控制浇水，促进根系向纵深发展，形成强大根群，到第一个果长至 2～3 cm 时，结束控水措施。

在施足基肥的基础上，根据不同的生育时期，适时、适量追肥，做到"轻施苗肥，稳施花蕾肥，重施果肥"。"轻施苗肥"是辣椒定植成活后，结合中耕、灌水施苗肥。苗肥切忌过量过浓，提倡轻施、薄施。亩施腐熟清粪水（或人粪尿）700～1 000 kg 或尿素 5～8 kg。辣椒现蕾标志着生殖生长开始，需肥量渐多，应抓住这一时机"稳施花蕾肥"。为了防止因肥料过多而造成徒长，适当增施磷肥。一般亩施腐熟清粪水（或人粪尿）1 000～1 500 kg 或尿素 10～15 kg、普钙 10 kg，促进多分枝、多结果。辣椒不断分枝，继续大量开花结果，此时施肥量占整个生长期的50%以上，所以应重施花果肥，氮、磷、钾配合施用。亩施腐熟清粪水（或人粪尿）1 500～2 000 kg 或尿素 15～20 kg、普钙 30 kg、硫酸钾 15 kg、油枯 20～25 kg，施肥时要注意在离根脚 8～10 cm 处打塘施、施后盖土、灌水以防烧根，或者兑水浇，还可以进行叶面施肥、根外追肥，用 0.5%尿素或 0.1%～0.5%磷酸二氢钾喷全株叶面。在辣椒生长季节可喷 2～4 次"云大 120"植物生长调节剂，以达到增产的效果。定期给辣椒施肥可促进辣椒快速开花（图 4 - 2 - 8）。

图 4 - 2 - 8　辣椒植株开花

（3）植株调整。第一朵花以下芽和主枝基部的侧枝要及时剪除，后期摘除病叶、黄叶，剪除的病枝要带出椒地烧毁。

（4）花果管理。辣椒由于早期温度过低（低于 15 ℃）或后期温度过高（超过35 ℃）、花器受损、受精不良、营养不足、碳氮比例失调、病虫危害等，易导致落花落果。因温度不适引起的落花落果可采用 10～20 mg/kg 的 2，4 -滴涂花或25～50 mg/kg 的防落素在开花前 1～2 d 喷花，效果较好。据报道，辣椒喷光呼吸抑制剂亚硫酸氢钠，每亩用量为 4～6 g，增产效果显著。

7. 采收及采后处理　果实达到完熟期，适时采收晾晒干椒（图 4 - 2 - 9、图4 - 2 - 10）。初霜前 3～5 d 整株拔下，晾 15～20 d 码垛，垛高 1.5 m 左右，垛间 0.7 m，

图 4 - 2 - 9　完熟期辣椒

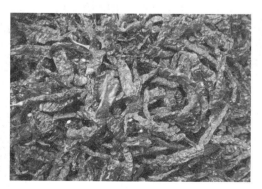

图 4 - 2 - 10　干　椒

每 10 d 翻动一次，不用叉类利器翻动，避免伤害果实。达到收购水分时摘下，装袋放在阴凉干燥避雨处待售，也可摘下放到屋顶、场院等地方晾晒。采收时应根据市场需要和辣椒商品成熟度分批进行，要使用清洁、卫生的工具，避免病果、伤果混入，然后根据果实商品等级进行分级包装，要求使用清洁、牢固、平滑、无霉变的容器，避免二次污染。

五、病虫害防治

辣椒病害有白粉病、炭疽病、疫病、根腐病、软腐病、病毒病等，具有发病快、发病率高的特点，特别是降水量大的年份，病害来势凶猛，防不胜防。因此对辣椒病害的防治，首先是搞好田间管理，注意通风透光，勤除杂草，起高垄；然后合理施肥，多施农家肥，少施化肥，注意氮、磷、钾的配合及比例；发现病株、病叶及时清除并深埋或烧毁。用药注意地上、地下同时进行，农药按无公害辣椒生产要求施用，禁止使用高毒、高残留农药，注意用药的安全间隔期。

1. 白粉病防治　在苗期喷施碧护（赤·吲乙·芸苔）3 g 加碧欧（含海藻水溶肥）30 g，隔 20 d 再喷一次，防止徒长。白粉病发病初期，使用 3 亿 CFU/克哈茨木霉菌叶部型 300 倍液喷雾，每隔 7～10 d 喷一次。也可使用 95％矿物油乳油 300 倍液喷雾，每隔 7～10 d 喷一次。治疗时，用四氟醚唑 13 g 加水 15 kg 均匀喷雾，每隔 4 d 喷雾一次，连喷 2～3 次；或用氟菌唑 10 g 加水 15 kg 均匀喷雾，每隔 4 d 喷雾一次，连喷 2～3 次；或用吡唑醚菌酯 8 mL 加水 15 kg 均匀喷雾，每隔 4 d 喷一次，连喷 2～3 次。

2. 疫病防治　定植后发病前可喷 70％代森锰锌可湿性粉剂 600 倍液、75％百菌清可湿性粉剂 600 倍液或 60％杀毒矾可湿性粉剂 500 倍液，每隔 7～10 d 喷一次。发病初期除进行地面植株药物喷洒外，还需用 75％甲霜灵可湿性粉剂 800 倍液或 1∶1∶200 波尔多液进行灌根，每隔 5～7 d 灌一次，连续灌 2～3 次。

3. 根腐病防治　用 50％多菌灵可湿性粉剂 600 倍液或 50％硫悬浮剂 600 倍液喷洒或灌根，每隔 10 d 左右喷或灌一次，连续喷洒或灌根 2～3 次，同时可兼治白粉病、炭疽病。

4. 软腐病防治　用 2％春雷霉素水剂 1 500 倍液防治。

5. 病毒病防治　用硫酸锌 1 000 倍液加 1.5％烷醇·硫酸铜水乳剂 1 000 倍液防治。加强对蚜虫的防治也是防治病毒病的一项措施。

辣椒虫害有蚜虫、烟青虫、玉米螟、斑潜蝇、地老虎等。用 2.5％氯氟氰菊酯乳油 5 000 倍液、10％氯氰菊酯乳油 1 000 倍液、48％毒死蜱乳油 1 000～1 500 倍液可防治以上害虫。

六、任务考核评估

1. 培育辣椒壮苗，并进行辣椒生产过程中的栽培管理。
2. 说出辣椒生产过程中常见的问题及防治方法。

子项目三　白菜类蔬菜生产技术

🌿 知识目标

1. 了解白菜类蔬菜的主要种类、生育共性和栽培共性。

2. 掌握白菜类蔬菜（大白菜、花椰菜、甘蓝、芥菜）的生物学特性、品种类型、栽培季节与茬口安排。

3. 掌握白菜类蔬菜（大白菜、花椰菜、甘蓝、芥菜）的栽培管理技术，能根据栽培过程中常见的问题制订防治对策。

🌱 技能目标

1. 能因地制宜选择白菜类蔬菜品种，能掌握白菜类蔬菜（大白菜、花椰菜、甘蓝、芥菜）育苗、间苗、分苗、定植等栽培管理技术。

2. 能根据白菜类蔬菜（大白菜、花椰菜、甘蓝、芥菜）的生育特点进行水肥管理。

3. 能分析白菜类蔬菜（大白菜、花椰菜、甘蓝、芥菜）栽培过程中常见问题的发生原因，并采取有效措施进行防治。

白菜类蔬菜在植物分类学是十字花科芸薹属的植物，在我国分布广，栽培面积很大，消费量也最多。白菜类蔬菜包括芸薹、甘蓝和芥菜3个种。芸薹种分为大白菜亚种和普通白菜亚种，包括大白菜、小白菜、乌塌菜、菜薹和芜菁等；甘蓝种包括结球甘蓝、花椰菜、抱子甘蓝、羽衣甘蓝和球茎甘蓝等；芥菜种包括叶用芥菜、茎用芥菜、根用芥菜和芽芥菜等。白菜类蔬菜均以种子繁殖；根系较浅，叶面积大，蒸腾量大，栽培时要保持较高的土壤湿度。

任务一　大白菜生产技术

大白菜别名结球白菜、黄芽菜、白菜等，原产于我国，是一种栽培历史悠久、品种资源丰富的蔬菜。大白菜产量高、品质好，耐贮藏运输，是秋冬重要的蔬菜之一。

一、生物学特性

（一）形态特征

1. 根　根入土较浅，主要根群分布在地面下 25 cm 土层内。侧根数量多，生根能力强。

2. 茎　营养生长时期茎部短缩肥大呈圆锥形；生殖生长时期短缩茎顶端发生花茎，淡绿至绿色，遇到气温升高时开始抽薹，高 60～100 cm。

3. 叶　子叶 2 枚，对生，肾形，有叶柄。基生叶 2 枚，长椭圆形，有明显的叶柄，与子叶方向垂直，呈"十"字形。中生叶互生，叶片倒披针形至倒阔卵圆形，有明显的叶翅而无明显的叶柄，是主要的同化器官并保护叶球。顶生叶着生于

大白菜生产
技术

短缩茎的顶端，互生，构成顶芽，外层叶较大，内层渐小。结球白菜的顶芽形成球叶，是大白菜的营养贮藏器官，也是主要的产品。

4. 花　总状花序，完全花，花萼、花瓣均 4 枚，呈"十"字形，花冠黄色，虫媒花。

5. 果实　长角果，圆筒形，内含种子 10～20 粒，先端陡缩成"果喙"，内无种子，成熟时纵裂为二。

6. 种子　种子圆形微扁，红褐色至灰褐色，近种脐处有一纵凹纹，千粒重 2～3.5 g，寿命 5～6 年，但 2 年以上种子发芽率弱，生产上多用当年收获的种子。

（二）生长发育周期

大白菜的全生育期分为营养生长时期和生殖生长时期，与生产关系比较密切的为营养生长时期。

1. 营养生长阶段　从种子发芽到长成叶球为营养生长阶段。

（1）发芽期。从播种到"拉十字"为发芽期。播种后若水分和温度适宜，48 h 即可出苗，经 3～4 d 第一对真叶完全展开，然后长出和子叶大小相当并和子叶相互垂直排列成"十"字形的基生叶，菜农称为"拉十字"。发芽期共 8～10 d，"拉十字"为发芽期结束的重要特征。

（2）幼苗期。从"拉十字"到"团棵"，即形成第一个叶环为幼苗期。叶片在短缩茎上排列成盘状，故称为"团棵"。早熟品种的一个叶环由 5 片真叶组成，中晚熟品种的一个叶环由 8 片真叶组成。团棵期是幼苗期结束的特征。大白菜早熟品种的幼苗期需要 12～13 d，中晚熟品种需 17～18 d。要根据育苗条件，精心进行肥水等管理，以培育壮苗。

（3）莲座期。自"团棵"到开始包心，即团棵后再长成 2 个叶环，植株叶片开张，形如莲座，故称为莲座期，不同品种的莲座叶数不同。莲座叶完全展开时，球叶开始包心。莲座期的长短依品种和栽培季节不同而异，早熟品种为 18～20 d，中晚熟品种为 26～28 d。莲座期叶片及根系生长快，应注意加强肥水管理，以形成强大的营养和吸收器官，为结球打好基础。若缺肥，莲座叶生长差，将来结球就松，产量低。

（4）结球期。从结球开始到成熟采收为结球期。结球期早熟品种为 25～35 d，中熟品种为 30 d 左右，晚熟品种为 40～55 d。结球期又可分为结球前期、结球中期和结球后期 3 个时期。从结球期开始约 15 d 为结球前期，主要生长叶球外层叶片，形成叶球的轮廓，称为"抽筒"；抽筒以后约 25 d 为结球中期，此时叶片继续长大充实叶球，称为"灌心"，此期生长量最大，需肥水最多；采收期前的 15 d 进入结球后期，外部莲座叶开始衰老、发黄，叶球生长缓慢。采收前 5～7 d，要停止浇水，以减少叶球的含水量，提高耐贮性。结球期生长量占总生长量的 70% 左右，是需肥水最多的时期，应分期追肥，满足叶球生长需要。

（5）休眠期。大白菜和结球甘蓝收获贮藏期间，由于低温，处于休眠状态。但休眠期仍进行微弱的呼吸作用，温度 0 ℃ 左右、空气相对湿度 80% 的条件可以延长贮藏期。

2. 生殖生长阶段　叶球经过冬季休眠（休眠期 100～120 d），翌年春季进入生殖生长阶段，分为抽薹期、开花期和结荚期，需 80～90 d。

（三）对环境条件的要求

大白菜是生长期较长的蔬菜，若生长季节的日数不足，可以利用幼苗对温度适应性强的特性，在炎热或寒冷的季节提前播种育苗。

1. 温度　不耐热，生长的适宜温度为 10～22 ℃，25 ℃以上生长不良，不能适应 30 ℃以上的温度。有一定的耐寒性，在 10 ℃以下可缓慢生长，5 ℃以下生长停止，可短期忍耐 −2～0 ℃的低温。发芽期的适宜温度为 20～25 ℃，最低 9～10 ℃；幼苗期的适宜温度为 22～25 ℃，可适应 26～30 ℃的高温，能长期忍耐 −2 ℃的低温，并能短期忍耐 −8～−5 ℃的低温；莲座期的适宜温度为 17～22 ℃；结球期的适宜温度 12～22 ℃，白天在 16～20 ℃的温度下光合作用强，夜间在 5～15 ℃的温度下利于养分积累；休眠期要求 0～2 ℃的低温。

2. 光照　要求中等光照，有一定的耐弱光能力，需光照时数为 12 h 以上。

3. 水分　喜湿，适宜的土壤湿度为 80%～90%，适宜的空气湿度为 65%～80%。种子发芽期要求土壤水分充足；幼苗期应保持地面湿润；莲座期适当控水蹲苗；结球期需水量最多，应适时、适量灌溉，后期宜控水，以利于贮藏。

4. 营养　大白菜产量高，需肥量比较大，一般生产 5 000 kg 大白菜约吸收氮 7.5 kg、磷 3.0 kg、钾 10.0 kg。大白菜以叶为产品，需氮较多，对钙、硼等的需求量也比较大。

5. 土壤　大白菜对土壤的要求不严格。除了过于疏松的沙土以及排水不良的新土外，其他土壤均可栽培大白菜，但以肥沃壤土、沙壤土等的栽培效果最好。适宜的土壤酸碱度为中性至微碱性。

二、类型与品种

（一）根据进化过程分

1. 散叶变种　为最原始类型，不形成叶球，以莲座叶作为菜用或作小白菜栽培，其抗热性和耐寒性强，抗病性也强。

2. 半结球变种　莲座外层顶生叶抱合成叶球状，内层空虚，耐寒冷，品质稍差，适合高寒地区栽培。

3. 花心变种　能形成较坚实的叶球，但球顶叶先端向外翻转，称为舒心，色泽浅绿或黄白色。耐热性强，生长期短，可在秋季早熟栽培，如北京的翻心白、徐州的狮子头等。

4. 结球变种　是大白菜最为进化的类型，能形成坚实的叶球，顶生叶抱合严密，不翻转，以叶球为产品。这个变种中栽培品种非常丰富，在全国各地普遍栽培。结球变种又分为 3 个基本生态型：

（1）卵圆型。叶球褶抱呈卵圆形，球形指数约为 1.5。生长期 100～110 d，要求温和湿润的环境，耐寒及耐热能力均较弱，也不耐旱，对水肥要求严格。代表品种有福山包头、胶州白菜、青杂 5 号等。

（2）平头型。叶球叠抱呈倒圆锥形，顶平下尖，球形指数接近 1。生长期 100～120 d，适于阳光充足、昼夜温差大、气候温和的环境，对水肥要求严格，抗逆性较差。代表品种有洛阳包头、郑州包头、山东 4 号等。

（3）直筒型。叶球拧抱呈细长圆筒形，球顶近于闭合，球形指数大于 4。生长期 80～100 d，适应性强，水肥或气候条件较差时也能正常生长。代表品种有天津青麻叶、玉田抱尖等。

（二）根据结球早晚与栽培期长短分

1. 早熟品种 从播种到收获需 60～80 d。耐热性强，但耐寒性稍差，多用作早秋栽培或春季栽培，产量低，不耐贮存。优良品种有山东 2 号、鲁白 2 号、潍白 2 号、中白 7 号、北京小杂 51 等。

2. 中熟品种 从播种到收获需 80～90 d。产量高，耐热、耐寒，多作秋菜栽培，无霜期短以及病害严重的地方栽培较多。优良品种有青杂中丰、鲁白 3 号、山东 5 号、青麻叶、玉田包尖、中白 1 号、豫白 6 号等。

3. 晚熟品种 从播种到收获需 90～120 d。产量高，单株大，品质好，耐寒性强，不耐热，主要作为秋冬菜栽培，以贮存菜为主。优良品种有青杂 3 号、福山包头、城阳青、洛阳包头秦白 4 号等。

生产上主要栽培品种有鲁白 1 号、武白 2 号、夏抗 55 天、早熟 5 号。此外，适于南方栽培的品种还有抗热白 45 天、夏抗 50 天、青杂 5 号、城阳青、泉州白和小杂 55 等。

三、栽培季节与茬口安排

大白菜喜温和冷凉的气候，且在营养生长期内对温度的要求是由高到低变化，以由 28 ℃逐渐降低到 10 ℃为宜。因此，应将其幼苗期安排在较热的月份，生长后期在气温逐渐降低的条件下生长结球。大白菜主要在秋季栽培，一般在 8 月中下旬至 9 月上旬播种，10—12 月采收上市。大白菜不能播种过早，否则幼苗过弱，病虫害危害严重，并且易早衰而造成严重减产；也不能播种过迟，否则叶片生长量少而导致包心不实，不但延迟收获，还会降低产量和品质。春大白菜栽培近几年发展迅速，该茬大白菜通过选用栽培期极短（70 d 以内）的抗抽薹品种，早春 2 月设施育苗，露地定植，于初夏收获上市，效益比较好（表 4 - 3 - 1）。

表 4 - 3 - 1　长江流域大白菜栽培简明表

种类品种	栽培方式	播种期	定植期	采收供应期
秋大白菜	露地	8 月中上旬至 9 月上旬		10—12 月
春大白菜	露地	2—3 月	3 月下旬至 4 月上旬	5—6 月
夏大白菜	露地遮阳网	6—7 月	8 月	9—10 月

大白菜忌连作，不宜与其他十字花科蔬菜轮作，这是预防病虫害的重要措施之一。一般选择前茬是茄果类、瓜类、豆类或葱蒜类的地块，前茬是葱蒜类的地块土传病害发生较轻；前茬是茄果类及黄瓜、甜瓜等的，由于施肥较多，有利于大白菜的生长。

四、栽培技术

（一）越夏大白菜栽培技术

1. 品种选择　选用生育期短、生长快、耐热抗病品种，如夏抗 50 天、夏抗 55 天和鲁白 6 号等。若以散叶或半结球菜调节淡季市场，可选用早熟 5 号。

2. 育苗　适宜播种期为 6—7 月，10 月上中旬采收。选用地势高燥、保水力强、午后无烈日照射的通风凉爽处作苗床，采用营养土块或营养钵育苗，播后浇透粪水，盖稻草等保湿，出苗后搭荫棚遮光、降温、保湿和防暴雨冲刷，大苗带土移栽。

3. 选地与定植　夏季大白菜宜选用阴凉、排水良好、土层深厚、保水保肥、疏松肥沃的土壤深沟高畦栽培。苗龄 18～20 d，阴天或晴天下午定植。移栽后勤施薄施或淡粪水以提高移栽成活率。种植密度一般为 4 000 株/亩。低海拔地区 7—8 月正值高温伏旱，生产上多采用黑色遮阳网棚覆盖栽培，以降低田间温度，保湿和防雨水冲刷，或在植株下用稻草、麦秆等覆盖以达到降温保湿的作用，促进越夏大白菜生长发育。

4. 肥水管理　夏季大白菜莲座叶的生长与结球基本同步，结球初期应为重点追肥时期，一般每亩施腐熟人畜粪水 1 000～1 500 kg、钾肥 10 kg、尿素 7.5 kg。叶球半包时结合浇水重施追肥，促进叶球紧实，提高产量。高温干旱，每日早、晚用凉的清粪肥勤施薄施，同时结合莲座期追肥根外补钙。夏季高温干旱，蚜虫、黄曲条跳甲、菜青虫、小菜蛾及病害危害十分严重，应及时喷药防治。

（二）防止春大白菜未熟抽薹的技术要点

春大白菜生产上，萌动的种子及幼苗期在 15 ℃以下的低温就可通过春化阶段，随着气温回升、日照增强，春大白菜容易未熟抽薹。防止未熟抽薹具体措施有：

1. 品种选择　生产多选择早熟、冬性强的春白菜品种，如鲁白 1 号、春大将、阳春等。

2. 适期播种　在 15 ℃以上的温度条件下栽培可避免未熟抽薹，又有足够的生长期，可达到较高的产量。据试验，2 月中旬前后保护地育苗，苗龄 30～40 d，大苗带土定植，包心快，结球早，产量较高。

3. 肥水管理　生产中必须加强肥水管理，多施速效肥促进营养生长，加速结球。生长后期雨水增多，要注意排水和预防霜霉病。

4. 采收　采收越夏大白菜成熟期正值高温，叶球容易感染软腐病，应适期早收。早、中熟品种收获期气温较高，容易发生软腐病，应在叶球八成紧时及时采收；晚熟品种可在成熟时采收，也可留地过冬（冬雨少的地区）。在气温较低有冻害的地区，应及时采收上市或冬贮。

五、主要病虫害的发生及防治

1. 软腐病　又称腐烂病，田间多从包心期开始发病。高温多雨，虫害发生严重的田块发病重。防治方法：

（1）农业防治。选用抗病品种，清洁田园，发现病株及时清除，加强肥水管

十字花科蔬菜
病虫害防治

理，实行轮作。

（2）药剂防治。可选用72％硫酸链霉素可湿性粉剂3 000～4 000倍液或1％硫酸链霉素·土霉素可湿性粉剂4 000倍液喷雾防治。

2. 霜霉病 俗称白霉病，主要危害叶片。在16 ℃左右，天气忽冷忽热，多雨或有雾、露的高湿条件下，病害易于流行。防治方法：

（1）农业防治。选用抗病品种，实行轮作；合理密植，降低田间湿度。

（2）种子处理。播种前按干种子质量的0.4％掺拌75％百菌清可湿性粉剂或50％福美双可湿性粉剂杀菌。

（3）药剂防治。发病初期，用25％甲霜·锰锌可湿性粉剂800～1 000倍液、75％百菌清可湿性粉剂600倍液或60％杀毒矾可湿性粉剂500倍液喷洒，着重喷叶背，每隔7～10 d喷一次，连续喷2～3次。

3. 菜蛾 以幼虫钻入叶组织间潜食叶肉，或在叶背啃食叶肉。一年中有两个为害高峰：春季为3月下旬至5月下旬；秋季为8月下旬至10月下旬。防治方法：

（1）农业防治。避免连作，实行轮作。生长期和收获后及时清除田间残株和落叶。

（2）药剂防治。用100亿个/g菌量的杀螟杆菌粉剂1 000倍液喷雾防治，或者用2.5％氯氟氰菊酯乳油，每亩用15～25 mL兑水40 L喷雾。

4. 黄曲条跳甲 又名土跳蚤、狗虱虫，以成虫蛀食叶片危害，幼苗期受害最重。春末夏初和秋季发生严重。防治方法：

（1）农业防治。清除田间残株落叶，铲除杂草，减少虫源，实行轮作。

（2）药剂防治。苗期发病初期用90％敌百虫晶体1 000～1 500倍液或50％辛硫磷乳油2 000倍液喷雾。

六、任务考核与评估

1. 描述大白菜主要生产品种和越夏大白菜田间管理技术要点。

2. 根据大白菜不同生长期，制订并实施水肥管理计划，并分析生产上存在的问题及解决方法。

任务二　结球甘蓝生产技术

甘蓝生产技术

甘蓝又名结球甘蓝、洋白菜、卷心菜、包菜，起源于欧洲地中海沿岸，属十字花科芸薹属二年生蔬菜，有4 000多年的栽培历史，是世界上栽培历史最长、栽培面积最大的蔬菜之一，也是我国的重要蔬菜之一。结球甘蓝适应性广，栽培省时、省力，是一种成本低、经济效益高的蔬菜。甘蓝含有胡萝卜素及丰富的维生素（如维生素C、B族维生素、维生素E），中医认为有和胃、健脾、止痛的功效，新鲜的甘蓝汁对胃、十二指肠溃疡有止痛及促进愈合的作用，且甘蓝中含有能分解亚硝胺的酶，它能消除亚硝胺的突变作用，有一定的抗癌作用。甘蓝以叶球供食，可炒食、煮食、凉拌、腌渍或制干菜，如选用适宜的品种排开播种，分期收获，可周年供应。

一、生物学特征

(一) 形态特征

1. 根　根系主要分布在 30 cm 以内的土层中，主根基部粗大，深达 60 cm，须根多，根群横展半径可达 80 cm 左右，易生不定根。

2. 茎　短缩，又分内、外短缩茎，外短缩茎着生莲座叶，内短缩茎着生球叶。

3. 叶　包括子叶、基生叶、幼苗叶、莲座叶和球叶。叶色因品种而异，有蓝绿、深绿、黄绿和紫红色等几种。

4. 花　总状花序，呈"十"字形，有深浅不同的黄色，较大白菜略大，异花传粉，虫媒花。

5. 果实、种子　果实为长角果。种子圆球形，红褐色或黑褐色，无光泽，近种脐处有双沟，千粒重 3.3～4.5 g。

(二) 生长发育周期

1. 营养生长阶段　从种子发芽到长成叶球为营养生长阶段。

(1) 发芽期。从种子萌动到基生叶展开（"拉十字"）为发芽期，在适温下需 8～10 d。

(2) 幼苗期。从"拉十字"到第一个"团棵"为幼苗期，夏、秋季需 25～30 d，冬、春季需 40～60 d。

(3) 莲座期。从"团棵"到第二、第三个叶环的叶片全部展开（展开 15～24 片叶）为莲座期，早熟种需 20～25 d，中晚熟种需 30～40 d。

(4) 结球期。从开始结球到收获为结球期，早熟种需 20～25 d，中晚熟种需 30～50 d。

(5) 休眠期。冬贮过程中，植株停止生长，依靠叶球的养分和水分生活。

2. 生殖生长阶段　生殖生长阶段包括抽薹期、开花期、结荚期。

(三) 对环境条件的要求

1. 温度　甘蓝喜温暖和清凉湿润的环境，生长适温为 15～25 ℃。种子发芽适温为 25 ℃左右，20～25 ℃适宜外叶生长和抽薹开花。叶球形成一般要求温度在 17～20 ℃，昼夜温差大有利于积累养分，可促进结球紧密。

2. 光照　短日照有利于叶球形成。光饱和点较低，为 30～50 klx，利用散射光能力强。

3. 土壤与营养　喜肥并耐肥，要求土壤肥沃。耐盐碱性强，在含盐量为 0.75%～1.20% 的情况下能正常结球。土壤酸碱度以微酸性至中性为最适，土壤湿度为 70%～80%。

二、类型与品种

甘蓝按叶球的形状分为尖头型、圆头型和平头型 3 种。

1. 尖头型　植株较小，叶球小而尖，呈心脏形，叶片长卵形，内茎长，球形指数接近 1.5，产量较低。多为早熟小型品种，如春丰、鸡心、牛心等。

2. 圆头型　植株中等大小，叶球圆球形，结球紧实，球形整齐，球形指数接近1，品质好，成熟期较集中。多为早中熟品种，如金早生、苏晨1号等。

3. 平头型 植株较大，叶球扁圆形，直径大，结球紧实，球内中心柱较短，品质好，耐贮运。多为晚熟大型品种或中熟中型品种，如京丰1号、黑叶小平头、晚丰等。

甘蓝按成熟期可分为早熟品种、中熟品种和晚熟品种。其中，早熟品种从定植到收获需40~50 d，较优良的品种有四季39、中甘12、冬甘1号等。中熟品种从定植到收获需55~80 d，较优良的品种有中甘15、中甘16、华甘1号、迎春、京甘1号、东农609、西园4号、西园6号等。晚熟品种从定植到收获需80 d以上，较优良的品种有中甘9号、京丰1号、黄苗、黑叶小平头等。

南方常见的栽培品种：中熟5号、西园4号、中甘8号、京丰1号、渝丰1号。

三、栽培季节与茬口安排

甘蓝对温度的适应范围较宽。在北方除严冬外，春、夏、秋三季均可在露地栽培；华南除炎夏外，秋、冬、春三季均可露地栽培；而长江流域一年四季均可栽培。春甘蓝9月下旬至10月上旬播种，11月中旬定植，翌年4~5月收获。夏甘蓝栽培一般在3月播种育苗，5—6月定植，栽培时用遮阳网遮阳，7—9月蔬菜淡季上市（图4-3-2）。

表4-3-2　长江流域甘蓝栽培简明表

种类品种	栽培方式	播种期	定植期	采收供应期
秋甘蓝	露地	6月下旬至7月	8月下旬至9月	11月至翌年2月
春甘蓝	露地	9月下旬至10月上旬	11—12月	4—5月
夏甘蓝	露地遮阳网	3月中旬	5月6日	7月9日

甘蓝多为早熟栽培，在土壤化冻后进行定植。夏甘蓝宜与高秆作物间套作。秋甘蓝前茬为早熟黄瓜、矮生菜豆等，并应依据各地秋季长短，分别采用早、中、晚熟品种。忌与十字花科作物连作，以减少病虫害的发生。

甘蓝按栽培季节主要分为两大类，即夏播秋冬收获的秋冬甘蓝和晚秋播种翌年春季收获的春甘蓝。决定甘蓝栽培季节的重要依据是品种生长发育对温度条件的要求和阶段发育特征以及市场需求。掌握栽培季节的原则是：将产品器官的形成期安排在最适的季节，避免未熟抽薹；而将幼苗期和莲座期安排在能适应的季节。秋冬甘蓝在四川、重庆多数地区7月中下旬播种育苗，8月定植，年内至翌年春抽薹前陆续采收。此外，在一些夏季气温较低的地区，也可提前到6月下旬至7月上旬播种，10月采收上市。7月播种的秋甘蓝，生长前期温度高，但幼苗能适应；莲座期气温开始下降，有利于莲座叶的生长；结球期气候温和，有利于叶球的形成，产量高，因此秋冬甘蓝在生产上最为普遍，栽培面积较大。

四、栽培技术

1. 土壤选择及整地作畦 栽培甘蓝需选择土层深厚、肥沃，排灌方便，保水保肥能力强，且前作未种过十字花科蔬菜的田块。春甘蓝多采用冬闲地。栽前进行深耕炕土，定植前 20 d 左右施基肥，每亩施腐熟有机肥 4 000 kg、过磷酸钙 25～30 kg、草木灰 100 kg，然后耙细作畦，畦面连沟宽 1.0～1.2 m。

2. 播种与育苗

(1) 播种时期。长江流域春甘蓝于 10 月底至 11 月上旬播种；秋冬甘蓝耐热性较强，可在炎热的夏天播种，多于 6 月下旬至 7 月播种，早熟品种早播，晚熟品种迟播。

(2) 播种方法。苗床地应选择土地平整、水源方便、排水良好、土壤肥沃疏松的地块。在播种前一周左右深翻炕土，施腐熟厩肥、堆肥，床土一定整细。播种前先将苗床浇足底水，等水下渗后，先覆盖一薄层细土，然后将种子均匀撒播，最后再盖厚 1.0～1.5 cm 的细土。春甘蓝播种后要盖上地膜保湿，封严保温。秋冬甘蓝播种后要搭好遮阳棚架，在阳光过强时遮阳降低床温，减少水分蒸发，以利于幼苗生长。

(3) 苗期管理。春甘蓝播种后，出苗前一般不通风，以促进出苗。出苗后及时揭膜，并适当通风，保持在 12～17 ℃。幼苗具有 3～4 片叶时，若生长正常、密度不大，且外界气温又低，可适当间苗不分苗。分苗时要在晴天的上午进行，按 (7～10) cm×(7～10) cm 分苗，并加强苗期管理，促进幼苗生长。

秋甘蓝夏季播种后，正处于高温多雨或高温干旱季节，应及时浇水、排水、遮阳，确保苗全苗壮。一般在齐苗后再覆盖厚 0.5 cm 的细土，以利于根系的发育。当苗龄 20 d 左右，幼苗具有 2 叶 1 心时假植。假植成活后注意勤施肥水，同时注意病虫害的防治。

(4) 壮苗标准。用于定植的甘蓝苗应是假植过的，且苗茎粗而不弯，根系发达，具有 6～7 片真叶，叶片肥厚，苗龄 40～50 d。

3. 定植

(1) 定植时期。当气温稳定在 8 ℃以上，10 cm 深的土层温度稳定在 5 ℃以上时，为春甘蓝露地栽培的定植适期。秋甘蓝一般苗龄达 40 d 左右即可定植。

(2) 定植密度。春甘蓝早熟栽培一般密度可稍高，株距 25～30 cm，每亩栽 5 000 株左右。秋甘蓝一般按 40 cm×30 cm 左右的行株距定植，每亩栽 3 500 株左右。

(3) 定植方法。秋甘蓝栽培期间气温较高，定植前一天下午用清粪水淋定植穴，选晴天用健壮假植苗带土移栽，浇足定根水。

4. 田间管理　春甘蓝在前期应少施肥，控制植株大小，防止未熟抽薹，影响产量。甘蓝缓苗后至莲座期，结合中耕除草 2～3 次，进行追肥，促进植株生长和莲座叶的形成。莲座期每亩施硫酸铵 15 kg 或腐熟人粪尿 1 000～1 500 kg，可采用沟施或穴施。进入结球初期时，重施一次结球肥，使叶球在较短时间内生长充实。每亩施入硫酸铵 20～25 kg、草木灰 50～100 kg。此外，在莲座期和结球后期还可结合土壤施肥进行根外追肥，喷施 0.1%～0.2% 硼酸与 0.2%～0.3% 磷酸二氢钾混合液。

秋冬甘蓝及莲座叶的生长是在比较高的温度下进行的，开始包心后天气逐渐冷凉下来，温度条件适合甘蓝生长，这段时间生长量大，生长速度快，对养分的需要也较多。因此，追肥重点应放在莲座叶的后期和结球期。

5. 防止未熟抽薹技术 春甘蓝要求 15 d 以上的低温（12 ℃以下）通过春化阶段。由于生长期长期处于低温阶段，容易通过春化阶段，春后日照增长，不能形成叶球，而容易发生未熟抽薹。防止先期抽薹是春甘蓝栽培管理的关键。主要措施有：

（1）选择冬性强的品种如牛心、鸡心、黄苗和京丰 1 号等。另外，尽量不选用生长期长的晚熟品种，以保证在高温来临之前形成叶球。

（2）准确推算播种期。通过准确推算播种期控制越冬时幼苗的大小。长江流域的播种期一般安排在 10 月。若气温较高，则播种期应适当推迟（11 月上旬），如气温较低要适当提前播种。

（3）选小苗定植。春甘蓝的大苗（幼苗茎基部粗 0.6 cm 以上、叶片达 6 片以上）容易通过春压阶段，当 0～12 ℃的低温持续 15～30 d，或在 1～4 ℃的低温条件下，甘蓝苗易通过春化阶段而发生未熟抽薹。因此，生产上要选择小苗定植。

6. 采收 当手按甘蓝叶球已有紧实感时即可采收。甘蓝不宜采收过迟，否则叶球开裂影响品质。长江流域春季早熟栽培一般在 4 月中下旬陆续采收；秋甘蓝采收时期长，早熟品种 10 月即可采收，中、晚熟品种可陆续采收到春节前后。

五、主要病虫害的发生及防治

（一）主要病害

甘蓝的主要病害有黑腐病、软腐病、病毒病和黑斑病等。

1. 黑腐病 该病是甘蓝和大白菜的重要病害之一，主要危害叶片、叶球或球茎，多在春、秋雨季发生。此外，早播、管理粗放、虫害较重等有利于该病的发生。防治方法如下：

（1）种子处理。播种前用 50 ℃温水浸种 20～30 min，冷却晾干后播种。或用 50％代森锌可湿性粉剂 200 倍液浸种 20～30 min。

（2）加强田间管理。适时播种，合理灌溉，防止伤根伤苗，及时防治虫害。

（3）药剂防治。发病初期及时用乙基大蒜素（抗菌剂 401）1 000 倍液、硫酸链霉素·土霉素 200～300 mg/L 或 70％敌磺钠可湿性粉剂 500～1 000 倍液喷雾防治。

2. 黑斑病 主要侵染叶片。低温高湿有利于黑斑病的发生与流行。防治方法如下：

（1）选用抗病品种，实行轮作。

（2）种子进行温汤浸种，或用福美双拌种。

（3）发病初期用 50％多菌灵可湿性粉剂 500～600 倍液或 65％代森锌可湿性粉剂 500～600 倍液进行喷雾防治。

（二）主要虫害

甘蓝的主要害虫有菜螟、甘蓝夜蛾、菜粉蝶和蚜虫等。

1. 甘蓝夜蛾 俗名夜盗虫，以幼虫咬食叶片，并能钻入叶球内取食，影响产量和品质。在长江流域以春、秋雨水较多的年份危害重。防治方法如下：

（1）农业防治。清除杂草，秋翻冬炕，消灭越冬虫蛹，减少虫源。

（2）诱杀成虫。在成虫发生期，用糖醋盆诱杀成虫，糖、醋、酒、水的比例为 3∶4∶1∶2，加少量敌百虫。

（3）药剂防治。幼虫 1～2 龄时，用 5％氟啶脲乳油 1 500 倍液或 50％杀螟硫磷乳油 1 000 倍液喷雾。

2. 菜粉蝶　又称白粉蝶，其幼虫称为菜青虫，以幼虫啃食叶片为害，严重时全叶吃光，仅留叶柄。防治方法如下：

（1）农业防治。及时清洁田园，实行轮作。

（2）药剂防治。危害初期用 5％氟啶脲乳油 1 500 倍液或 5％氟虫脲乳油 3 000 倍液喷雾防治。

六、任务考核与评估

1. 描述甘蓝育苗及田间管理技术要点。
2. 分析甘蓝生产上存在的问题及解决方法。

任务三　花椰菜生产技术

花椰菜别名花菜、菜花，原产于地中海沿岸，19 世纪传入我国，随着栽培面不断扩大，现已成为一种我国主要的蔬菜。花椰菜拥有一个庞大的品种群，利用不同熟性的品种配套种植可以实现周年生产。花椰菜以花球供食用，是一种营养丰富的蔬菜。花椰菜中维生素 C 含量较高，100 g 鲜菜中含 60 mg 左右，为番茄的 3.2 倍。另外，花椰菜中还含有多种吲哚类衍生物，可提高肝脏中芳烃羟化酶的活性，增强分解致癌物质的能力。商品性好的花球质地致密，表面洁白，呈颗粒状。在气候异常的情况下，如近成熟期遇气温变幅过大，常因花柱或花丝过度伸长而形成"毛花"；花球临近成熟期出现低温，花球中的糖苷形成花青素，会出现"紫花"。

一、生物学特征

（一）形态特征

1. 根　主根基部粗大，须根发达，主要根群密集于 30 cm 以上土层，抗旱能力较差。

2. 茎　营养生长阶段茎稍短缩，普通花椰菜的顶端优势强，腋芽不萌发，在阶段发育完成后，抽生花薹。

3. 叶　叶片狭长，叶面被有蜡粉，叶柄上有不规则的裂片。

4. 花　花球由肥大的花轴、肉质的花梗和绒球状的花枝顶端组成，半球形，质地致密，是养分贮藏器官，为主要食用部分。

5. 果实、种子　总状花序，黄色花冠，异花传粉，长角果，成熟后爆裂。种子圆球形，褐色，千粒重 2.5～4.0 g。

（二）生长发育周期

花椰菜的生育周期包括营养生长阶段（发芽期、幼苗期和莲座期）和生殖生长阶段（花球生长期、抽薹期、开花期和结荚期）。

1. 营养生长阶段

（1）发芽期。自种子萌动至子叶展开真叶显露为发芽期，温度适宜时约需 7 d。

（2）幼苗期。自真叶显露至第一叶环真叶展开为幼苗期，需 20～30 d。

（3）莲座期。自第一叶环真叶展开至莲座叶全部展开为莲座期，需 20～80 d。

2. 生殖生长阶段

（1）花球生长期。自花球开始发育（花芽分化）至花球生长充实（适于商品采收）为花球生长期。花球生长期的长短依品种及气候条件而异，一般为 20～50 d。早熟品种发育快，且天气温暖，花球生长期短；中、晚熟品种发育慢，且天气冷凉，花球生长期长。从定植到花球采收，极早熟品种需 40～50 d；早熟品种在 70 d 以内；中熟品种为 70～90 d；晚熟品种则在 100 d 以上。

（2）抽薹期。从花球边缘开始松散、花茎伸长到初花形成为抽薹期，需 6～10 d。

（3）开花期。从初花形成起至整株花谢为开花期，需 24～30 d。

（4）结荚期。从花谢到角果成熟为结荚期，需 20～40 d。

（三）对环境条件的要求

1. 温度　花椰菜是半耐寒性蔬菜，适合在温和的环境条件下生长。种子发芽的适温为 23～30 ℃，25 ℃左右发育最快；营养生长的适温为 18～24 ℃；花球生长的适温为 15～18 ℃，8 ℃以下生长缓慢，0 ℃以下花球易遭受冻害，−2～−1 ℃时叶片受冻，气温超过 25 ℃时生成的花球较小，品质变差，产量下降。温度过高，花枝、花薹迅速生长，花球松散，花粉丧失发芽力，不能收获种子。

2. 水分　花椰菜喜湿润，不耐旱，耐涝能力也较弱。花椰菜对水分的要求比较严格，整个生长期都需要供应充足的水分，特别是蹲苗后形成花球时。若水分供应不足，常会抑制花椰菜地上部分的生长，加速其生殖生长，过早形成质量差的小花球；水分过多，则土壤的通透性下降，影响根系的生长，严重时可导致植株凋萎。

3. 光照　花椰菜属长日照作物，对光照要求不甚严格，比较容易获得高产。但花球受日光直射后，即由白变黄，进而呈绿紫色，使产量、品质受到严重影响，因此，需要用叶片遮盖花球，不能让日光直射到花球上。

4. 土壤与营养　应选择土层深厚、肥沃、富含有机质、保水保肥能力强的土壤。土质贫瘠，则植株个体和花球都小。花椰菜在整个生长期都要求供应足够的氮肥，特别是叶片旺盛生长时，需要的氮肥更多。土壤中缺乏氮会影响花球的形成，从而使产量下降。在花芽分化和花球生长期间，需要大量的氮肥和磷肥，以促进糖分的积累和蛋白质的形成，有利于花芽分化。其中，磷肥、钾肥能促进花球的形成。花椰菜对硼镁等微量元素也十分敏感，缺硼时花球带苦味，缺镁、钾时老叶易变黄。因此，在保证氮肥供应的基础上，应增施磷肥、钾肥和硼、镁等微量元素。

二、类型与品种

(一) 类型

花椰菜按照花球成熟的早晚来可以分为早熟类型、中熟类型和晚熟类型。

1. 早熟类型　一般指定植后 40～60 d 采收的品种，如福农 40 天、夏雪 40、荷兰春早、福建 60 天等。此类花椰菜植株矮小，叶细而长，叶色浅，蜡粉多，外叶小而少，花球小，较耐热，冬性弱，对低温表现敏感。

2. 中熟类型　一般指定植后 70～90 d 收获的品种，如福建 80 天、厦花 80 天 1 号、津雪 88、龙峰特大 80 天等。此类花椰菜植株叶簇较大，开展或半开展，叶色因品种而异。花球一般较大，紧实，品质好，产量高。

3. 晚熟类型　一般指定植后 100 d 以上才能收获的品种，如瑞士雪球、上海早慢种、旺心种等。此类花椰菜植株高大，叶簇大，生长势强，叶片宽大，柄短阔，叶缘波状、波褶，花球大，产量高，冬性强，抗寒耐热性差。

(二) 品种

南方栽培的主要优良品种有以下几种：

1. 白阳　从泰国正大种苗引进的一代杂种。株型矮小，耐热性较强，早熟。株高 4.5 cm，展开度 68 cm。叶长椭圆形，浅绿色，蜡粉较少。花球近圆形，乳白色，中等紧实，无茸毛，单球重 450 g 左右，生育期 50 d。

2. 雪山　从日本引进的杂种一代。早中熟，耐热性好，抗病力强，生长势强，株型整齐。花柄短缩紧凑，花球近圆形，雪白，紧实，不易散球，单球重 600 g 左右。适宜春秋栽培。

3. 白玉花菜　早中熟，植株生长势强。叶片长椭圆形，叶片肥厚。花球圆形，雪白，紧实，品质好。抗病力强，耐热性好，单球重 500～1 000 g。

4. 登丰 100 天　叶卵圆形、厚实、深绿色，叶面光滑，蜡粉中等。花球高圆形，球质细嫩，无茸毛，单球重约 2.5 kg。抗寒性强，抗病，中晚熟，适于秋季栽培。

5. 早丰 55 天　早熟，耐热、耐湿，株型紧凑，叶狭长，叶柄下部有耳叶，叶色较浅，有腋芽发生应及时摘除。株高 30 cm，展开度 40～52 cm。花球端正，球质细嫩洁白，无茸毛，单球重 500 g 左右，生育期 55～60 d。

三、栽培季节与茬口安排

利用花椰菜早、中、晚熟品种花芽分化对低温要求不同的特性，可排开播种，基本可做到周年供应。

南方地区春花椰菜于 11 月中下旬播种育苗，2 月下旬定植，4—6 月采收。夏花椰菜于 6 月采用遮阳网育苗，采收期在 9—10 月。秋花椰菜一般在 7 月上旬至 8 月上中旬采用遮阳网育苗，8 月至 9 月上旬定植，11—12 月采收（表 4-3-3）。

表4－3－3　长江流域花椰菜栽培简明表

种类品种	栽培方式	播种期	定植期	采收供应期
夏花椰菜	露地	6月	7月	9—10月
秋花椰菜	露地	7月至8月上中旬	8月至9月上旬	11—12月
春花椰菜	露地遮阳网	11月中下旬	2月下旬	4—6月

四、栽培技术

花椰菜喜湿而怕涝，所以在多雨的地区和地下水位高的地方栽培都应做深沟高畦，以利于排水，这是花椰菜栽培成功的关键。栽培上叶簇生长期要及时满足其对水分和养分的要求，特别是叶簇生长旺盛期和花球形成期，需大量肥水，应及时灌溉和重施追肥，但应防止灌溉沤根。束叶是保证花球品质的关键技术之一。

1. 播种育苗　参照甘蓝播种育苗的相关内容。

2. 定植　当幼苗长到4～6片真叶时，应及时定植，以1.3 m（畦宽）作畦（包沟），株行距（40～50）cm×（40～50）cm，早熟品种宜密，晚熟品种宜稀。定植时尽量做到带土移栽，定植前施足底肥，定植后及时浇定根水，以保证秧苗成活。

3. 田间管理

（1）肥水管理。定植苗成活后10 d左右开始追肥，每次用30％～40％的人粪尿并加入适量的碳酸氢铵。

在花球出现以前追肥4～5次，以促进叶簇生长，扩大同化面积，为生殖生长制造和积累营养物质。出现花球时重施一次50％的人粪尿，并及时增施磷、钾肥。花椰菜全生育期都应经常保持土壤湿润，但雨水过多时又要及时开沟排水，以免造成涝害。

（2）中耕除草。每次施肥前中耕一次，以免造成肥水流失，前期深锄，后期浅锄，去除杂草，并把土壅于根际，封行后不宜中耕。

（3）遮花。花球出现后及时摘叶或束叶遮花，以免花球变黄或变褐，保证花球洁白幼嫩。

4. 采收　花球充分长大、表面平整洁白、边缘尚未散开时可进行采收，采收时花球外留4～5片小叶，以保护花球。

5. 主要病虫害的发生及防治　花椰菜的主要病害有黑腐病、霜霉病、黑斑病等，虫害有小菜蛾、菜螟、菜粉蝶、黄曲条跳甲等。其发生规律及防治方法参阅大白菜、结球甘蓝病虫害的防治方法。

五、任务考核与评估

1. 描述甘蓝育苗及田间管理技术要点。

2. 分析甘蓝生产上存在的问题及解决方法。

子项目四   绿叶菜类蔬菜生产技术

🌱 知识目标

1. 了解绿叶菜类蔬菜的主要种类、生育共性和栽培共性。

2. 掌握绿叶菜类蔬菜（莴笋、芹菜、菠菜）的生物学特性、品种类型、栽培季节与茬口安排。

3. 掌握绿叶菜类蔬菜（莴笋、芹菜、菠菜）的栽培管理技术，能根据栽培过程中常见的问题制订防治对策。

🍃 技能目标

1. 掌握绿叶菜类蔬菜（莴笋、芹菜、菠菜）育苗、定植、水肥管理等田间管理技术。

2. 能正确分析绿叶菜类蔬菜（莴笋、芹菜、菠菜）栽培过程中常见问题的发生原因，并采取有效措施进行防治。

绿叶菜类蔬菜是以柔嫩的叶、叶柄、小型叶球、嫩茎等为产品的蔬菜，包括芹菜、莴苣、菠菜、芫荽、筒蒿、普通白菜、苋菜、蕹菜、落葵、荠菜等。该类蔬菜植株矮小，生长期短，可排开播种，分期收获，是调节淡季和间、套作的重要蔬菜。

绿叶菜类蔬菜种类多，对环境条件的要求可大致分为两类：一类喜冷凉，如芹菜、莴苣、菠菜、芫荽、筒蒿等，生长适温为 15～20 ℃，能耐短期霜冻；另一类喜温暖，如蕹菜、苋菜、花葵等，生长适温为 20～25 ℃。

任务一   莴笋生产技术

莴笋是一年生或两年生蔬菜，原产于地中海沿岸，喜冷凉湿润的气候条件。莴笋适应性强，在我国南北方栽培普遍，是调节淡季的重要蔬菜。

一、生物学特性

（一）形态特征

1. 根   直根系，直播的主根长可达 1.5 m，经育苗移栽以后主根多分布在 20～30 cm 的土层内，侧根发生很多，须根发达。

2. 茎   莴笋的茎随着植株的生长而加长，当茎的顶端分化花芽后，在花茎伸长的同时，茎加粗生长形成棒状的肉质嫩茎供食用。茎的外表为绿色、绿白色、紫绿色、紫色等；内部肉质，有绿、黄绿、绿白等色。

3. 叶   互生于短缩茎上，叶面光滑或皱缩，绿色、黄绿色或绿紫色，叶形有披针形、长椭圆形、长倒卵圆形等形状。

4. 花   圆锥形头状花序，每花序有小花 20 朵左右，淡黄色，自花授粉，有时通过昆虫异花授粉，一般开花后 11～15 d 种子成熟。

5. 果实、种子   瘦果，小而细长，为灰黑色或黄褐色，成熟后顶端有伞状冠毛，可随风飞散，采种应在飞散之前，以免损失。种子千粒重 0.8～1.2 g。

（二）对环境条件的要求

莴笋喜冷凉，忌高温，稍耐霜冻。种子在 4 ℃时开始发芽，15～20 ℃最适宜，30 ℃以上几乎不能发芽。幼苗能耐－6 ℃的低温，茎、叶生长的最适温度为 11～18 ℃，超过 22 ℃不利于茎部膨大，易先期抽薹。较大植株低于 0 ℃会受冻。开花结实期要求较高温度，在 22～28 ℃范围内温度越高种子成熟越快，低于 15 ℃则开花结实受影响。

二、类型与品种

莴笋食用的是肥大肉质茎。适宜冬、春栽培的有竹青王、三青王等；适宜春、秋栽培的有大青皮、圆叶青宝、竹筒青等；四季尖皱叶四季均可栽培。

根据莴笋叶片形状，可将其分为尖叶和圆叶两类；根据茎的色泽，分为白笋、青笋和紫皮笋；根据品种特性和栽培季节，分为春莴笋、夏莴笋、秋莴笋、冬莴笋等；根据生长周期，分为早熟品种、中熟品种、晚熟品种。

三、栽培季节与茬口安排

多春、秋两季栽培，也可夏季栽培。春莴笋在 9 月下旬至 11 月上旬播种，翌年 3—4 月收获；秋莴笋 8 月播种，10—11 月收获；夏莴笋在 1 月下旬至 2 月上旬播种，收获期为 4 月下旬至 6 月。

四、栽培技术

1. 品种选择　选用优质、高产、适应性强、商品性好的莴笋品种，如四季尖皱叶等。

2. 育苗

（1）种子处理。可采用一般浸种或温汤浸种进行种子播前处理。

（2）播种期与用种量。8 月下旬至 10 月上中旬均可播种，每亩大田需种 60 g 左右。

（3）播种方法。为使播种均匀，可将待播种子加入细土，播种后用扫帚在畦面上扫一遍，使种子与泥土混合。播后覆盖厚 1.0～1.5 cm 的细土。然后用遮阳网或稻草覆盖后浇水。若播种时土壤过干，可先在苗床上浇透水，等水渗下后再撒种子。一般播种后 4～5 d 种子露芽后及时去除覆盖物。

（4）苗床管理。待幼苗长出 2～3 片真叶后进行间苗，剔除病苗、弱苗、过密苗，定苗间距为 6～7 cm，以增强光照和营养面积，培育壮苗。幼苗长至 5～7 片真叶时即可定植，移栽前一天把苗床浇湿，以减轻拔苗伤根。定植宜在下午高温过后或阴天进行。

3. 定植

（1）定植前准备。整地施肥，每亩大田施入腐熟有机肥 3 000～4 000 kg、过磷酸钙 25 kg、硫酸钾 15 kg、硼砂 1 kg 作基肥，施肥后深翻 20 cm，使土肥混合均匀，耙平后作畦，覆盖地膜。

（2）选苗分级。定植选用健壮、无病的幼苗按大、中、小苗分畦定植。株行距为 25 cm×25 cm，幼苗要带土移栽，每亩栽 5 000～6 000 株，定植后及时浇定根水。

4. 田间管理　定植后 4～5 d 浇缓苗水，成活后进行浅耕、松土，并施一次薄肥，促使植株健壮生长。在此期间，依天气情况适当控水蹲苗，20 d 左右结束蹲苗，进行中耕并施第二次肥，可亩施尿素 10～15 kg。以后畦面保持湿润，多雨时做好排水工作。当茎部开始膨大时（心叶与莲座叶略呈平行），应进行中耕培土，同时追施第三次肥，每亩施氮磷钾复合肥 20～25 kg、尿素 10～15 kg。

5. 主要病虫害　莴笋的主要病害有病毒病、菌核病、霜霉病、黑斑病、褐斑病等；虫害有蚜虫、小地老虎等。发现病株，应及时摘除病虫叶，拔除病株，带出田外深埋或烧毁。

6. 收获　莴笋的采收标准是心叶与外叶平，或现蕾以前为采收适期，这时茎部已充分膨大，品质脆嫩。如果收获太晚，花茎迅速伸长，纤维增多、茎皮增厚、肉质变硬，或出现中空，品质大大下降，甚至不能食用；过早采收则影响产量。

五、任务考核与评估

1. 描述莴笋播种和田间管理技术要点。
2. 分析莴笋生产中存在的问题及解决方法。

任务二　芹菜生产技术

芹菜属于伞形科二年生草本植物，原产于地中海沿岸的沼泽地带。芹菜含丰富的维生素、矿物盐及挥发性芳香油，具有特殊香味，能促进食欲。

芹菜生产技术

一、生物学特性

（一）形态特征

1. 根　根系分布较浅，主要根群密集于 7～15 cm 的土层内，水平分布 30 cm 左右，吸收面积小，耐旱耐涝能力均弱，主根受伤后能发生大量侧根，适于育苗移栽。

2. 茎　营养生长时期为短缩茎，叶片簇生于短缩茎上，生殖生长时期抽出花茎（花薹），花薹纤维多，组织老化一般不作食用，生产中要控制花薹的生长。

3. 叶　叶着生于短缩茎的基部，为基数二回羽状复叶。叶柄发达，其薄壁组织内含有大量养分和水分，质地鲜嫩，为主要食用器官。

4. 花　复伞形花序，花小，白色，虫媒花，异花授粉。

5. 果实　为双悬果，圆球形，棕褐色。生产上使用的种子，实际上是果实。因果皮革质，并具油腺，所以透水性差，发芽缓慢。

6. 种子　种子小，千粒重 0.4～0.5 g。刚采收的种子需经 3～4 个月的休眠期后才能发芽，种子的有效使用年限为 2～3 年。

（二）生长发育周期

1. 营养生长阶段　从种子萌动到子叶展开为发芽期，需 10～15 d。从子叶展开到长出 4～5 片真叶为幼苗期，一般需 45～60 d。从幼苗 4～5 片真叶到长出 8～9 片真叶为叶丛生长初期，此期植株大量产生新根和分化新叶，短缩茎不断增粗，叶丛生长缓慢，株高可达 30～40 cm，历时 30～40 d。8～9 片叶后直至收获为叶丛旺盛生长期，新叶直立是进入旺盛生长期的重要标志，此期叶柄迅速伸长、增粗，生长量占植株总生长量的 70%～80%，是形成产量的关键时期。

2. 生殖生长阶段　植株在通过低温春化后，翌年春季在长日照和适温条件下抽薹、开花、结实。

（三）对环境条件的要求

1. 温度　芹菜属半耐寒性蔬菜，要求冷凉湿润的环境条件。种子发芽适温为 15～20 ℃，温度过高，发芽困难，30 ℃以上不能发芽。生长适温为 15～20 ℃，幼苗可耐 -5～-4 ℃低温和 30 ℃的高温，成株可耐短期 -10～-7 ℃的低温，26 ℃以上的高温会使生长受阻，品质变劣。一般在 3～4 片真叶时遇 10 ℃以下的低温，经 10～15 d 通过春化，长日照下抽薹开花。

2. 光照　芹菜属长日照作物。种子发芽需弱光，在黑暗条件下发芽不良。植株生长前期，光照充足，能促进植株横展，抑制向上生长，有利于植株的健壮生长；生长后期，短日照和较弱的光照能使植株高大，品质好。

3. 水分、土壤与营养　芹菜根系浅，吸收能力弱，对土壤水分和养分要求严格。适宜在富含有机质、保水保肥能力强的中性或微酸性的壤土或黏壤土上栽培。整个生长期以施氮肥为主，生长初期需磷较多，后期需钾较多。缺氮时叶少、小，易空心老化；缺硼时初期叶缘出现褐色斑点，后叶柄维管束有褐色条纹面开裂；缺钙时易发生心腐病。

二、类型与品种

我国目前栽培的芹菜根据叶片形态不同，通常分为本芹和西芹两大类型。

1. 本芹　又名中国芹菜，在我国栽培历史悠久。主要优良品种有津芹 36、津芹 13、津南冬芹等。

2. 西芹　又名洋芹，由国外引进。植株较大，叶柄宽厚，多为实心，纤维少，肉质脆，味甜，略具香气。优良品种有佛罗里达 683、四季西芹、卓越、文拉图等。

三、栽培季节与茬口安排

芹菜最适合在春、秋两季栽培，以秋播为主。因幼苗对不良环境有一定的适应能力，故播种期不严格，只要能避过先期抽薹，也可在其他季节栽培。长江流域和华南地区夏季炎热，冬季温暖，适宜春、秋、冬三季栽培。如长江流域从 6 月中下旬到 10 月上旬均可播种，从 9 月中下旬到 12 月下旬陆续供应，播种稍迟的还可延长到翌年早春。抽薹晚的品种从 1 月至 3 月上旬春播，用塑料薄膜短期覆盖以减少低温影响，避免未熟抽薹。北方地区冬季寒冷，适宜春、夏、秋栽培，利用不同的栽培方式及保护设施栽培，基本上可以周年供应（表4-4-1）。

表4-4-1　芹菜周年栽培供应季节

栽培方式	播种期	定植期	收获期	备注
塑料中小棚越冬茬	7月上旬至下旬	9月上旬至下旬	12月上旬至翌年4月下旬	露地育苗
塑料大棚越冬茬	7月上中旬	9月下旬	3月中下旬	露地育苗
风障越冬	7月上旬至8月初	9月中旬至10月上旬	4月上旬至5月上旬	露地育苗
春季露地	2月上旬至3月上旬	3月下旬至4月下旬	5月下旬至6月下旬	大棚育苗
夏季露地	4月至5月下旬	6月中旬至7月中旬	8月上旬至9月中旬	露地育苗
秋季露地	6月中下旬	8月上中旬	10月下旬至11月中旬	露地育苗，产品可贮藏

四、栽培技术

（一）露地秋芹菜栽培技术

1. 播种育苗　秋芹菜播种时正值高温季节，对种子萌发和幼苗生长都不利，生产上一般进行设施育苗。

（1）苗床准备。宜选阴凉、排灌方便、土壤疏松肥沃、保水保肥性能好的地块。每平方米施入腐熟有机肥15 kg、氮磷钾复合肥100 g，加50%多菌灵可湿性粉剂50 g。翻耕细耙，做成宽1.0～1.2 m的畦，南方宜作高畦，北方为低畦。

（2）种子处理。秋芹菜的育苗期正值高温季节，种子发芽率低，出苗参差不齐。应用冷水浸泡种子24 h。浸种过程中需搓洗几遍，以利于吸水，将浸泡过的种子捞出，用清水洗净沥干后用透气性良好的湿纱布包好，再用湿毛巾覆盖，放在15～20 ℃条件下催芽，每天翻动2～3次，让其见光促进发芽。当有50%种子露白时即可播种。

（3）播种。夏季应在早晚或阴天播种。定植1亩约需种子200 g，育苗床50 m²。播前苗床浇透底水，待水渗下后撒一层薄细土，再撒播种子，然后覆盖厚0.5 cm左右的细土。

（4）苗期管理。播种后应在畦面上搭遮阳棚或盖遮阳网形成花荫，避免阳光直射和雨水冲击。出苗前保持畦面湿润，幼苗顶土时浅浇一次水，以后经常保持土壤湿润。齐苗后去掉遮阳物。浇施一次0.2%尿素水，促进幼苗生长。当幼苗长出2～3片叶后及时间苗，使苗距扩大，间苗后要及时浇水。当苗高10 cm左右，有4～5片真叶时（需40～50 d），可以定植。

2. 定植

（1）整地施基肥。前茬作物收获后及时翻耕，每亩撒施腐熟有机肥3～4 m³、复合肥40～50 kg、石灰50～75 kg，深翻20 cm使土壤和肥料充分混匀，整细耙平，做成宽1.0～1.2 m的畦。

（2）定植。定植密度依品种类型而定，本芹2～3株丛栽，行株距为13～15 cm；西芹单株定植，一般行距为40 cm，株距在25 cm左右。

（3）定植方法。移栽前3～4 d停止浇水，带土取苗，起苗时主根留4 cm切断，以促发大量侧根，单株或多株定植。定植深度应与幼苗在苗床上的入土深度相同，露出心叶。随栽随浇水。

3. 田间管理

（1）培土软化、遮阳防雨。培土是芹菜高产优质的关键措施之一，一般定植后10 d 左右进行第一次培土，培土材料宜选用火烧土、塘泥、稻田土等，培土时要注意使植株不受伤。从定植到植株封行前一般培土 2～3 次。

芹菜叶柄脆，易倒伏，在苗高 15～20 cm 时，在畦四周每隔 30 cm 用竹篱笆作支架，后用稻草或芦苇沿畦四周围起，围裙高 40～60 cm。篱笆围裙可以达到软化栽培的目的，使叶柄洁白柔嫩，品质上乘。

夏、秋栽培定植后应立即盖遮阳网遮阳降温。遮阳网应在晴天盖，阴天揭；晴天早上盖，傍晚揭。下雨时应在遮阳网上盖塑料薄膜挡雨，防止雨淋后引发病害。

（2）肥水管理。定植后 3～5 d 浇缓苗水，雨天需及时排涝。缓苗后要控制浇水，进行中耕、除草，蹲苗 15～20 d 可以促进新根发生，防止外叶徒长并促进新叶分化。若植株表现缺肥，可追施一次提苗肥，每亩施硫酸铵 10 kg 或腐熟人粪尿500 kg 左右。蹲苗结束后，气候逐渐凉爽，植株生长量增大，进入旺盛生长期。此期结合浇水追施速效性氮肥，以后分期追施 2～3 次肥，适当配施磷、钾肥，以充分满足芹菜后期对钾的需要。第一次每亩追施硫酸铵 15～20 kg，10 d 后随水施入人粪尿 750～1 000 kg，10～15 d 后再追施一次硫酸铵，并追施钾肥、磷肥各10 kg 左右，然后浇水，一般每 2～3 d 浇一次水，以保持土壤湿润为宜；秋分后气温渐低，宜减少浇水次数，每 4～5 d 浇一次，采收前 10 d 左右停止浇水，以利于贮藏；收获前 15～20 d 可喷 20 mg/kg 赤霉素，以提高产量。

4. 采收　芹菜生长期长，当株高达 40～60 cm 时可陆续采收。收获时连根铲起，削去侧根后扎捆。已成熟的芹菜收获不可过晚，否则产量和品质下降，准备贮藏的芹菜，在不受冻害的前提下可适当延迟收获。

（二）西芹栽培技术要点

1. 品种选择　常用的优良品种主要有高尤它、嫩脆、文图拉（加州王）。此外，还有美国白芹、佛罗里达 683、康乃尔 19 等优良品种。

2. 播种时间　利用冷凉、潮湿的小气候可于夏、秋季反季节栽培西芹，一般可在 4—7 月播种，这样从 5 月开始，可以分批分次在高山定植，7 月开始陆续上市，至 11 月结束。此期市场售价好，经济效益高。

3. 播种育苗

（1）浸种催芽。播种前用清水浸种 12～24 h，洗净，然后用湿纱布包好，拧干后置于 15～20 ℃阴凉潮湿处催芽，每 4～8 h 清洗一次。2 d 后，至 50%种子露白时即可播种。也可将种子放入冰箱中，在 5～10 ℃的温度范围内催芽，待 50%种子露白时即可播种。

（2）苗床准备。西芹为直根系，一般入土深 60 cm，最深可达 1 m，但大部分根系分布在 30 cm 的土层中。夏季气温高，苗床地应选择通风凉爽、土壤肥沃、排水良好的地段，最好选择前茬不是芹菜的地块，以减少病虫害。深耕，耙细，整平后作苗床。苗床长 10 m、宽 1.5 m，施入优质腐熟有机肥 100～150 kg 作底肥，土肥应混合均匀。耙平后铺一层厚 5～6 cm 的营养土，营养土于播种前 7～10 d 时配制。配制方法是用园土 5～6 份、腐熟有机肥 2 份、细沙 1～2 份，另加适量速效性肥料，充分混匀后拢堆备用。

（3）播种。播种前苗床应浇足底水，然后撒一层细土，并把催过芽的种子摊匀略风干，或与沙混匀，便于播种时种子松散开。播种方式采取撒播，一般每亩大田需苗床 60～90 m²，用种量 50～60 g。春季上午 9—10 时，夏、秋季阴天或晴天下午 4 时后播种。播种后盖一层厚 0.3 cm 的细营养土，喷除草剂以防苗期杂草。之后畦面盖稀薄稻草保湿，待种子发芽出土后及时清除。春茬用塑料薄膜保湿育苗，夏秋茬用黑色遮阳网遮阳育苗，并注意于翌日早上浇水，以降温湿，利于出苗。

（4）苗床管理。播种后晴天每天早晨浇一次水，以降温保湿，利于出苗。70% 幼苗出土后，浇施 3%～5% 的稀粪水，以后每 10～15 d 追施一次薄肥，以促进幼苗生长，培育壮苗，这是获得高产的关键。春季育苗，小拱棚薄膜要早上揭傍晚盖；夏季育苗，遮阳网要早上盖傍晚揭，以防止太阳暴晒。育苗期间必须密切注意天气变化，下雨时需在棚上加盖薄膜，防止大量雨水进入苗畦后引起烂苗。及时揭盖遮阳网和塑料薄膜是育苗管理中的主要措施，否则育苗质量将遭严重影响，甚至绝苗。苗床期的主要病害是猝倒病，要及早预防和及时治理。2 片真叶时间苗一次；等幼苗长出 5～6 片真叶，苗高 10 cm 以上时，即可定植。定植前，应撤去遮阳网进行炼苗。

4. 定植　西芹侧根发达，大量须根分布在 10～20 cm 的土层中，横展范围约为 30 cm，分布浅，故在栽培上应选土壤肥沃、保肥保水力强的田块种植。深翻土壤，每亩施腐肥农家肥 5 000 kg 作基肥，另施 50 kg 复合肥。肥料与土壤混合均匀后做宽 1 m 的畦，浇透水。由于西芹棵大，应单株定植，株行距为（15～30）cm×（20～40）cm。随着气温下降，株距将加大。定植完毕应立即浇水，并在畦面行间覆盖稀薄稻草，以保持土床湿润、降低土温、防止土壤板结。

5. 田间管理

（1）水肥管理。定植后，要保持土壤湿度以利于早缓苗。缓苗后，应适当薄肥勤施，勤中耕松土，保持土壤湿度，促进根系生长。定植后 1 个月，生长加快，主要是外叶数目迅速增加，需连续追肥，每 10 d 左右追施一次肥（以速效性氮、磷肥为主），并加大浇水量。当外叶生长结束，进入立心期，心叶开始肥大充实。此期是西芹商品性状形成期，持续 50～60 d。要保证水肥的供应，追肥以速效性氮、钾肥为主，加少量硼肥，促进心叶生长和植株肥大，防止发生黑心病和叶柄横裂等生理性病害。同时，田间光照不要过强，光照时间也不宜过长，为使西芹软化栽培要进行培土，并用黑色塑料编织袋将畦边插竿围垄，以利于叶片直立生长和保证菜叶质地脆嫩。在收获前一个月，可喷一次 25～50 mg/kg 的赤霉素，对增加株重提高产量和品质有明显效果，但应保证充足的肥水。

（2）病虫害防治。主要病害有叶斑病、软腐病；主要虫害是蚜虫，俗称腻虫、蜜虫。生理病害主要是空心病、黑心病、茎裂病。要通过增施肥料，避免土壤过干等措施预防病虫害，同时每亩用硼砂 0.5～0.7 kg 加适量水浇洒。

6. 采收　当株高达 75 cm 左右、单株重 0.5～1.0 kg 时，应及时收获。拔后将根部、老黄叶去掉，剪去上端长 20～30 cm 的叶片，装入长塑料袋内，以保持产品鲜嫩干净。

五、病虫害防治

芹菜的主要病害有斑枯病、软腐病、早疫病、菌核病等；虫害有蚜虫、蝼蛄、斑潜蝇、根结线虫等。防治方法如下：

选用抗病、耐病品种，如津南实芹 1 号、美国西芹、夏芹等。播种前用 48 ℃ 温水浸种 30 min，可有效杀死种子上的病原菌。实行 2 年以上轮作，可减少病原菌积累，减轻病情；及时清除病残体，合理密植；加强通风透光，尽量降低湿度；合理施肥，施足底肥并追施或喷施磷钾肥、钙肥和硼肥，培育健壮植株以提高抗病力；合理灌溉，不大水漫灌。药剂防治：发现病株立即拔除并用药剂控制，防止蔓延。对斑枯病，用 3% 抗霉菌素 120 水剂 100 倍液或 75% 百菌清可湿性粉剂 600 倍液等防治；对软腐病，在发病初期喷洒 72% 硫酸链霉素或 1% 硫酸链霉素·土霉素可湿性粉剂 3 000～4 000 倍液喷雾防治；对早疫病，用 77% 氢氧化铜可湿性粉剂 500 倍液、3% 抗霉菌素 120 水剂 100 倍液或 50% 多菌灵可湿性粉剂 500 倍液等防治；对菌核病，用 50% 腐霉利可湿性粉剂 1 500 倍液、50% 乙烯菌核利可湿性粉剂 1 000 倍液或 50% 菌核净可湿性粉剂 1 000 倍液喷雾防治。一般每 7～10 d 施药一次，连续用药 2～3 次。防治蚜虫可以采用 10% 吡虫啉可湿性粉剂 1 500 倍液进行喷雾，每 6～7 d 喷一次，连续喷 2～8 次。蝼蛄用毒饵防治。将 5 kg 饵料（麦麸、豆饼）炒香，然后用 90% 敌百虫晶体 30 倍液拌匀、拌湿，每亩施用 1.5～2.0 kg，于傍晚撒施。

生理性障碍病的防治：干心病，主要是缺钙，可叶面追肥 0.5% 氯化钙或硝酸钙溶液，每隔 7 d 追一次，连续追 2～3 次；叶柄开裂，主要是缺硼，可喷施 0.2% 硼砂溶液防治。

六、任务考核与评估

1. 描述露地秋芹和西芹生产管理技术要点。
2. 说出芹菜生产上存在的问题及解决方法。

任务三　菠菜生产技术

菠菜是藜科菠菜属一二年生草本植物，原产于亚洲西部的伊朗，我国已有 1 000 多年的栽培历史。菠菜耐寒性、适应性强，生长期短，在我国栽培普遍，是主要的叶菜之一。菠菜营养价值较高，富含 B 族维生素、维生素 C、维生素 D 和钙、磷、铁等矿物质。

一、生物学特性

（一）形态特征

1. 根　主根发达，较粗，上部呈紫红色，可食用。

2. 叶　叶着生在短缩茎上，可发生较多分蘖。叶片戟形或卵圆形，浓绿色，叶柄较长，是主要食用部分。抽薹后形成花茎，中空，开花前的嫩茎也可食用。

3. 花　雌雄异株，间有同株的，有时也有两性花，雄株中又分为植株较小的纯雄株和较大的营养雄株。雌花簇生于叶腋，雄花是穗状花序，花为黄绿色，风媒花。

4. 果实、种子　果实为聚合果，也称胞果，每个果内含 1 粒种子。种子圆形，外有革质的种皮，有刺或无刺，种子千粒重 8～10 g。

（二）对环境条件的要求

1. 温度　菠菜耐寒不耐热，种子发芽的最低温度为 4 ℃，20 ℃以上发芽率降低；最适发芽温度和最适生长发育温度为 15～20 ℃。

2. 光照　菠菜是长日照植物，在 12 h 以上的日照条件并伴随着较高的温度易抽薹开花。但没有通过春化阶段的菠菜在较长日照条件下能良好生长。一般来说，菠菜在天气凉爽、日照较短的条件下植株生长旺盛，产量高，品质好。

3. 水分　菠菜播种密度大，生长量大，生长期间需要较多的水分，要求土壤湿度为 70%～80%，空气相对湿度为 80%～90%。

4. 土壤与营养　菠菜适宜在疏松肥沃、保水保肥力强的沙质或黏质壤土中生长，pH 5.5～7.0。菠菜对氮肥有特别的要求，氮肥足，则叶厚、产量高、品质好。菠菜对硼敏感，要注意增施硼肥。

二、类型与品种

菠菜按种子外形可分为有刺种和无刺种。

1. 尖叶菠菜（有刺种）　叶戟形或箭形，该品种类型叶片小而薄，叶柄长，较耐热，成熟较早，越冬栽培易抽薹，适作早秋或春季栽培。生产上常用的品种有浙江的火冬菠，广州的大叶乌、铁线梗，福建的福清白，湖北的沙洋菠菜，杭州的塌地菠菜，四川的尖叶菠菜等。

2. 圆叶菠菜（无刺种）　叶卵圆形或椭圆形，叶柄短，叶片肥厚，多皱褶，品质好，成熟晚，对日照不很敏感，不易抽薹，适宜春秋栽培。圆叶菠菜品种有华菠1 号，上海圆叶，南京大叶菠菜，广州的迟乌叶，四川的二圆叶、大圆叶，从日本引进的急先锋菠菜等。

大多数地区都以耐热性较强、早熟的尖叶种作早秋栽培，以喜冷凉、晚熟、不易抽薹的圆叶种作越冬栽培。

三、栽培季节与茬口安排

菠菜的一般除夏季外几乎都能播种，主要以秋播为主，7—12 月均可播种；也有少量进行春播或夏播的。秋播中宜选用耐热早熟的品种，在 7 月下旬至 9 月中下旬早秋播，播种后 30～40 d 开始分次收获；选用晚熟和不易抽薹的品种在 10—12 月晚秋播种，可收获到翌春抽薹前。春播选用耐热和不易抽薹的品种，3 月中旬为播种适期，播种后 30～50 d 采收。

四、栽培技术

1. 播种　菠菜以撒播为主，也可条播或穴播，菠菜种子在高温条件下发芽缓慢，发芽率较低，所以在早秋播种时，播前先进行种子处理。即将种子用清水浸泡12 h后，放在4 ℃低温的冰箱中处理24 h，然后在15～25 ℃条件下催芽，经3～5 d出芽后播种。由于早秋气候炎热、干旱，常出现暴雨，因此要增加播种量，每亩用种4～10 kg，播后覆盖稻草、瓜藤等，有条件的可搭荫棚。晚秋播种的不必催芽，播种量可减少。

2. 田间管理　菠菜的田间管理主要是肥水管理。播种前应施入基肥，以有机肥为主。追肥以氮肥为主，前期生长慢，需肥量不大，但需要湿润的土壤条件，结合灌溉进行追肥，以勤施薄施为好。植株较大时，追肥的浓度可适当提高。越冬的菠菜在春暖前施足肥料，以免早期抽薹。菠菜一般是分次采收，每采收一次进行一次追肥。同时，在菠菜的发芽期和生长初期要及时除去杂草。秋播菠菜叶长达15 cm以上，植株间较拥挤时开始间拔收获，一般每隔20 d收获一次，春播的一次收完。

菠菜主要的病虫害有霜霉病、炭疽病、病毒病以及蚜虫等，要注意防治。

3. 采收　菠菜是以叶丛为产品的蔬菜，大小均可食用，一般当植株长到6～7片叶时，即可根据市场行情陆续采收上市。

五、任务考核与评估

描述菠菜的生长过程及生产管理技术要点。

子项目五　根菜类蔬菜生产技术

🌱 知识目标

1. 了解根菜类蔬菜的主要种类、生育共性和栽培共性。

2. 掌握根菜类蔬菜（萝卜、胡萝卜）的生物学特性、品种类型、栽培季节与茬口安排。

3. 掌握根菜类蔬菜（萝卜、胡萝卜）的栽培管理技术，能根据栽培过程中常见的问题制订防治对策。

🌿 技能目标

1. 能进行根菜类蔬菜（萝卜、胡萝卜）的播种和田间管理。

2. 能分析根菜类蔬菜（萝卜、胡萝卜）栽培过程中常见问题的发生原因，并采取有效措施进行防治。

　　根菜类蔬菜是指以肥大的肉质直根为产品的一类蔬菜的总称，在我国栽培历史悠久，是主要蔬菜之一，其中栽培最广的有萝卜、胡萝卜、大头菜、牛蒡等，这类蔬菜多为温带二年生植物，少数为一年及多年生植物。

　　根菜类蔬菜同特点：①深根性植物，适宜在土层深厚、肥沃疏松、排水良好的沙壤土中栽培；②生产上多用种子直播，不耐移植；③多为耐寒性或半耐寒性二年生蔬菜，在低温下通过春化阶段，在长日照下通过光照阶段；④均属于异花授粉植物，采种时需严格隔离；⑤同科的根菜有共同的病虫害，不宜连作。

任务一　萝卜生产技术

　　萝卜别名莱菔、芦菔，是十字花科萝卜属的二年生或一年生草本植物，起源于我国，栽培历史悠久。萝卜为半耐寒性蔬菜，喜光，光照不足时根膨大慢、产量低；不耐旱，过干则辣味重，土壤渍水易烂根或黑心；喜富含有机质、土层厚、排水好的沙壤土。

一、生物学特性

（一）形态特征

1. 根　直根系，主要根群分布在 20~45 cm 的土层中。肥大的肉质根是同化产物的贮藏器官，其外形有长圆筒形、圆锥形、圆球形等。

2. 茎　有分枝，无毛，稍具粉霜。营养生长期呈短缩状，着生叶片。春化后抽生花茎，可达 100 cm 以上，并分枝。

3. 叶　基生叶和下部茎生叶羽状半裂，顶裂片卵圆形，侧裂片 4~6 对，长圆形，有钝齿，疏生粗毛，上部叶长圆形，有锯齿或近全缘。叶上多有茸毛，花枝上的叶较小。叶丛有直立、半直立和平展 3 种类型，直立型品种较适合密植，平展型不宜密植。

萝卜生产技术

4. 花　为复总状花序，完全花。一般白萝卜多为白色花，青萝卜多为紫色花，红萝卜多为白色或浅粉色花。虫媒花，易杂交。

5. 果实　为长角果，种子为不正球形，种皮浅黄色至暗褐色，内含种子3～8粒，成熟时不易开裂，故采种时可以整枝收获晾干。生产上宜用1～2年的新种子。

（二）生长发育周期

1. 发芽期　从种子萌动到第一片真叶展开为发芽期，需5～6 d。此时期生长所需营养来自种子内贮藏的养分，需要供给充足的水分和适宜的温度，种子才能迅速发芽，出土整齐。

2. 幼苗期　从第一片真叶展开到直根"破肚"为幼苗期，需15～20 d。萝卜在幼苗期长有5～9片真叶。由于肉质根不断加粗生长，而外部初生皮层不能相应生长和膨大，引起初生皮层破裂，称为"破肚"。

3. 莲座期　又称肉质根生长前期。从"破肚"到"露肩"为莲座期，需20～30 d。"露肩"就是指肉质根的根头部分变宽露出地面。此期叶片数不断增加，子叶和2枚初生叶全部脱落，幼苗期最先生长的叶片开始衰亡。莲座叶的第一个叶环完全展开，并继续分化第二、第三个叶环，叶面积迅速扩大。此期根部逐渐膨大，需水量增加，莲座前期以促为主，适当浇水，促进叶片生长；莲座后期以控为主，控制浇水，进行蹲苗，促使其生长中心转向肉质根膨大。此期浇水过多，会造成叶片疯长，相互遮阳，妨碍通风，也影响根部生长。所以一般是"地不干不浇，地发白才浇"。吸收肥料的量以钾最多，氮次之，磷再次之。

4. 肉质根生长盛期　从"露肩"到收获为肉质根生长盛期，需40～60 d。此期植株需要充足的水肥，使土壤保持湿润，直到采收以前为止。若此时水分不足，萝卜的肉质根发育缓慢、外皮变硬，遇到降水或大量浇水，其内部组织突然膨大，容易裂根而引起腐烂。干旱还会使萝卜空心、味辣、肉硬、品质差。水分过多则土壤透气性差，易烂根。所以此期应加强肥水管理，防止土壤忽干忽湿。

（三）对环境条件的要求

1. 温度　半耐寒性蔬菜，种子在2～3 ℃时开始发芽，适温为20～25 ℃；茎叶生长适宜的温度范围是5～25 ℃；肉质根生长适温为6～20 ℃，肉质根膨大的适温为13～18 ℃。长期处于21 ℃以上会长叶不长根；6 ℃以下生长缓慢，并容易通过春化阶段，导致"未熟抽薹"；在0 ℃以下，肉质根很容易受冻。

2. 光照　营养生长期间光照充足，肉质根膨大快，产量高；光照不足，肉质根膨大慢，品质差，产量低。所以播种萝卜要选择开阔场地，并根据品种选择合理密植。

3. 水分　萝卜不耐旱也不耐湿，喜湿润土壤。在土壤含水量为65%～80%，空气湿度为80%～90%的条件下，易获得高产、优质。生长过程中水分不足易造成植株矮小、叶片不舒展、产量低、肉质根容易糠心、苦味辣；水分过多，土壤透气性差，容易烂根，而引起表皮粗糙，品质差；水分供应不均，容易导致根部开裂。

4. 土壤与营养　以土层深厚、保水和排水良好、疏松肥沃的沙壤土为最好。萝卜吸肥能力强，施肥以有机肥为主，并合理追肥，追肥以钾最多，氮次之，磷最少，并注意补充微肥。

二、类型与品种

萝卜可依据根形、根色、用途、生长期长短及栽培等情况分类。

1. 根据根形分　分为长、圆、扁圆、卵圆、纺锤、圆锥等形。

2. 根据皮色分　分为红萝卜、绿萝卜、白萝卜、紫萝卜等。

3. 根据用途分　分为菜用萝卜、水果萝卜及加工腌制萝卜等。

4. 根据生长期的长短分　分为早熟萝卜、中熟萝卜、晚熟萝卜等。

5. 在栽培上一般根据收获季节分　分为秋冬萝卜、冬春萝卜、春夏萝卜、夏秋萝卜及四季萝卜等。

（1）秋冬萝卜。夏末秋初播种，秋末冬初收获，生长期 60～100 d。秋萝卜大多为大中型品种，产量高，品质好，耐贮藏，供应期长，是各类萝卜中栽培面积最大的一类。如南京穿心红、江农大红萝卜、潍县绿萝卜、武青 1 号等。

（2）冬春萝卜。南方栽培较多，9 月下旬至 12 月播种，露地越冬，翌年 2～3 月收获，耐寒性强，不易空心，抽薹迟。如通海春籽萝卜、白玉春、冬萝卜、冬春 1 号、宁白 3 号等。

（3）春夏萝卜。较耐寒，南方 2—4 月播种，5—6 月收获，生育期 45～70 d，产量低，供应期短，栽培不当易抽薹。如三月春萝卜、寿光春萝卜、春红 1 号等。

（4）夏秋萝卜。夏季播种，秋季收获，生长期短（50～70 d），具有耐热、耐旱、抗病虫的特性。7 月播种，9 月夏秋季节收获，生长期正值高温季节，必须加强管理。如象牙白、心里美、双红 1 号、夏抗等。

（5）四季萝卜。肉质根小，生长期 30～40 d，耐寒耐热，适应性强，抽薹迟，除严寒酷暑外四季皆可种植。如上海小红萝卜、樱桃萝卜、算盘籽。

三、栽培季节与茬口安排

萝卜按栽培季节和茬次，一般分为秋冬、春夏、夏秋萝卜。种子萌发温度为 2～25 ℃，最适温度为 20～25 ℃，茎、叶生长最适温度为 15～20 ℃，肉质根生长温度为 6～20 ℃，最适温度为 13～18 ℃。萝卜营养生长最适合的温度是由高到低，所以生产上安排适宜的时期非常重要。南方萝卜可四季栽培，根据当地气候条件和季节等选适宜的萝卜品种。

四、栽培技术

（一）秋萝卜栽培技术

1. 品种选择　秋萝卜是重要秋菜之一，应根据气候条件、土地准备情况及消费情况选择适宜品种。

2. 土地选择　萝卜根系发达，入土深，应选择土层深厚、疏松肥沃、保水排水良好的土壤，以肥沃的沙壤土为最好。适宜土壤才能使肉质根膨大迅速，外皮光洁，品质好。

3. 整地作畦　翻耕前施充分腐熟的有机肥，深翻后平整地面，开沟后施化肥，混匀后起垄（垄宽 1.0～1.5 m、高 20～25 cm，沟宽 40 cm）起垄后要平整垄面，拍实垄体，防塌陷。小型萝卜品种宜采用低畦撒播。

4. 播种 秋萝卜抗热性较差，生长期较长，南方一般在 7—9 月播种。萝卜均采用直播法，用高垄进行穴播或条播。先播种，盖土后再浇水。土壤干燥时，可先浇透水再播种。覆土厚度一般为 2～3 cm。播种过浅，土壤易干，且出苗后易倒伏，胚轴弯曲，将来根形不直；播种过深，不仅影响出苗的速度与植株健壮，还会影响肉质根的长度和颜色。

5. 田间管理

（1）水分管理。播种当天浇一次透水，以利于幼苗出土。幼苗大部分出土后浇一次小水，湿润土壤，促使苗齐、苗壮，每次间苗后都要浇一次水，以利于发根。定苗后浇一次水，水后进行中耕、蹲苗，"露肩"后开始进入肉质根迅速膨大期，要勤浇水、浇透水，保持土壤经常湿润，收获前 5～6 d 停止浇水。

（2）间苗和定苗。一般间苗两次。第一次在幼苗"拉十字"时，条播的按株距 4～5 cm 间苗；穴播的每穴留 2～3 株间苗；撒播的去掉过密的苗。第二次在 3～4 片真叶时，条播的株距为 8～10 cm；穴播的每穴留 2 株；撒播的按 4～5 cm 株距留苗。当幼苗长出 6～7 片真叶时定苗，株距 20～30 cm，选留壮苗。

（3）中耕、除草。每次间苗、定苗、浇水后进行中耕，前两次浅耕，定苗后适当深些，但避免伤根。高温多雨季节，杂草旺盛，应勤中耕、勤除草，保持土壤疏松、通气，以利于保墒；中耕时第一次浅，第二次加深，勿碰伤苗根，以免引起杈根、裂口或腐烂。

（4）追肥。定苗后追一次肥，蹲苗结束后追复合肥，半个月后随水追一次肥。萝卜追肥的原则是"分次追肥，破心追轻，破肚追重"。追肥避免离根太近，追施过晚。第一次追肥在幼苗伸出一片真叶时进行，每亩施用 12.5～15.0 kg。第二次追肥在第一次追肥之后半月左右，即"破肚"时进行，每亩随水追施稀粪肥 1 000 kg 或硫酸铵 15～20 kg，加草木灰 100～200 kg 或硫酸钾 10 kg，草木灰以在浇水后撒于田间为好。第三次追肥在第二次追肥后半个月，即"露肩"时进行，每亩硫酸铵 12.5～20.0 kg 或稀粪肥 1 000 kg，增施磷酸钙、硫酸钾各 5 kg。

6. 采收 萝卜收获期因品种和栽培季节、用途和供应要求而定。收获早会影响产量，收获晚会出现糠心，应适时采收。一般当田间萝卜肉质根充分膨大，叶色转淡，渐变黄绿时为收获适期。春播和夏播都要适时收获，以防抽薹、糠心和老化。秋播多为中晚熟品种，需储存和延期供应，可稍迟采收，但防糠心、受冻。

五、萝卜栽培过程中常见问题及解决措施

1. 先期抽薹

原因：种子萌动后遇到低温或使用陈种子；播种过早，又遇高温干旱；品种选用不当；管理粗放。

防治措施：选用冬性强的品种；严格控制从低纬度地区向高纬度地区引种；采用新种子播种；适期播种，加强肥水管理；防止品种混杂；如发现先期抽薹，要及

时摘薹，大水大肥，在抽薹前及时上市。

2. 裂根　肉质根开裂。

原因：前期缺水或过分蹲苗，后期水分过多。

预防措施：均匀浇水，蹲苗适当。

3. 糠心

原因：①有些品种肉质根过于松软，膨大过快；②播种期过早；③水肥管理不当如多氮少钾，浇水过多造成地上部分生长过旺；④生长期间遇高温干旱；⑤采收期过迟等。

预防措施：①选择肉质紧密的品种；②适期蹲苗，防止地上部分生长过旺；③肉质根膨大期避免土壤过干、过湿；④肉质根膨大停止后及时采收。

4. 辣味与苦味

辣味产生原因：气候干旱炎热、肥水不足，或受病虫危害而使肉质根不能充分膨大，肉质根中芥辣油含量高产生辣味。

苦味产生原因：单纯用氮肥或偏用氮肥而磷、钾肥不足，肉质根中苦瓜素含量增加使萝卜产生苦味。

预防措施：合理施肥，及时浇水。

5. 歧根（杈根）　主根受损或生长受阻，侧根膨大，肉质根分叉。

原因：①种子存放时间过长，胚根不能正常发育；②使用了未充分腐熟的肥料或施肥不均匀；③土壤耕层太浅，坚硬或多砖石、瓦砾，阻碍主根的生长；④被地下害虫咬断主根。

预防措施：①用新种子；②用充分腐熟的有机肥料并与土壤充分混匀；③选用土层深厚的沙壤土，并采用高垄直播方式；④及时防治地下害虫。

六、任务考核与评估

1. 描述萝卜生产管理技术要点。

2. 正确分析萝卜种植过程中问题的原因，并进行有效防治。

任务二　胡萝卜生产技术

胡萝卜别称红萝卜、红根、丁香萝卜等，为伞形科胡萝卜属的两年生草本植物，食用部分为肥大的肉质根。胡萝卜营养丰富，深受人们的喜爱。胡萝卜喜欢凉爽的环境条件，病虫害少，适应性强，在全国各地都能栽培，是冬、春季的主要蔬菜之一。

一、生物学特性

（一）形态特征

1. 根　肉质直根系植物，主要根系分布在 20～90 cm 的土层内，直根上部包括少部分胚轴肥大，形成肉质根，根上着生四列侧根。肉质根的形状有圆锥、圆筒形等。肉质根有紫红、橘红、粉红、黄、白、青绿等颜色。胡萝卜根分为根头、根颈、真根三部分，真根占肉质根的绝大部分，为主要的食用器官。

2. 茎　茎多为绿色，有深绿色棱状条纹突起。生有白色刚毛，营养生长期短缩，生殖生长期抽生为花茎，花茎可达 1.5 m，分枝强，各节均能抽生侧枝。

3. 叶　叶丛生于短缩茎上，叶面密生茸毛。叶具长柄，2～3 回羽状复叶，裂片线形或披针形，先端尖锐，有小尖头；叶柄基部扩大，形成叶鞘。

4. 花　为白色或淡黄色，复伞形花序，着生于每花枝顶端，属于虫媒花。

5. 果实　为双悬果，成熟时分裂为二，有油腺，背部呈弧形，并有 4～5 条小棱，密生刺毛。果皮革质，透水性差，胡萝卜的种胚很小，常发育不良，出土力差，发芽率较低，一般发芽率为 70% 左右。

（二）生长发育周期

胡萝卜从播种到成熟大约需要 2 年的时间。通常第一年为营养生长阶段，即肉质根生长，大约需要 2 个月的时间；第二年为生殖生长阶段，在长日照下通过光照阶段后抽薹开花结果。

1. 营养生长阶段

（1）发芽期。从播种到真叶露心为发芽期，正常条件下需 10～15 d。胡萝卜种子不仅发芽慢，对发芽条件要求严格，而且发芽率较低。在良好的发芽条件下，胡萝卜发芽率也只达到 70% 左右。在条件不适宜时，胡萝卜发芽率有可能降至 20% 左右。所以要尽量创造适宜的环境条件提高胡萝卜的发芽率，当环境条件达不到要求时宁可推迟播种时间。

（2）幼苗期。从真叶露心到 5～6 片叶为幼苗期，需 25 d 左右。这段时期胡萝卜根系的吸收能力和叶片的光合能力都较弱，因此生长速度缓慢，几天才长出一片新叶。胡萝卜幼苗期对生长条件的反应比较敏感，因此要保持良好的温湿度条件，促进幼苗生长，尽快形成较大的叶面积。注意中耕除草，促进根系发育，是保证幼苗苗壮成长的关键。

（3）叶片生长盛期。从 5～6 片叶到全部叶片展开为叶片生长盛期，需 30 d 左右。这一时期是叶面积迅速扩大期，随着叶面积的扩大，同化产物增多，肉质根开始缓慢生长，所以又称肉质根生长前期。这一时期应注意的问题是要及时间苗，达到合理的种植密度，给予每棵苗充分的光照，提高其光合能力，合成更多的营养物质。这一时期以叶面积扩大为主，但为了平衡地上部和地下部的生长，肥水又不宜过大，防止叶丛生长过旺，要保证地上部叶子"促而不要过旺"。

（4）肉质根膨大期。从肉质根的生长量开始超过叶丛的生长量到收获为肉质根膨大期，需 30～60 d。这一时期是胡萝卜肉质根膨大和产量形成的主要时期，应该在保持最大叶面积的前提下，供给充足的水肥，提高光合能力，在施氮肥的同时增施钾肥，经常保持土壤湿润，保证地下部的生长，促进其合成更多的光合产物并向肉质根运输贮藏。

2. 生殖生长阶段　胡萝卜经过冬季低温时期，通过低温春化阶段，翌年春夏季抽薹、开花和结果。

（三）对环境条件的要求

1. 温度　胡萝卜为半耐寒性蔬菜，发芽适温为 20～25 ℃，生长适温白天为

18～23 ℃，夜间为 13～18 ℃，茎、叶生长适温为 23～25 ℃，肉质根膨大期适温为 13～20 ℃，温度过高或过低均对生长不利，若高于 24 ℃，根膨大缓慢，色淡、根形短、产量低、品质差。

2. 光照　胡萝卜为长日照植物，喜欢强光和相对干燥的空气条件。光照充足，叶片宽大；光照不足，叶片狭小。在肉质根膨大期，若种植过密或杂草多而遮阳，都会导致低产、品质差。

3. 水分、土壤与营养　土壤要求干湿交替，水分充沛，以疏松、通透、肥沃、排水良好的壤土或沙壤土为好，pH 5～8 较为适宜。胡萝卜根系发达，因此深翻土地对促进根系旺盛生长和肉质根肥大起重要作用。胡萝卜需氮肥、钾肥较多，磷肥次之。

二、类型与品种

胡萝卜按色泽可分为红萝卜、黄萝卜、白萝卜、紫萝卜等数种，我国栽培最多的是红萝卜、黄萝卜两种；按形状可分为圆锥形胡萝卜、圆柱形胡萝卜。

胡萝卜品种有很多种，比如红森、日本杂交胡萝卜、黑田五寸、超级红芯、汗城六寸、法国阿雅等。

三、栽培季节与茬口安排

中国胡萝卜一般分春、秋两季栽培，以秋季为主，少数地区有春、夏、秋 3 季栽培。秋胡萝卜一般于 7—8 月播种，11—12 月收获。春胡萝卜一般于 2 月播种，5—7 月收获。夏胡萝卜主要在北方或高山气温较低的地区栽培，其播种期可比秋胡萝卜提前 15～20 d。

春胡萝卜大棚种植一般可在 1 月下旬至 2 月上中旬播种，在 4 月上旬开始收获；露地地膜覆盖栽培，可在 3 月中下旬至 4 月上旬播种，5 月中下旬至 6 月初收获；小拱棚加地膜覆盖栽培的胡萝卜，播种期可提前到 3 月上中旬，5 月中下旬收获。

夏季胡萝卜一般在 5 月下旬至 6 月初播种，7 月底至 8 月中旬收获。

秋季胡萝卜一般在 7 月中下旬播种，在 9 月中旬收获，全国种植秋季胡萝卜的比较多，一般秋胡萝卜的产量和品质要好于其他季节栽培的胡萝卜。

四、栽培技术

1. 品种选择　根据不同气候条件与播种季节选择适宜品种。春播宜选耐抽薹，冬性较强的早熟品种，如京红五寸、春红五寸 1 号、春时五寸、春时金港等；夏播选用生长期短、耐热、耐旱品种，如夏时五寸、京夏五寸等；秋播对品种的冬性强弱没有严格要求，一般选高产、优质、外观漂亮的柱形品种就可以，如京红五寸、新黑田五寸、新胡萝卜 1 号。

2. 土壤选择　选择适宜的土壤是胡萝卜丰产的基础，胡萝卜是深根性蔬菜，要选择富含腐殖质、土层深厚、通气排水良好的沙壤土或壤土，pH 6.5 左右，播种时避开黏性土壤对幼苗生长与肉质根膨大有着重要意义。

3. 整地与施基肥　胡萝卜生长期短，要结合整地撒施充分腐熟、捣碎的有机肥和磷、钾肥作基肥。胡萝卜入土深，必须深耕，一般耕深 30～40 cm，每亩施充分腐熟有机肥 2 000～3 000 kg、过磷酸钙 30 kg、钾肥 10 kg 作为基肥，拌匀后撒施于地面，然后翻入土中。

4. 播种　早熟栽培一般在 4 月前后播种，夏季栽培一般在 6 月上旬播种。春胡萝卜播种时气温、地温都低，不利于种子发芽出苗。为保证胡萝卜出苗整齐和幼苗苗壮，播种前应搓去刺毛，浸种催芽后再播种。方法如下：种子搓去刺毛后放在 30～40 ℃的温水中浸泡 3～4 h，捞出后放在湿布包中，置于 20～25 ℃下催芽，保持种子湿润，并定期搅拌，使温度、湿度均匀，待部分种子露白时即可播种。

播种方法有平畦条播和高垄条播两种。畦播是传统方法，多用于分散的小面积种植。其缺点是根际土壤因多次浇水而变得紧实，透气和持水能力下降，不利于肉质根发育。垄播是一种便于灌水排水、能保持根际土壤疏松、适合大面积种植采用的改良方式。方法如下：垄宽 45～50 cm、高 10～15 cm，垄距 65～70 cm，垄上开浅沟条播 2 行，种后有灌溉条件的地浇 1～2 次水即可出苗，无灌溉条件的在土壤潮湿时播种，后用碌子压平土壤可促进出苗。

5. 田间管理

（1）间苗、中耕除草。胡萝卜喜光，故除草、间苗宜早进行。定苗前进行 1～2 次间苗，第一次间苗在苗高 3 cm 左右，叶片 1～2 片真叶时进行；第二次间苗在幼苗 3～4 片真叶，高 13 cm 左右时进行。胡萝卜生长缓慢，易形成草荒，要及时中耕除草。一般要及时喷洒除草剂，防止大面积栽培形成草荒。可以在苗后 2 片真叶时每亩用扑草净 100 g 加拿扑净 100 mL 兑水 50 kg 喷洒；也可以只施用扑草净，在胡萝卜播后苗前或 1～2 片真叶时每亩用 50% 扑草净可湿性粉剂 100 g 兑水 60 kg 进行喷雾，对单子叶杂草防效达 100%，对双子叶杂草防效为 98%，对胡萝卜幼苗生长的抑制率仅 1%。施用时一定要掌握好浓度，不可过量。

（2）水肥管理。胡萝卜种子不易吸水，土壤干旱会推迟出苗，并造成缺苗断垄，播种至出苗连续浇水 2～3 次，土壤湿度保持在 70%～80%。胡萝卜比较怕涝，所以下雨后要及时排水。胡萝卜长到手指粗即肉质根膨大期，是对水分需求最多的时期，应及时浇水防止肉质根中心木质化。一般每 10～15 d 浇一次水，防止水分忽多忽少。适时适量浇水对提高胡萝卜的品质和产量，阻止形成裂根与歧根十分重要。

土壤耕作前要施足基肥，每亩施有机肥 3 000～4 000 kg，施后深翻。胡萝卜生长期间追肥 2 次，为避免"烧根"，应结合浇水进行，以水带肥。施肥浓度苗期宜稀，后期宜浓。第一次追肥在苗后 20～25 d，3～4 片真叶时进行，每亩施硫酸铵 2～3 kg、过磷酸钙 3 kg、氯化钾 1～2 kg；25 d 后追第二次肥，每亩施硫酸铵 7 kg、过磷酸钙 3～4 kg、氯化钾 3～4 kg。

4. 收获　收获时期要适宜，过早则根未充分长大，产量低，甜味淡；过迟则肉质根变粗变老，易发生糠心，品质变劣。一般春播胡萝卜在 7 月上中旬可以收获，虽然产量稍低，但价格较高。夏播胡萝卜在 9 月中旬至 10 月中旬可以收获。

5. 防止胡萝卜青肩与抽薹　胡萝卜在肉质根膨大前期（约播后 40 d）进行培

土，使根没入土中，但不埋株心，可以防止胡萝卜肉质根肩部露出土表，因受阳光照射而变为绿色。胡萝卜进入叶生长旺盛时期后应适当控制水肥用量，进行中耕、蹲苗，以防叶部徒长，造成抽薹现象。若发生抽薹，应及时将薹摘除，防止肉质根木质化影响品质。

五、任务考核与评估

1. 描述胡萝卜生产技术要点。

2. 分析胡萝卜生产过程中出现问题的原因，并提出解决办法。

子项目六　豆类蔬菜生产技术

🌱 知识目标

1. 了解豆类蔬菜的主要种类、生育共性和栽培共性。

2. 掌握豆类蔬菜（菜豆、豌豆、豇豆）的生物学特性、品种类型、栽培季节与茬口安排。

3. 掌握豆类蔬菜（菜豆、豌豆、豇豆）的栽培管理技术，并根据栽培过程中常见的问题制订防治对策。

🌱 技能目标

1. 能进行豆类蔬菜（菜豆、豌豆、豇豆）的生产和管理。

2. 能分析豆类蔬菜（菜豆、豌豆、豇豆）栽培过程中常见问题的发生原因，并采取有效措施进行防治。

豆类蔬菜均属于豆科一年生草本植物，主要有菜豆、豇豆、扁豆、蚕豆、刀豆、豌豆等，南北普遍栽培的主要有豇豆、菜豆、豌豆等，除豌豆和蚕豆外，都原产于热带。豆类蔬菜为喜温性蔬菜，不耐霜，属中光性植物，对日照时数要求不严格，根系分布深而广，根部的根瘤有固氮能力，再生力弱，需护根育苗，忌连作。

任务一　菜豆生产技术

菜豆又名芸豆，是豆科菜豆属一年生缠绕或近直立草本植物，原产于美洲的墨西哥和阿根廷。其营养丰富，蛋白质含量高，既是蔬菜又是粮食，具有温中下气、利肠胃、益肾补元、镇静等功效。

一、生物学特性

（一）形态特征

1. 根　根系发达，易老化，再生能力弱，吸收能力较强。

2. 茎　较细弱，有缠绕性，分枝性较强。茎被短柔毛或老时无毛。

3. 叶　初生叶为单叶，对生，以后真叶为三出复叶，互生。小叶宽卵圆形或菱形，基部圆形或宽楔形，全缘，被短柔毛。菜豆的叶包括子叶、初生叶和蔓生叶。菜豆是子叶出土植物，播种不宜过深，以免影响出苗。

4. 花　总状花序，花梗发生于叶腋或茎侧顶端。完全花，每个花序有 2～8 朵花，蝶形花冠，有白、黄、红、紫等多种颜色。

5. 果实和种子　果实为荚果，圆柱形或扁圆柱形，直或稍弯，嫩荚为绿色，少数有紫色斑纹，成熟时转为黄白色，完全成熟时为黄褐色。种子较大，多数为肾形，有白、黑、红、黄和花斑纹等，种皮比较薄，其使用期限通常为 1～3 年。

（二）对环境条件的要求

1. 温度　菜豆喜温暖，不耐高温和霜冻，矮生菜豆耐低温能力稍强，可比蔓

菜豆生产技术

生菜豆早播 10 d。种子发芽适温为 20～30 ℃，发芽最低温度为 10～12 ℃。幼苗生长适温为 18～25 ℃，临界地温为 13 ℃，0 ℃受冻。花芽分化和发育适温为 20～25 ℃，小于 15 ℃、高于 35 ℃或干旱，花芽分化都不正常。开花结荚白天适温为 20～27 ℃，夜间适温为 15～18 ℃为宜，15 ℃以下花粉萌发率低，35 ℃以上授粉受影响，易落花落果，且品相差。

2. 光照　豆类属于中光性植物，少数秋栽品种要求短日照，南北引种、春秋播种均能正常开花结荚，但在高温而日照不足条件下叶柄伸长，秋、冬季节连续阴雨天则出现落花。菜豆在幼苗期也需较长的光照，栽培时应尽量满足苗期光照。

3. 水分　菜豆根系较深，有一定的耐旱力，需水较多，但不耐湿。适宜的土壤湿度为 60%～70%，适宜的空气湿度为 70%，开花期的空气湿度在 80%左右有利于授粉受精，尤其是在开花结荚期，湿度小会使开花数量减少，产量降低。

4. 土壤与营养　菜豆对土壤的要求不严格，以土层深厚、土质疏松、排水和通气性良好的沙壤土为好，pH 以 6～7 为宜。菜豆一生中吸钾肥和氮肥最多，其次为磷肥和钙肥，对氯离子较敏感，生产上不宜施含氯肥料。

二、类型与品种

菜豆品种繁多，依据食用要求不同，分为荚用菜豆和粒用菜豆；依据豆荚组织纤维化程度不同，分为软豆荚和硬豆荚；依据茎蔓生长习性分为蔓生种和矮生种：

1. 蔓生种　茎节较长，主蔓长 2～3 m，无限生长型。左旋缠绕，花序随蔓的伸长从各叶腋陆续开花，结荚。侧枝发生较少，同一节的二级侧枝与花序发生有相互抑制作用，抽出侧枝的节花芽发育不良。栽培时需立支架、绑蔓，故俗称"架豆"，成熟较迟，收获期长达 30～60 d，产量高，品质佳。生产上的优良品种有丰收 1 号、中花玉豆、白籽四季豆、芸丰、南方倒结豆、红花青壳四季豆等。

2. 矮生种　茎直立生长，无须支架，上部先开花，渐及下部，花期 20 d，株高 40～60 cm，主茎长到 4～8 节，顶芽形成花芽不再继续向上生长，从各叶腋发生若干侧枝，侧枝生长数节后，顶芽形成花芽，开花封顶。生长期短，产量低。生产上的优良品种有优胜者、供给者、新西兰 3 号、日本无筋四季豆、地豆王 1 号、翼芸 2 号等。

三、栽培季节和茬口安排

露地或大棚栽培茬次一般是在春、秋两季。菜豆早春茬一般采用育苗移栽的方式，定植期为 3 月上旬至 4 月下旬，蔓生品种和矮生品种均适合，但由于大棚空间高大，多选蔓生品种，而大棚周边低矮处可选矮生品种；秋延后茬一般直播，华北地区一般播种期为 8 月中旬至 9 月上旬，东北地区多在 6 月下旬至 7 月下旬。

菜豆温室栽培主要是填补晚秋至翌年春季市场的空白，通常栽培一般分 3 期排开播种：①秋冬茬 7 月下旬露地直播，9 月下旬至 10 月下旬采收；②夏茬 6 月中旬播种，8 月上旬至 9 月上旬采收；③春夏茬 3 月中旬采用小拱棚育苗，4 月中旬露地定植，6 月下旬至 7 月上旬采收。

四、栽培技术

（一）菜豆塑料大棚春提早栽培

1. 品种选择　塑料大棚春提早栽培，其栽培季节特点为"前期温度低，后期温度高"，整个生育期的管理要注意保温增温。宜选择早熟、连续结荚率高、商品性好、丰产性好、产量高、抗病性强的蔓生菜豆品种，如芸丰、丰收 1 号、春丰 4 号，矮生菜豆宜选用优胜者、供给者、地豆王 1 号等品种。

2. 整地施肥　前茬作物收获后，及时清园并进行棚室消毒，结合整地每亩施入腐熟有机肥 3 000～4 000 kg、磷酸二铵 20～25 kg（或过磷酸钙 50 kg）、磷酸钾 20～25 kg（或草木灰 100～150 kg）。耕翻后做成高 15～20 cm、宽 1.0～1.2 m 的小高畦。

3. 培育壮苗

（1）苗床准备。温室内设置苗床，电热温床。育苗用的营养土宜选用大田土，土中切忌加化肥和农家肥，否则易发生烂种。采用营养钵直播。

（2）种子播前处理。前期种子处理是预防病虫的关键，后期将大大减少农药化肥的施入，从而起到保护生态环境的作用。播前先晾晒种子 1～2 d，为了防止病菌，播前可用温汤浸种，也可用药剂拌种（用种子质量 0.2％的 50％多菌灵可湿性粉剂拌种）或药液浸种（用 0.3％福尔马林 100 倍液浸种 20 min，再用清水冲洗干净后播种）。

（3）播种。苗床温度稳定在 10 ℃以上时，选择晴天上午进行播种，播种前先浇足底水，每钵播 3～4 粒，覆土 1.5～2.0 cm，保温保湿，促种子萌发出土。

（4）苗期管理。播后苗前温度控制在 25 ℃左右；出苗后，白天温度降至 15～20 ℃，夜温降至 10～15 ℃；第一片真叶展开后白天温度为 20～25 ℃，夜温为 15～18 ℃；定植前 7 d 开始逐渐降温炼苗，白天温度为 15～20 ℃，夜温为 10 ℃。苗期尽可能改善光照条件，避免菜豆苗徒长或长势弱。幼苗较耐旱，在底水充足的前提下，定植前一般不再浇水。菜豆适宜苗龄为 25～30 d，幼苗 3～4 片时即可定植。菜豆的秧苗比较耐旱，育苗期间一般不浇水，若干旱可适当喷水，在定植的前一天需喷水。

4. 定植或定苗　前茬作物拉秧后清洁田园，将土壤深翻一遍，晒 3～5 d 再施底肥，亩施有机肥 5 000 kg，撒匀后翻入土中，整地做成垄，双行密植时，行距 70 cm，穴距 30 cm，两行交叉栽。栽苗时可开沟顺水栽苗，然后覆土，也可以先栽苗后浇明水。

5. 田间管理

（1）温度管理。定植后应保持较高温度，一般棚内白天温度保持在 24～28 ℃，夜晚在 15～20 ℃；经 4～5 d 缓苗后白天温度保持在 18～25 ℃，夜晚在 13～15 ℃；开花结荚期白天温度保持在 20～27 ℃，夜晚在 15～18 ℃；结荚期外界气温不断升高，逐渐加大通风量，防止高温落花落荚。外界气温不低于 15 ℃时，可昼夜通风，降温排湿，促进开花结荚。

（2）水肥管理。

① 蔓生种。在基肥充足的情况下，抽蔓期开始追肥，开花结荚后重施追肥，

每隔 7～8 d 追一次人粪尿。

② 矮生种。矮生菜豆生育期短，花开早，生长势弱，宜早追肥。开花结荚期要保持土壤湿润，抽蔓期应控制浇水，防止茎叶徒长，推迟开花坐果。

（3）植株调整。蔓生菜豆抽蔓后，及时搭"人"字形架引蔓上架，因其缠绕性强，所以一次引蔓就可以，生长中后期要摘心，以促进侧枝结荚。主蔓生长点达到架顶时落蔓或打顶，防止茎蔓生长过长造成棚内荫蔽。结荚后期要及时剪除下部老蔓和病叶，以改善通风透光条件，促进侧枝再生和潜伏芽开花结荚，同时减少养分消耗和改善植株通风透光条件，减轻病害发生。

6. 采收　开花后 10～15 d 可采收。采收标准为嫩荚充分长大，荚内已经有小种子，占荚宽的 1/3 左右。矮生型菜豆的采收期为 20～30 d，蔓生型为 30～60 d。

采收时应注意保护花序和幼荚。如果嫩荚采收不及时可让其继续生长，待种子成熟后采收种子。

五、栽培中常见问题及解决对策

1. 落花落荚　菜豆的花芽量很大，但正常开放的花仅占 20％～30％，能结荚的花又仅占开放花的 20％～30％，结荚率极低。

主要原因：①营养不充足；②栽培管理不当或开花结荚期外界环境条件不适，如温度过高或过低、湿度过大或过小、光照较弱、水或肥供应不足等。

防止措施：①选择坐荚率高的优良品种；②适时播种，减轻或避免高温或低温危害，还可以利用保护设施或合理间、套作改善小气候条件；③加强田间管理，合理调节营养生长与生殖生长之间的平衡关系，如合理密植、及时插架引蔓、适当施用氮肥并增施磷钾肥、花期控制浇水、及时整枝打顶、预防和防治病虫害、及时采收；④在花期喷施 5～25 mg/L 的萘乙酸或 2 mg/L 的防落素。

2. 荚短、荚弯、荚色浅　在生产中，豆荚短、弯、颜色浅是菜豆的常见问题。

主要原因：①选择的品种不对；②营养不均造成荚弯，水分供应不足造成荚短，密度过大或缺钾造成荚色浅。

防止措施：①选择适宜的品种，保证豆荚的长度和色泽；②选择种子质量较高的种子，如纯度高、籽粒大小均匀、新鲜活力强、饱满度高的中部荚籽、无病虫种子；③在生产中根据具体情况采用不同的措施进行预防。

3. 果荚过早老化　菜豆以嫩荚为主，果荚老化将大大降低其品质。

主要原因：①果荚老化主要与品种和环境因素有关，无纤维束型品种如丰收 1号等不易老化；②在环境因素中，超过 31 ℃或日均温超过 25 ℃的高温最易引起果荚老化；③营养不良和水分缺乏也会促使纤维形成。

防止措施：①选择抗老化品种；②适期播种，避免在高温季节结荚，同时加强水肥管理；③在果荚老化前及时采收。

六、任务考核与评估

1. 描述菜豆生产技术要点。
2. 分析菜豆生产过程中出现问题的原因，并提出解决办法。

任务二　豌豆生产技术

豌豆为豆科一年生攀缘草本植物，高 0.5～2.0 m，全株绿色，光滑无毛，被粉霜，原产地为中海和中亚细亚地区，是世界重要的栽培作物之一。豌豆的种子及嫩荚、嫩苗均可食用；种子含淀粉、油脂，可作药用，有利尿、止泻之效；茎、叶能清凉解暑，并作绿肥、饲料或燃料。

一、生物学特性

（一）形态特征

1. 根　直根系，主根发达，根群主要分布在 20 cm 左右的土壤中，根系着生根瘤，主根多，侧根少。

2. 茎　茎近方形或圆形，中空，表面蜡质。

3. 叶　子叶不出土，真叶为偶数羽状复叶，具 4～6 片小叶，小叶卵圆形，顶端小叶退化为卷须，基部有一对耳状托叶，下缘具细牙齿。

4. 花　于叶腋单生或数朵排列为总状花序；花萼钟状，裂片披针形；花冠颜色多样，随品种而异，但多为白色和紫色。

5. 果实、种子　荚果，长椭圆形。种子圆形，多为青绿色，干后变为黄色，根据表皮分为皱粒种和圆粒种。

（二）对环境条件的要求

1. 温度　豌豆喜冷凉湿润的气候，属于半耐寒性蔬菜，生长发育的各个时期对温度要求不同。豌豆种子发芽最低温度为 1～5 ℃，最适温度为 6～12 ℃。豌豆幼苗能耐短期 -6～-3 ℃ 的霜冻危害，甚至植株全部冻僵，日出后仍能继续生长。营养生长期内气温以 12～16 ℃ 为宜，生殖器官形成及开花期以 16～20 ℃ 为宜，结荚期以 18～22 ℃ 为宜，超过 25 ℃ 时生长不良，受精率低，结荚少。

2. 光照　豌豆要求较强的光照，属于长日照植物，在长日照、强光的条件下有利于开花结果。

3. 水分　整个生育期都要求湿润的环境条件，空气干燥比土壤干旱对豌豆的影响更大，尤其在开花结荚期，空气过于干燥往往引起品质变劣、落花落荚。苗期能忍耐一定的干燥气候，在栽培管理上，苗期可适当控水以利于根系发育。适宜的土壤湿度为田间持水量的 70%，适宜的空气相对湿度为 60%。

4. 土壤与营养　豌豆对土壤要求不严格，适宜的土壤 pH 为 6.0～7.2，过酸的土壤不适于豌豆的栽培。豌豆虽然能固定土壤或空气中的氮素，但苗期还是需要一定量的氮肥，豌豆从土壤中吸收氮素最多，磷次之，钾最少，氮、磷、钾的要求比例约为 4：2：1，其中磷肥不但对籽粒发育有益，而且影响侧枝生长。磷肥不足时，主茎下部分枝少、伸长不良、易枯死。

二、类型与品种

（一）类型

1. 根据茎蔓生长特性分　分为矮生型、半蔓生型和蔓生型。矮生型一般株高为 15～80 cm，半蔓生型一般株高为 80～160 cm，蔓生型一般株高为 160～200 cm。

2. 根据荚果特性分　分为硬荚豌豆、软荚豌豆。软荚豌豆又进一步分为荷兰豆和甜脆豌豆。扁荚肉质层薄的软荚豌豆称为荷兰豆，豆荚呈短棍棒状或手指状且肉质层厚的软荚豌豆称为甜脆豌豆。

3. 根据用途分　分为菜用豌豆、粮用豌豆和饲用豌豆。

4. 根据复叶叶形分　分为普通、无须、无叶和簇生叶 4 类。

5. 根据花色、皮色、种子形状分　根据花色分为白花豌豆和紫花豌豆；根据种皮颜色分为白豌豆、绿豌豆和褐麻豌豆；根据种子形状分为圆粒豌、扁圆粒豌、凹圆粒豌和皱粒豌豆。

（二）品种

食嫩荚的矮生优良品种有食荚大菜豌 1 号、食荚甜脆豌 1 号等；食嫩荚的半蔓生优良品种有草原 21、子宝 30 日、延引软荚等；食嫩荚的蔓生优良品种有昆明紫花豌豆、大英荷兰豆、饶平大花豌豆、中山青等；食嫩籽粒的优良品种有长寿仁、成豌 6 号、团结豌 2 号、白玉豌豆等；食嫩梢的优良品种有四川无须豆尖 1 号、上海豌豆尖、上农无须豌豆尖等。

三、栽培季节和茬口安排

我国豌豆收获类型分为干豌豆和鲜食豌豆，食荚豌豆和食苗豌豆主要分布在长江流域以南地区。豌豆栽培主要以露地栽培为主，也可利用塑料大棚等设施进行反季节栽培，近年来鲜食豌豆面积增长趋势较明显。

我国南方地区豌豆有秋播和春播，以秋播为主。

四、栽培技术

（一）南方地区干豌豆生产

南方冬豌豆区包括云南、四川、重庆、贵州、湖北、安徽、江苏、河南等省份。

1. 品种选择　干豌豆主要在玉米收获后的冬闲旱地及冬季果园栽培，根据加工需要选择适合当地种植的优质、高产、耐瘠、耐冷、耐旱、抗病、株高适宜、对光温反应不敏感品种。适栽品种有云豌 8 号、云豌 23、云豌 17、云豌 4 号、成豌 7 号、成豌 8 号、成豌 9 号、中豌 4 号、中豌 6 号、秦选 1 号、苏豌 3 号、陇豌 1 号、毕节麻豌、麻麦豌、定豌 1 号、海门白花、苏豌 1 号、苏豌 2 号、苏豌 3 号等。

2. 整地施肥　秋豌豆常作甘薯、玉米的后茬，或在幼龄果园冬季套种，用机械耙犁（为保住土壤墒情，最好不要深度翻犁），按厢宽 3～5 m 的规格保墒开沟，沟宽 30 cm、深 20 cm，厢宽和沟深视地块的给排水条件进行调整。底肥一般以农家肥为主，亩施混合磷肥 15～25 kg。

3. 适期播种　玉米等秋季前茬收获后，趁土壤水分情况尚好时整地，随后播种，一般在 10 月上旬至 11 月中旬播种，不能晚于 11 月底播种，播种方式采用机械化条播或人工穴播。

4. 合理密植　豌豆一般不间苗，品种不同播种量也不同，一般半蔓生型品种，如云豌 8 号，播种量为 8 kg/亩；矮生类品种，如云豌 4 号、中豌 4 号播种量为 10 kg/亩；蔓生型品种，如云豌 17，播种量为 7 kg/亩。条播时，行距 35～40 cm，株距 10～15 cm。

5. 田间管理

（1）合理灌排。抢墒播种、保证全苗是豌豆栽培的关键。8 月下旬至 10 月中旬要充分利用降水，在有利天气条件下及时播种。若播后土壤墒情不足，应及时浇灌出苗水。花期水分不足会导致落花落荚严重，大大降低豌豆产量；若在盛花期至始荚期遇干旱，有条件的地方可进行浇灌。豌豆不耐涝，灌溉时水刚过厢面就要停止灌水，并排走多余水分，切忌沟渠内出现积水情况。

（2）中耕除草。豌豆播种后 3～5 d 喷施除草剂，喷药时应均匀喷雾于土壤表面，切忌漏喷或重喷，以免药效不好或发生局部药害，喷药时注意不要在雨前或有风天气进行喷药。现蕾期前进行人工除草、松土培土，以改善土壤养分供给状况，促进植株对养分的吸收。

（3）病虫害防治。豌豆白粉病发病初期选择合适药剂喷雾防治，根据病情防治 1～2 次。锈病发病初期选用合适药剂喷雾防治，7 d 后再喷一次。蚜虫、潜叶蝇的百株蚜量超过 1 500 头开始第一次防治，每 7 d 防治一次，连续防治 2～3 次，兼防豌豆象。

6. 收获　豌豆收获主要集中在 4 月下旬至 5 月上旬，当 80% 的植株荚果呈现枯黄色时开始收割。以人工收获为主，一般在上午田间湿度大时收割，下午进行机械或者人工脱粒操作，避免产量损失过大。

（二）南方鲜食豌豆生产

南方鲜食豌豆生产区域主要包括江苏、浙江、安徽、福建、江西、湖北、湖南、广东、广西、重庆、四川、贵州、云南等省份。

1. 品种选择　选择适合菜用的豌豆品种，包括食粒豌豆、食荚豌豆、鲜食茎叶豌豆等品种。食粒品种应选择可溶性糖分含量高、籽粒种皮呈皱缩状类型，食荚豌豆选择软荚品种，鲜食茎叶豌豆以无须品种为宜。

2. 整地施肥　矮生或者半蔓生类型品种应尽量采取与前作的玉米、烟草、薯类、棉花等夏季作物间套作。尽量采用旱地免耕直播技术，要领如下：一是在前茬作物即将收获完毕后开始整地，主要进行田间杂草清除；二是前茬作物的烟草、玉米等高秆作物收获完毕后保留田间秸秆，砍除秸秆上部，高度保留 120 cm，以便后期搭架使用。蔓生类型品种采用机械耙犁整地（为保住土壤墒情最好不要深度翻犁），尽量耙碎成直径 > 1 cm 的颗粒后起垄，垄面宽度 50 cm，垄高 20～30 cm。垄面覆黑膜，降水较少的区域需在垄面上安置滴灌带后再覆膜。沟宽 30～50 cm，沟深 20～30 cm，沟深和沟宽视地块给排水条件调整。底肥一般以农家肥为主，每亩施有机肥或农家肥 1 500～3 000 kg、磷肥 15～25 kg。

3. 适期播种　需根据当地的气候条件选择播期，一般播种期为 10 月中旬。豌豆与夏季作物的玉米、烟草套作模式成本低、效益高，能够有效避免干旱、霜冻危害，因而在南方高寒海拔夏季或者早秋季节播种豌豆较为常见，播种期应选择在前茬烟叶采摘至剩余 4～5 片或玉米乳熟期，一般为 8 月中下旬。

4. 合理密植　矮生类型品种播种量为 8～10 kg/亩，行距 30～40 cm，双粒播种，播种间距 13～15 cm，密度为 3.0 万～3.5 万株/亩。半蔓生品种播种量为 6～7 kg/亩，行距 30～40 cm，双粒播种，播种间距 20 cm，密度为 2 万～3 万株/亩。蔓生型品种播种量为 4～5 kg/亩。播种株距夏播时约为 5 cm，早秋播种时为 10～15 cm，行距 80～100 cm，双粒播种，密度为 1.5 万～2.0 万株/亩。此外，也可根据前作作物行距进行调整。

5. 田间管理

（1）合理施肥。施足底肥，根据苗情追肥和根外追肥（叶面肥）。花荚期可适当亩施尿素 10～15 kg。整地时施用底肥，出苗后 15～20 d 施苗肥，始荚期施叶面肥，以保花保荚。

（2）适时灌溉。苗期灌水、保证全苗是豌豆栽培的关键。始荚期视土壤墒情灌水，保持土壤湿度适宜，切忌渍水和土壤过湿。有条件的可在垄面地膜下安置滴灌带，可有效降低水分蒸发。

（3）植株调整。

① 搭架引蔓。矮生或半蔓生豌豆搭架引蔓，可利用烟草或玉米秸秆作为豌豆攀附架子，在豌豆苗生长至高 10 cm 左右时用绳线牵线。豌豆生长期间，每长 30 cm 进行一次拉横线操作，将豌豆尽可能围拢，防止向侧面生长。蔓生豌豆搭架引蔓，需要选用合适的木杆或竹竿，一般在豌豆行每隔 1.0～1.5 m 安置一根，插入土壤 50 cm，地面高度为 1.5～2.0 m。

② 除分枝。指豌豆生长期间去除多余分枝，以保证豆荚正常生长。在植株花期用剪刀去除多余分枝，主茎分枝保留 3～4 个即可，同时用剪刀去除部分高位分枝和发育迟缓、荚型不正常分枝等。

6. 收获　鲜食豌豆收获时间一般在 12 月至翌年 2 月上旬。食嫩荚型品种在幼荚充分长大、尚未开始鼓粒时采收；食青豆粒型品种在荚鼓粒饱满、籽粒种脐颜色显黄时采收；食嫩尖型品种在开花以前适时采收嫩尖。豌豆茎秆较脆弱，以人工采摘为主，但应尽量避免造成植株损伤。

五、任务考核与评估

描述南方干豌豆和鲜食豌豆生产技术要点。

任务三　豇豆生产技术

豇豆是豆科豇豆属一年生缠绕草质藤本或近直立草本植物，又名豆角、长豆角、带豆、裙带豆、豆挂子，是人们非常喜爱的一种嫩食蔬菜，备受菜商和消费者青睐。豇豆在我国南北方均有种植，以嫩荚为食用器官，营养丰富。

一、生物学特性

（一）形态特征

1. 根　根系发达，成株的主根长度达 80～100 cm，侧根可达 80 cm，根群主要分布在 15～18 cm 的土层内。根易木栓化，侧根薄，再生能力弱，在育苗移植时需要注意保护根系。

2. 茎　茎近无毛。矮生种茎呈直立或半开，花芽在顶部，植株高度为 40～70 cm；蔓生种茎的顶端为叶芽，在适当的条件下主茎不断伸长，达到 3 m 以上，侧枝旺盛，并不断长出豆荚，需要搭架；半蔓性种茎藤蔓的生长中等，一般高度为 100～200 cm。

3. 叶　基叶对生，单叶，真叶为三出羽状复叶；托叶披针形，有线纹；小叶菱形，先端急尖，无毛，全缘。

4. 花　总状花序，腋生，具长梗；花聚生于花序的顶端，花梗间常有肉质密腺；蝶形花，花萼浅绿色，旗瓣扁圆形，翼瓣略呈三角形，龙骨瓣稍弯，花冠黄、白或紫色。

5. 果实、种子　荚果下垂，线形，稍肉质而膨胀或坚实；种子有多颗，长椭圆形、圆柱形或肾形，黄白色、暗红色或其他颜色。

（二）对环境条件的要求

1. 温度　豇豆为耐热性蔬菜，能耐受高温，不耐霜冻，在 25～35 ℃ 的温度下种子发芽比较快，35 ℃ 时种子发芽率和发芽势最高，20 ℃ 以下发芽晚、发芽率低，15 ℃ 下发芽率和发芽势低。豇豆种子播种后出土的苗在 30～35 ℃ 的温度下生长较快，长出藤蔓后在 20～25 ℃ 的气温下生长良好，在 35 ℃ 左右的高温下仍可长荚，15 ℃ 左右生长速度很慢，长时间 10 ℃ 以下低温抑制生长，接近 0 ℃ 时植株被冻死。

2. 光照　豇豆属于短日照作物。许多品种对日照长短的要求不高，在日照长的初夏或渐短的晚秋也能开花、结实，表现中光性。豇豆喜光，在开花期需要较强的光照，光照不足时会引起落花。

3. 水分　豇豆根系发达，吸水力强，叶面蒸发量小，耐旱不耐涝。种子的发芽期和幼苗期不需要过多的水分，幼苗期过湿易徒长或沤根死苗，但开花期要求适宜的空气湿度和土壤湿度，不然会导致落花，土壤温度以田间持水量的 60%～70% 为好，过干过湿都易引起落花落荚。

4. 土壤与营养　菜豆对土壤要求不严，以肥沃、疏松的沙壤土较好。土壤 pH 以 6.2～7.0 为宜，适于生长在中性或微酸性土壤中，酸性或碱性过强会抑制根瘤菌的生长，也影响植株的整个生命过程。豇豆生长需肥较其他豆类多，但不耐肥，苗期需要一定量的氮肥，配施磷、钾肥，防止茎、叶徒长，延迟开花；伸蔓期和初花期一般不施氮肥；开花结荚期适当施氮肥，配施磷、钾肥，可以促进植株生长并提高产量和品质。

（三）生长发育周期

豇豆自播种到豆荚采收结束需要 90～120 d，分为 4 个时期。

1. 发芽期　自种子萌动至第一真叶展开为发芽期，在 20～30 ℃ 和湿度适宜时一般需 7～10 d，如果降水较多或土壤含水量过高，会导致烂种、倒伏等。

2. 幼苗期　自第一对真叶展开至长出 7～8 片复叶为幼苗期，在 20 ℃ 以上的条件下一般需 15～20 d。

3. 抽蔓期　自长出 7～8 片复叶至植株现蕾为抽蔓期，需 10～25 d。该时期蔓藤迅速伸长，根系也急速成长，形成根粒。生长适宜温度为 20～25 ℃。在 35 ℃ 以上或 15 ℃ 以下的温度条件下，若雨水多或土壤湿度大，易引起根腐病和瘟疫等。

4. 开花结荚期　从现蕾开始到收获结束为开花结荚期，一般需 45～75 d。该时期的长短因品种不同而异，栽培季节和栽培条件对开花结荚期的长短也有显著影响。

二、类型与品种

1. 根据用途分　分为菜用豇豆和粮用豇豆。

2. 根据第一花序着生早晚分　分为早熟、中熟、晚熟类型。

3. 根据茎的生长习性分　分为蔓生、半蔓生和矮生型 3 个类型。蔓生豇豆品种的茎蔓一般都很长，花序腋生，并分生出许多侧蔓，需支架，生长期较长，丰产性及品质均较好。矮生种茎矮小，直立，分枝多而成丛生状，不设支架，成熟较早，生长期较短。半蔓生种生长习性似蔓生种，但蔓较短。栽培上以蔓生种较多，范围也广。

4. 根据豆荚的颜色分　分为青荚、白荚、紫荚 3 种。

（1）白荚种。该品种类型很多，栽培地区广。茎蔓较粗壮，叶较大而薄，嫩荚肥大，青白色。耐热，对低温较敏感，一般在夏、秋季栽培。

（2）青荚种。茎蔓较细，叶片较小较细，嫩荚细长，浓绿色，能忍耐较低温度，不耐高温，大多在春季和秋季栽培。

（3）红荚种。茎、蔓十分粗壮，嫩豆荚呈紫红色，耐高温，适合在夏季栽培。

三、栽培季节与茬口安排

豇豆在我国长江流域为春季栽培和秋季栽培。春季露地栽培多在 3—5 月播种，秋季栽培多在 7—8 月播种。春提早栽培于 2 月下旬至 3 月下旬播种育苗，3 月下旬至 4 月下旬定植，5—8 月收获。华南地区可于春、夏、秋季分期播种，以延长供应期。广东、云贵高原和闽南地区可于 10 月至翌年 2 月播种育苗，12 月至翌年 4 月收获。

豇豆纯作物栽培较多，蔓生品种可与大蒜、早熟甘蓝套种，或与早熟茄子隔畦间作。矮生豇豆因有一定的耐阴能力，可与玉米等作物间作。

四、栽培技术（早春大棚栽培）

1. 品种选择　早春大棚栽培应选择早熟丰产、耐低温、抗病、株型紧凑、豆荚长、商品性好的蔓生品种，如之豇 28 - 2、宁豇 1 号、宁豇 3 号、丰产 3 号、之豇特早 30、特早王豇豆等。

2. 播前准备

（1）整地作畦。豇豆忌连作，根系较浅，宜选择 2 年以上未种植过豇豆、土壤疏松肥沃、排灌方便的地块。前茬收获后，及早深耕晒垡，耕翻深度达 30 cm 以上，以减轻土壤盐渍化。豇豆的根瘤菌有固氮作用，基肥以磷、钾肥为主，每亩结合整地施入腐熟有机肥 5 000～6 000 kg、过磷酸钙 80～100 kg、硫酸钾 40～50 kg

或草木灰 120～150 kg。整地后开沟作畦，畦宽 100 cm，沟宽 40 cm。

（2）播种育苗。一般在 2 月底至 3 月初播种育苗，由于豆类根系再生能力弱，一般采用营养钵育苗。苗龄 25 d 左右即可定植移栽。

3. 定植　在豇豆定植前 15～20 d 扣棚烤地。豇豆不耐低温，当棚内地温稳定在 10～12 ℃，夜间气温高于 5 ℃时，即可选晴天定植，每畦 2 行，行距 60～70 cm，穴距 20～25 cm。从播种至采收需 60 d 左右，采收期 2 个月。

4. 田间管理

（1）温湿度管理。定植后 4～5 d 密闭大棚，不通风换气，棚内温度白天维持在 28～30 ℃，夜间在 18～22 ℃。当棚内温度超过 32 ℃以上时，可在中午进行短时间通风换气。遇寒流、霜冻、大风、雨雪等灾害性天气时，要采取临时增温措施。缓苗后开始放风排湿降温，白天温度控制在 20～25 ℃，夜间在 15～18 ℃。加扣小拱棚的，小棚内也要放风，直至撤除小拱棚。进入开花结荚期后逐渐加大放风量和延长放风时间，一般上午当棚温达到 18 ℃时开始放风，下午降至 15 ℃以下关闭风口。生长中后期，当外界温度稳定在 15 ℃以上时，可昼夜通风，进入 6 月上旬，外界气温渐高，可将棚膜完全卷起来或将棚膜取下来。

（2）水肥管理。浇定植水后至缓苗前不浇水、不施肥，若定植水不足，可在缓苗后浇缓苗水，之后进行中耕蹲苗（地膜覆盖的不需中耕），一般中耕 2～3 次，抽蔓后停止中耕，到第一花序开花后小荚果基本坐住，其后几个花序显现花蕾，结束蹲苗，开始浇水追肥。追肥以腐熟人粪尿和氮肥为主，结合浇水冲施，也可开沟追肥，每亩每次施人粪尿 1 000 kg 或尿素 20 kg，浇水后要放风排湿。大量开花时尽量不浇水，进入结荚期要集中连续追 3～4 次肥，并及时浇水。一般每 10～15 d 浇一次水，每次浇水量不要太大，追肥与浇水结合进行，浇一次清水后相间浇一次稀粪，浇一次粪水后相间追一次化肥，每亩施入尿素 15～20 kg。到生长后期除补施追肥外，还可叶面喷施 0.1%～0.5% 的尿素溶液加 0.1%～0.3% 的磷酸二氢钾溶液或 0.2%～0.5% 的硼、钼等微肥。

（3）植株调整。当植株长出 5～6 片叶开始伸蔓时，要及时用竹竿插"人"字形架，引蔓于架上。早春棚室环境条件优越，侧蔓抽生快，易造成丛生，应及早整理。

五、任务考核与评估

描述豇豆的主要类型和春茬大棚生产技术要点。

子项目七　葱蒜类蔬菜生产技术

知识目标

1. 了解葱蒜类蔬菜的主要种类、生育共性和栽培共性。

2. 掌握葱蒜类蔬菜（韭菜、大蒜、洋葱）的生物学特性、品种类型、栽培季节与茬口安排。

3. 掌握葱蒜类蔬菜（韭菜、大蒜、洋葱）的栽培管理技术，能根据栽培过程中常见的问题制订防治对策。

技能目标

1. 能进行葱蒜类蔬菜（韭菜、大蒜、洋葱）的播种和育苗。

2. 能正确分析葱蒜类蔬菜（韭菜、大蒜、洋葱）栽培过程中常见问题的发生原因，并采取有效措施进行防治。

　　葱蒜类蔬菜为百合科葱属二年生或多年生草本植物，具有特殊的辛辣气味，又称香辛类蔬菜。葱蒜类蔬菜种类繁多，栽培历史悠久，分布区域广泛，在我国栽培的主要种类有韭菜、大葱、大蒜、洋葱、细香葱、胡葱等，在欧美国家栽培较多的有洋葱、大蒜、韭葱等。

任务一　韭菜生产技术

　　韭菜别名丰本、草钟乳、起阳草、懒人菜、长生韭、壮阳草、扁菜等，属百合科多年生草本植物，具特殊强烈气味，原产于我国，耐寒抗热，适应性强，在我国各地栽培普遍。韭菜的栽培方式多样，可周年生产、上市，产品多样，除作蔬菜外，种子和叶等可入药，具健胃、提神、止汗固涩、补肾助阳等功效，是人们普遍喜欢的一种蔬菜。

一、生物学特性

（一）形态特征

1. 根　须根系，没有主、侧根，主要分布于 30 cm 耕作层，根数多，有 40 根左右，分为吸收根、半贮藏根和贮藏根 3 种。着生于短缩茎基部，短缩茎为茎的盘状变态，下部生根，上部生叶。

2. 茎　茎分为营养茎和花茎，一二年生营养茎短缩变态成盘状，称为鳞茎盘，由于分蘖和跳根，短缩茎逐渐向地表生长，平均每年伸长 1～2 cm，鳞茎盘下方形成葫芦状的根状茎。根状茎为贮藏养分的重要器官。

3. 叶　叶片簇生叶短缩茎上，叶片扁平带状，可分为宽叶和窄叶。叶片表面有蜡粉，气孔陷入角质层。

4. 花　伞形花序，内有小花 20～50 朵。小花为两性花，花冠白色，花被 6 片，雄蕊 6 枚。子房上位，异花授粉。

5. 果实种子　果实为蒴果，子房 3 室，每室内有胚珠 2 枚。成熟种子黑色，盾形，千粒重为 3～6 g。

（二）生长发育周期

韭菜是多年生宿根蔬菜，种植后 4～5 年内均为健壮生长时期，5～6 年后多进入衰老期，生理机能衰弱，产量、品质下降。

1. 发芽期　从种子开始萌动到第一片真叶展平为发芽期，需 10～20 d。韭菜的种子细小，种皮坚硬，吸水力差，内部贮存的营养物质少，出土慢。全部出土后子叶伸直时称"直钩"，这一时期如果土壤水分不足，幼苗易枯死，为了提高播种质量，播种前要精耕细作，覆土时不宜过深，土壤要保持湿润，以保证苗全、苗齐。

2. 幼苗期　从第一片真叶显露到长出 5～6 片叶为幼苗期，一般品种需 70～80 d。此期韭菜地上部分生长相对缓慢，以根系生长为主。在管理上要结合浇水，施一次肥，以促使幼苗健壮生长，并加强除草，防止杂草滋生，以免杂草影响幼苗的正常生长。如果采用育苗移栽，当幼苗高度达 18～20 cm 时即可定植。

3. 营养生长盛期　从茎盘生长点具有分株能力到花芽分化为营养生长盛期，此期开始发生分株。生长期韭菜 1 年中分株次数和分株多少与品种特性及栽培条件有很大关系。一般窄叶品种分株能力强，营养充足时 1 年可分株 4～5 次，由 1 个植株可分生 10 余个单株。宽叶韭分株能力差些，一般每年分株 2～3 次。植株密集到一定程度时，单株光合物质积累少，营养不足时，一般不能或很少发生分株。

在营养生长盛期，韭菜会完成花芽分化的准备工作。花芽分化要求植株经过一定时间的低温条件，再经过一定时间的长日照条件才可抽薹开花。有些早春播种的韭菜一部分经过了低温春化阶段，而后又经夏季的长日照，当年秋季可抽薹开花；大部分在当年的冬季进入休眠，翌年春季经过低温春化，夏季经过长日照，开始花芽分化，进入生殖生长阶段，秋季抽薹开花。对于以叶为产品的韭菜，抽薹开花消耗大量的营养物质，对植株是不利的，应在开花之前将花苞摘除。

（三）对环境条件的要求

1. 温度　韭菜对温度的适应能力比较强，不过适宜的温度条件是保证韭菜苗壮生长，提高产量的关键。播种后将温度控制在 16～17 ℃能够促进种子发芽。在其生育期的时候则需要将温度提高到 20 ℃左右。韭菜的抗寒能力也比较强，如果温度低于−5 ℃，叶片会受到冻害逐渐枯萎。温度高于 30 ℃时，虽然能够加快叶片生长，但含水量也会增加，容易被灼伤，在种植时最好将温度控制在 19～23 ℃。

2. 湿度　韭菜喜湿但不耐涝，有着较强的耐旱性，适宜的水分能保证韭菜的健壮生长，要求土壤含水量保持在 80%～90%。水分不足会导致韭菜早熟，叶片老化，品质差；水分过多容易引发各种病虫害，导致韭菜根部沤根腐烂。

3. 光照　韭菜是长日照植物，具有较强的耐阴性。光照过强会导致叶片纤维增加，变得粗硬，导致植株过早老化，降低产量及品质；光照过弱，韭菜光合作用受限，导致叶片颜色失绿，叶片变小，没有足够的分蘖，降低产量。

4. 土壤与营养　韭菜对土壤的适应性较强。韭菜的根群少、分布浅，对水肥的需求大，以有机物质丰富、土层深厚、松软肥沃且保水保肥性强的土壤最佳。韭菜对营养的需求大，种植过程需要做好追肥工作，合理调整氮、磷、钾肥的比例，防止韭菜因营养失衡导致出现徒长、叶薄等不良现象。

二、栽培类型与品种

1. 宽叶韭菜 又称大叶种、马兰韭，叶片宽厚，叶色浅绿或绿色，纤维较少，产量高，品质好，但香味较淡，直立性差，易倒伏，适于保护地栽培（图4-7-1）。

2. 窄叶韭菜 又称小叶种、线韭，叶片细长，叶色深绿，纤维较多，香味浓，分蘖多，叶鞘细高，直立性强，不易倒伏，耐寒性、耐热性均较强（图4-7-2）。

图4-7-1　宽叶韭菜

图4-7-2　窄叶韭菜

三、栽培季节与茬口安排

韭菜耐寒性极强，南方地区可以周年露地生产，其栽培方式较多，南方地区目前主要有露地和设施栽培两种。

四、栽培技术（露地栽培）

韭菜可采用种子和分株两种方式繁殖。种子繁殖的植株生长旺盛，分蘖和生活力强，寿命长，产量高，生产上大面积栽培时均采用此方式繁殖，露地直播或育苗移栽均可。分株繁殖的植株生长势弱，分蘖少，只适合小面积栽培用。

1. 播种育苗

（1）播种期。春、秋两季均可播种，以春播栽培效果佳。春播时间一般在3—4月，6—7月定植；秋播时间一般在10—11月，翌年3—4月定植。春播宜在地温稳定在10～12℃时进行。

（2）苗床准备。选疏松肥沃、排灌方便、3年未种过葱蒜类蔬菜的地块。前茬作物收获后，每亩施入腐熟有机肥5 000 kg、氮磷钾复合肥50～60 kg，耕翻耙细，整成宽1.6～2.0 m、长8～10 m的高畦。

（3）种子播前处理。播种前晒种1～2 d后进行浸种，沥干水分，用湿布包好进行催芽。

（4）播种量。育苗的适宜密度为1 600株/m²，用种量约10 g/m²，每亩需种子

5 kg。

（5）播种方法。播前浇足底水，水渗后先薄撒一层细土，播后覆细土1.5 cm，第二天再覆厚1 cm的细土，然后镇压一次，以利于出苗整齐。

（6）苗期管理。出苗后，保持土壤湿润，当苗高4～6 cm时及时浇水；当苗高10 cm时每亩随水冲施尿素10 kg；苗高15～20 cm时再冲施尿素10 kg，然后进行蹲苗。苗期要注意病虫草害的防治。

2. 定植 当株高长到20～25 cm或发现幼苗拥挤时须及时定植，一般出苗后50～60 d即可定植。

（1）整地施肥。作畦前每亩施入充分腐熟农家肥4 000～5 000 kg，深耕25～30 cm，耙细，做成宽1.6～2.0 m、长20～25 m的高畦。

（2）合理密植。按50 cm行距开沟，丛距17～20 cm，每丛4～5株苗条栽。

（3）定植方法。对苗床浇透水，对于过长的根，应将先端减去。为提高存活率，将叶片先端减去一段，定植深度以叶鞘埋入土中3～4 cm为宜。

3. 田间管理

（1）定植后管理。夏季注意不旱不浇，排除积水。立秋后加强肥水管理，保持土壤见干见湿。进入10月应减少灌水，土壤封冻前浇足水，同时结合浇水灌施敌百虫杀虫剂，以减少第二年韭蛆危害。注意及时除草。

（2）第二年的管理。翌春待韭菜新叶发出后，苗高20～25 cm时即可收割。割后新叶长出10～20 cm时再追肥一次，每隔20～30 d即可收割一次，收割次数不宜过多。韭菜有跳根现象，应及时培土以保护其根部。

4. 采收 以春季叶片生长旺盛时期和秋季叶片再次旺盛生长时期收割为宜，夏季多不收割。每年以收割4～5次为宜，不宜收割次数过多。收割时间以晴天的早上为宜，留茬高要适度，收割后及时中耕，搂平畦面。

五、任务考核与评估

描述韭菜生长过程及生产技术要点。

任务二 大蒜生产技术

大蒜为百合科葱属植物，其整棵植株具有强烈辛辣的蒜臭味，蒜头、蒜叶（青蒜或蒜苗）和花薹（蒜薹）均可作蔬菜食用，不仅可作调味料，而且可入药，是著名的食药两用植物。大蒜鳞茎中含有丰富的蛋白质、低聚糖和多糖类，另外还有脂肪、矿物质等。大蒜具有多方面的生物活性，如防治心血管疾病、抗肿瘤及抗病原微生物等，长期食用可起到防病保健作用。

一、生物学特性

（一）形态特征

1. 根 浅根性植物，无主根，为弦线状须根系。发根部位为短缩茎，外侧最多，内侧较少，根系不发达，根毛少，分布浅，主要根群分布在5～25 cm的土层中，横展范围为 30 cm。

2. 茎　大蒜鳞茎由鳞芽和短缩茎组成。短缩茎呈扁圆形，基部生根，顶部分化叶原基。抽生花茎后，基部形成鳞茎，具 6～10 瓣，外包灰白色或淡紫色膜质鳞被，鳞茎成熟后，短缩茎干缩硬化。

3. 叶　由叶片和叶鞘组成。叶互生，叶片扁平披针形，叶小而直立。叶鞘相互套合形成假茎，具有支撑和营养运输的功能。

4. 花和种子　佛焰苞有长喙，长 7～10 cm，伞形花序，小而稠密，具苞片 1～3 枚，片长 8～10 cm，膜质，浅绿色，花小，花间产生淡红色珠芽或完全无珠芽。蒴果，1 室开裂，种子黑色。

（二）生长发育周期

大蒜生长发育周期分为萌芽期、幼苗期、花芽与鳞芽分化期、抽薹期、鳞茎膨大期和休眠期。

1. 萌芽期　从播种到第一片真叶展开为萌芽期，春播大蒜历时 7～10 d；秋播大蒜由于休眠及高温的影响，历时 15～20 d。萌芽期生长所需养分主要靠种瓣供给，由于根系生长快，也可从土壤中吸收部分养分与水分。

2. 幼苗期　从第一片真叶展开至花芽、鳞芽开始分化为幼苗期。这个时期是叶的生长期，经历秋、冬的寒冷和春季的温暖。秋、冬季节气温低，生产量小，但叶及假茎的组织柔嫩，可采收作青蒜供应；春暖后气温升高，叶的生长快，加之日照延长，鳞茎开始膨大。

3. 花芽与鳞芽分化期　花芽与鳞芽的分化是大蒜产品器官形成的基础，这个时期历时 10～15 d。在幼苗后期，经过一定时间的低温后，花芽开始分化，并在花茎周围形成鳞芽。薹用大蒜花芽若分化不好，会使成薹率降低，独头蒜增多，导致减产严重。此时叶芽分化停止，株高、叶面积均加快增长，可为花茎伸长及鳞茎膨大积累养分。

4. 抽薹期　从花芽分化结束到花茎采收为抽薹期，又称花茎伸长期或蒜薹伸长期，需 30～35 d。这个时期营养生长与生殖生长并进，全部叶片展出，植株叶面积达最大；发生大量新根，原有根系开始老化；茎叶、蒜薹快速生长，植株质量迅速增加，占总质量的 1/2 以上。待蒜薹采收后，由于植株体内养分向贮藏器官鳞茎中转运，植株的鲜重下降，但干重迅速增加。

5. 鳞茎膨大期　从鳞芽分化至鳞茎成熟为鳞茎膨大期，早熟品种此阶段历时 50～60 d，其中鳞茎膨大盛期是在花薹采收后的 20 d 左右。鳞芽生长最初很慢，至花茎伸长后期才开始加快，花茎采收后鳞茎生长最快。适时采收花茎（蒜薹）有利于鳞茎的生长与增重。

6. 休眠期　大蒜鳞茎成熟后即进入休眠期，苗端及根际生长点都停止活动。不同品种，休眠期的长短不一：早熟品种休眠早，休眠期长；晚熟品种休眠晚，休眠期短。

（三）对环境条件的要求

1. 温度　大蒜耐寒性强，南方地区可以露地越冬，生长最适温度为 12～16 ℃，鳞茎发芽和形成期需要较高的温度，在 25 ℃以上或 10 ℃以下生长受到抑制。大蒜在蒜瓣萌动以后，在 0～4 ℃的低温下经过 30～40 d 就可以通过春化阶段。

2. 光照　光照与鳞茎的形成关系密切，在适宜温度下，日照时数超过 13 h 就开始形成鳞茎，光照时间长对鳞茎形成有利，若光照不足 13 h，则继续分化新叶，不形成鳞茎。

3. 水分　大蒜为浅根性植物，喜湿怕旱，在播种前后对土壤湿度要求较高，幼苗前期要减少灌水，加强中耕松土，促进根系发育，防止种瓣腐烂。大蒜进入旺盛生长期后需水较多，要求土壤经常保持湿润，接近成熟时要降低土壤湿度以防止高温高湿引起烂脖、散瓣、蒜皮变黑，降低品质。

4. 土壤与营养　大蒜对土壤的适应性很强，但以土层深厚、有机质含量丰富的微酸性黏质壤土为最佳，在微碱性土壤中也能良好生长，切忌与大葱、韭菜等葱蒜类作物连作。

二、类型与品种

大蒜种类品种繁多，依蒜瓣大小分为大瓣型和小瓣型；依蒜薹发达程度分为有蒜薹型和无蒜薹（薹退化不发达）型；依带状叶片分为软叶型和硬叶型；依蒜皮颜色分为白皮型和紫皮型等。适宜南方栽培的品种有：

1. 紫（红）皮蒜　蒜皮紫（红）色，蒜头中等大小，种瓣也比较均匀，辣味浓，多早熟，品质较好，适于作蒜薹和蒜头栽培，也可作蒜苗栽培。紫（红）皮蒜的代表品种有温江红、七星红皮蒜、四月蒜、二水早、通海蒜等。

2. 白皮蒜　蒜皮白色，头大瓣少（或有少量夹瓣），皮薄洁白，黏辣郁香，营养丰富，植株高大，生长势强，适应性广，耐寒；蒜头、蒜薹产量均高，也可作保护地多茬青蒜苗栽培。白皮蒜的代表品种有苍山大蒜、无薹大蒜、贵州白蒜等。

三、栽培季节和茬口安排

播种期因市场需求、品种特性和用途等不同而异，一般分为春播夏收和秋播春收。南方一般露地栽培，以秋播为主。春播一般在 2—4 月播种，6 月前后抽薹，6—7 月收蒜头；秋播一般在 8 月上旬至 10 月上旬播种，年前长蒜苗，翌年 3—5 月抽薹，4—6 月收蒜头。

四、栽培技术

1. 整地作畦　耕前每亩施入腐熟农家肥 4 000～5 000 kg、饼肥 100～150 kg、复合肥 20～30 kg。经深耕耙平后作畦，常做成平畦，畦宽 1.5～2.0 m，畦长以能均匀灌水为度。

2. 蒜种准备　选择肥大、洁白、顶芽肥壮、无病斑、无伤口的蒜瓣作种，剔除发黄、发软、虫蛀、顶芽受伤或者茎盘发黄及发霉的蒜瓣。按大、中、小分级，选用大、中蒜瓣播种，过小的不用。播种前将蒜皮和盘踵去除，发根早，出苗快。

3. 播种　秋播生长期长，蒜头和蒜薹产量均高，播期以越冬前幼苗长出 4～5 片真叶为宜，播种过晚会减弱植株的越冬能力，降低蒜头和蒜薹的产量。春播大蒜生长发育期较短，应尽量早播，只要土壤表层解冻，日均温达 3～7 ℃时即可播种。

为预防病害，蒜瓣播种前用 15％ 多菌灵可湿性粉剂 500～600 倍液浸种，浸泡 17～20 h，捞出干燥后即可播种。

大蒜的播种密度与品种、种瓣大小、播期早晚、土壤肥力、栽培方式等有关。一般行距 15～25 cm、株距 8～12 cm，每亩栽植 3 万～4 万株，用种量 100～150 kg/亩。春季可干播或湿播，秋季多用干播法。播种时按行距开沟，将蒜瓣排入沟内，播种不宜过深，以顶芽埋入土中 2～3 cm 为宜。

4. 田间管理

（1）萌芽期。出苗前若土壤湿润可不再浇水，以防止土壤板结，墒情不足时可浇水。然后搂松畦面以利于发根。苗齐后可酌情浇水，之后开始中耕松土。

（2）幼苗期。秋播蒜入冬前适当浇水，加强中耕松土，防止提前退母或徒长，促根下扎。2～3 片真叶时追一次稀粪水或尿素。土壤封冻前灌足稀粪水，并在畦面覆盖碎稻草或马粪，保护幼苗安全过冬。翌春返青生长后浇返青水并追肥，一般每亩追施尿素 10～15 kg 或粪肥 1～2 m^3。

（3）蒜薹伸长期。此期植株生长旺盛，对肥水需求量增加。当蒜薹露出叶鞘时，结合浇水追施氮磷钾复合肥 10～15 kg，以后每隔 3～5 d 浇一次水，保持地面湿润。采薹前 3～4 d 停止浇水，以免收获时折断。

（4）鳞茎膨大期。采薹后及时浇水施肥，以促使鳞茎迅速膨大，每亩施尿素 15～20 kg，之后小水勤浇，保持土壤湿润，收获前一周停止浇水，防止因土壤潮湿引起蒜皮腐烂，蒜头松散，不耐贮存。

5. 采收　苗后 45 d 即可分批采收上市，一般青蒜亩产达 1 800～2 000 kg，根据市场的需要及收货时的具体情况决定收获的最佳时间。青蒜 5～8 叶时是最佳的收获时间。收获过早，会影响青蒜的产量；收获太晚，则青蒜的纤维素含量有所增加，影响青蒜的口感，降低青蒜的品质，从而影响青蒜出售的价格。

五、任务考核与评估

1. 描述大蒜的生长发育过程及不同时期的水肥管理措施。
2. 正确分析大蒜常见病虫害，并制订有效的防治措施。

任务三　洋葱生产技术

洋葱是百合科葱属多年生草本植物，原产于亚洲西部，在世界各地栽培广泛。我国的洋葱产地主要有福建、山东、甘肃、内蒙古、新疆等地。洋葱含有前列腺素 A，能降低外周血管阻力，降低血黏度，可用于降低血压、提神醒脑、缓解压力、预防感冒。此外，洋葱还能清除体内氧自由基、增强新陈代谢能力、抗衰老、预防骨质疏松，是适合中老年人的保健食物。

一、生物学特性

（一）形态特征

1. 根　没有主根，为弦状须根，着生于短缩茎盘的基部，根系较弱，无根毛，根系主要密集分布在 20 cm 的表土层中，耐旱性较弱，吸收肥水能力较弱。

2. 茎 茎短缩形成扁圆锥形的茎盘，茎盘下部为盘踵，茎盘上部环生圆筒形的叶鞘和枝芽，下面生长须根。成熟鳞茎的盘踵组织干缩硬化，能阻止水分进入鳞茎（图4-7-3）。

3. 叶 由叶身和叶鞘两部分组成，叶鞘部分形成假茎和鳞茎，叶身暗绿色，呈圆筒形，中空，腹部有凹沟（是幼苗期区别于大葱的形态标志之一）。洋葱的管状叶直立生长，具有较小的叶面积，叶表面被有较厚的蜡粉。

图 4-7-3 洋葱鳞茎

4. 花、果实、种子 伞形花序球状，花多而密集；小花梗长约 2.5 cm。花粉白色；花被具绿色中脉，矩圆状卵形；花丝等长，稍长于花被片。果两裂，蒴果。种子盾形，外皮坚硬多皱，黑色。

（二）生长发育周期

洋葱从种子萌发到开花结籽整个生育周期一般可分为营养生长期、生理休眠期、生殖生长期 3 个阶段。在各个不同时期，洋葱植株形态会发生明显的变化，而且对环境条件的要求也不尽相同。

1. 营养生长期

（1）发芽期。从种子萌动到第一片真叶出现为发芽期。洋葱种皮坚硬，不易吸水，因此发芽缓慢，在适宜条件下，播后 10～15 d 才能出土。此期要求土壤保持湿润，播种不宜过深，覆土不宜过厚。

（2）幼苗期。从第一片真叶出现到定植为幼苗期。幼苗期的长短与播种和定植季节有关。秋播秋栽，幼苗期为 50～60 d；秋播春栽，冬前幼苗可生长 60～80 d，越冬期 120～150 d；春播春栽，幼苗期约为 60 d。洋葱幼苗出土后绝对生长量不大，特别是出土后的 1 个月内，叶身细小、柔嫩、叶肉薄。此时要保持适宜的温湿度，促进其生长，特别是根系生长。当洋葱幼苗长到一定大小，要及时定植到大田中去，此时幼苗单株重 5～6 g，茎粗 0.6～0.8 cm，株高 20 cm，具有 3～4 片真叶。幼苗过大容易出现先期抽薹。在定植后的越冬期间，洋葱生长量很小，因此，冬前要控制肥水，防止由于植株徒长和生长过快导致干物质积累少，降低植株的越冬能力，同时也要防止因植株过大而容易感受低温，通过春化阶段，造成翌春出现先期抽薹。

（3）旺盛生长期。洋葱返青以后，一直到鳞茎膨大以前，都属于旺盛生长期。此时环境温度升高，洋葱生长加快，地下部对温度敏感，前期生长速度比地上部快，以后地上部的生长也逐渐加快，绿叶数增多，叶面积急剧扩大，随着叶片的旺盛生长，叶鞘基部增厚，鳞茎开始缓慢膨大，以纵向生长为主形成小鳞茎。这个时期以叶片快速生长为主，叶片数由最初的 4～5 片长到 8～9 片，持续时间为 40～50 d。此期应保证充足的水肥供应，促进地上部的旺盛生长，为鳞茎的膨大打下坚实的基础。到了后期，就要控制水肥，以防地上部贪青，造成鳞茎的膨大推迟。

（4）鳞茎膨大期。从叶鞘基部开始增厚膨大到鳞茎成熟收获为鳞茎膨大期，这个时期持续 30 d 左右。叶生长盛期结束后，植株已在叶鞘内积累了大量的同化产物，随着 20～26 ℃的较高温度和 13～15 h 的长日照天气的来临，叶部生长受到抑制，叶片和叶鞘中的同化物开始向叶鞘基部转移，加速叶鞘基部膨大形成鳞茎。当鳞茎膨大到一定程度以后，叶片开始变黄，假茎失去水分变软，并发生倒伏，生理活动逐渐缓慢，鳞茎外面 1～3 层鳞片中的养分向内部转移，变为革质，这是洋葱进入休眠状态的表现，此时应该及时收获。如果在鳞茎膨大期遇到不正常的低温或氮肥施用过多，叶片贪青旺长，就不会发生倒伏现象。

2. 生理休眠期　洋葱鳞茎成熟收获以后即进入生理休眠期。这是洋葱长期适应原产地夏季高温干旱条件的结果。休眠期长短与品种特性、贮藏条件以及休眠程度等因素有关，一般为 60～90 d。收获后的洋葱鳞茎，为了便于贮藏，应立即风干，促其进入生理休眠期。这个时期即使给予良好的发芽条件，鳞茎也不发芽，只有休眠结束以后，再将洋葱放到适宜环境中，鳞茎才能正常发芽。

3. 生殖生长期

（1）花芽分化期。从生长锥开始分化花芽到花芽开始延伸抽薹为花芽分化期。洋葱为低温绿体春化型植物，幼苗长到一定大小，经历一定时期的低温，即可通过春化，生长锥停止分化叶芽，而分化为花芽。

（2）抽薹开花期。从花芽分化结束到花序上第一朵花开花授粉受精结束为抽薹开花期。花芽分化后的植株或鳞茎在生长的田间遇到高温和长日照条件就可以抽薹、开花、结实，完成整个生育过程。一般每个鳞茎可长出 2～5 个花薹，每个花薹顶端着生 1 个圆球状伞形花序，每个花序的开花时间为 10～15 d，整个种株花期可持续 1 个月左右。

（3）种子形成期。从开花到种子成熟为洋葱的种子形成期，约需 25 d。一般温度高时，种子成熟快，但饱满度差，而温度低时，种子成熟较慢，种子饱满度高。

（三）对环境条件的要求

1. 温度　洋葱对温度的适应性较强。种子和鳞茎在 3～5 ℃下可缓慢发芽，12 ℃开始加速，生长适温幼苗为 12～20 ℃，叶片为 18～20 ℃，鳞茎为 20～26 ℃，健壮幼苗可耐 6～7 ℃的低温。鳞茎膨大需较高的温度，鳞茎在 15 ℃以下不能膨大，在 21～27 ℃生长最好。温度过高就会生长衰退，进入休眠。

2. 光照　洋葱属长日照作物，在鳞茎膨大期和抽薹开花期需要 14 h 以上的长日照条件。在高温短日照条件下只长叶，不能形成葱头。

3. 水分　洋葱在发芽期、幼苗生长盛期和鳞茎膨大期应供给充足的水分。但在幼苗期和越冬前要控制水分，防止幼苗徒长，遭受冻害。收获前 12 周要控制灌水，使鳞茎组织充实，加速成熟，防止鳞茎开裂。洋葱叶身耐旱，适宜 60%～70%的空气湿度，空气湿度过高易发生病害。

4. 土壤与营养　洋葱对土壤适应性较强，以肥沃疏松、通气性好的中性壤土为宜，在沙壤土中易获高产，但在黏壤土中鳞茎充实，色泽好，耐贮藏。洋葱根系

蔬菜生产技术（南方本）

的吸肥能力较弱，高产需要充足的营养条件。每 1 000 kg 葱头需从土壤中吸收氮 2 kg、磷 0.8 kg、钾 2.2 kg。施用铜、硼、硫等微量元素有显著增产作用。

二、类型和品种

洋葱按鳞茎形成时对日照需求的长短分为长日照类型和短日照类型；按鳞茎形态分为普通洋葱、分蘖洋葱和顶球洋葱。生产上栽培的一般为普通洋葱，其按鳞茎颜色又分为紫皮洋葱、黄皮洋葱、白皮洋葱。

三、栽培季节和茬口安排

洋葱在南方地区集中在温暖的地方栽培，一般秋播春收（春洋葱），冬季气温较高的地区可以夏播冬收（冬洋葱）。春洋葱一般 9—10 月播种，翌年 5—7 月采收。冬洋葱一般 7—8 月播种，翌年 3—4 月采收。

四、栽培技术

1. 品种选种　选用高产、抗病性强、品质佳、商品性好、耐贮藏、不易先期抽薹且消费者喜欢的洋葱品种。

2. 育苗技术

（1）苗床的准备。以有机肥为主，施足基肥。一般每亩施优质腐熟的农家肥 2 500 kg、硫酸钾型复合肥 40～50 kg。

苗床地选择地势高燥平坦、土壤肥沃深厚、质地疏松、3 年内未种过葱蒜类蔬菜的土壤。播前将田内杂物清除出园。浅耕细耙，耕深 15～20 cm，然后做成平畦播种，畦宽 160 cm。

（2）种子处理。将种子用 0.2％高锰酸钾溶液浸泡 20～30 min 或用福尔马林 300 倍液浸泡 3 h，捞出晾干，待播。

（3）播种方法。播前先将苗床小水浇透，待水完渗后，在苗床上撒播种子，然后覆盖厚 1 cm 的细土。

（4）苗期管理。通过肥水管理调控幼苗生长是苗期管理的重点，既要防止幼苗过大，翌年未熟抽薹，又要避免幼苗细弱不能越冬。在种子出土期保持土壤湿润，一般播后 3～4 d 浇一次水，有利于种子顺利出土，以后每隔 10 d 浇一次水，整个育苗期浇水 3～4 次。若幼苗生长瘦弱，结合浇水每亩冲施充分腐熟的人粪尿 1 000 kg 或复合肥 15 kg，整个苗期每隔 15 d 清除杂草一次，为保障幼苗健壮生长，在第二片真叶长出后应间一次苗，除去过于拥挤、细弱的幼苗，保持苗间距 3～4 cm。

（5）越冬管理。幼苗越冬有 3 种方法，即就地越冬、假植越冬、窖藏越冬。一般采用秋天播种，翌年春季定植。因而必须采取必要的保温措施，做好幼苗越冬管理工作。

① 就地越冬。露地越冬的幼苗在土壤封冻前浇好封冻水。土壤封冻之前，在苗床上覆盖秸秆或土粪，也可覆盖地膜。

② 假植越冬。也称为"囤苗"，即在土地封冻前将幼苗从畦中挖出，囤放在阴凉的地方越冬。假植前 10 d 内秧田中不可浇水。假植前先将秧苗从田间铲出（尽

量不伤根系），轻轻抖动，抖落浮土，剔出无根、无生长点、过矮、纤细的小苗和叶片过长的徒长苗、分蘖苗和病虫为害苗，以及叶片、叶鞘生长不良的葱苗。具体方法是：在"小雪"前后土地封冻时挖苗，选择地势高、易于排水的地方，利用风障或其他遮阳物阴面囤苗，以防止潮湿沤根和日晒伤热使幼苗腐烂。选在背阴处东西向开沟，沟深约 10 cm，幼苗根朝下，码在沟内。码完一行后，相隔 5～6 cm 远再开沟，挖出的土将前边的沟埋平，埋土深度为 7 cm 左右，以不超过幼苗五杈股为准。囤完一畦后，将畦的四周用土堵严，踩实，以免寒风侵入。当外界气温接近 0 ℃时覆一次土，覆土厚度为 10 cm，"大雪"前后覆第二次土，主要是为了弥严裂缝。严寒时可以盖些防寒物。

③ 窖藏越冬。在"小雪"前后，将幼苗挖出，捆成直径为 10～15 cm 的小捆，根朝下向潮湿墙壁，码在窖内，一般在苗根与土之间加些湿润的土，使根部保持湿润，防止风干。码好后，上面加盖些碎菜叶，以保持湿度。刚入窖时应注意倒垛，防止因受热而使幼苗腐烂。此种方法适合冬季用窖贮藏蔬菜的地区。

（6）壮苗标准。当苗龄达 50 d，株高 20～25 cm、真叶 4～5 片、茎粗 0.6～0.8 cm 时，幼苗生长健壮，根系发达，无病虫害，即为壮苗标准。

3. 定植

（1）整地施肥。土壤要求与苗床选择相同。前茬作物收获后，及时清除园内杂物，减少病菌危害。定植前要耕翻土地，结合耕翻，深施基肥，耕后整平耙细。基肥以有机肥为主，也可结合洋葱需肥特点进行配方施肥，每亩施入充分腐熟的农家肥 3 500 kg、硫酸钾型复合肥 40～50 kg，耕深 20 cm，将肥和土均匀混合，土块应细碎，土块最大直径不超过 2 cm。

洋葱一般采用平畦栽培，畦宽 1.6 m，畦埂 0.3 m，畦面要平整，然后用宽 2 m 的地膜进行覆盖。

（2）选苗分级。定植时一定要选苗分级，剔去矮小苗、徒长苗、分蘖苗、无根苗、无生长点苗、冻害苗、病虫为害苗等，将幼苗按大小分类栽植。

（3）定植时期。春季定植应在土壤解冻后进行，定植宜早不宜迟。

（4）定植方法。洋葱定植多采用干栽，即先栽苗、覆土，后浇水。地膜覆盖可按株行距的要求自制打孔器，打孔深度为 3 cm，接着栽苗、覆土稳苗，最后浇水。定植时小水轻浇，便于缓苗，浇后不漂苗、不倒苗。定植深度以刚埋住小鳞茎部分为宜，一般为 2～3 cm。栽植行距 20～22 cm，株距 14～16 cm。

4. 田间管理

（1）水肥管理。洋葱定植后 5～6 d 浇一次缓苗水，促进幼苗生长。为防止植株徒长，浇水后适当控水蹲苗，蹲苗 15 d。蹲苗结束后，每隔 7～10 d 浇一次水，促进鳞茎膨大。要求田间土壤保持湿润，采收前 8 d 不能浇水。

洋葱缓苗后进行第一次追肥，每亩追施磷酸二铵 20～30 kg，根部深施，施后浇水，促进叶和根系恢复生长，加速发棵。当洋葱植株长到 8～9 片叶、鳞茎增大到直径为 3 cm 时进入鳞茎膨大期，此时应及时追施催头肥，每亩追施充分腐熟的人粪尿 1 000 kg 或复合肥 40 kg。当洋葱头长到直径为 4～5 cm 时，结合浇水，每亩追复合肥 15～20 kg。在洋葱生长后期，可喷施磷酸二氢钾或鳞茎膨大素等叶面肥

2～3次。

（2）中耕除草、除薹。在洋葱生长期间，要结合中耕及时松土、清除杂草，一般中耕2～3次。采用地膜覆盖栽培的，发现杂草及时拔除，发现先期抽薹的植株，在花球形成前从花苞的下部剪除，减少养分消耗，促进鳞茎膨大。

5. 采收　洋葱成熟后要及时收获。洋葱的收获适期是：大部分植株假茎变软，地上部倒伏，基部第一、第二片叶枯黄，第三、第四片叶尚带绿色，外层鳞片变干。应选在晴天收获，连根带苗拔起，就地晾晒2～3 d，促进后熟。

五、病虫害防治

坚持"预防为主，综合防治"的原则，大力推广使用无害化防治技术，不施用国家明令禁止的"三高"农药及复配农药。

1. 洋葱霜霉病　发病初期，可用75％多菌灵可湿性粉剂600倍液、90％三乙膦酸铝可湿性粉剂500倍液或25％甲霜·锰锌可湿性粉剂600倍液喷雾。药剂应交替使用，每10 d喷一次，连续喷2～3次。

2. 洋葱紫斑病　选用80％百菌清可湿性粉剂600倍液、70％代森锰锌可湿性粉剂500倍液或50％异菌脲可湿性粉剂1 500倍液，每7～10 d喷一次，连续喷2～3次。

3. 洋葱灰霉病　选用50％异菌脲可湿性粉剂1 000倍液、50％腐霉利可湿性粉剂2 000倍液或70％甲基硫菌灵可湿性粉剂800倍液等喷雾防治。药剂应替使用，每7～10 d喷一次，连续喷2～3次。

六、任务考核与评估

描述洋葱的生长发育过程及生产管理技术要点。

子项目八　薯芋类蔬菜生产技术

🌱 知识目标

1. 了解薯芋类蔬菜（马铃薯、生姜、芋、山药）的主要种类、生物学特性、品种类型。

2. 掌握薯芋类蔬菜（马铃薯、生姜、芋、山药）的栽培季节与茬口安排。

3. 掌握薯芋类蔬菜（马铃薯、生姜、芋、山药）的栽培管理技术，能根据栽培过程中常见的问题制订防治对策。

🌿 技能目标

1. 能对薯芋类蔬菜（马铃薯、生姜、芋、山药）的种子进行处理和播种。

2. 熟练掌握马铃薯种薯处理技术。

3. 掌握薯芋类蔬菜（马铃薯、生姜、芋、山药）的栽培管理技术。

4. 能正确分析薯芋类蔬菜（马铃薯、生姜、芋、山药）栽培过程中常见问题的发生原因，并采取有效措施进行防治。

　　薯芋类蔬菜是指具有可供食用的肥大多肉的块根或块茎的一类蔬菜，如马铃薯、甘薯（番薯、山芋）、芋、山药、菊芋、生姜等。其产品器官（块根、块茎）位于地下；食用部位多含淀粉，可作蔬菜、杂粮、饲料等，还可作轻工、食品等工业原料；耐贮运，适于加工，是淡季供应的主要蔬菜之一。

任务一　马铃薯生产技术

　　马铃薯属茄科一年生草本植物，块茎可供食用，是全球第四大重要的粮食作物，仅次于小麦、稻谷和玉米。马铃薯又名洋芋、洋山芋、香山芋、洋番芋、山洋芋、阳芋、地蛋、土豆等，在南方一些省份因为常在收割完秋季水稻后的冬季种植，也称冬薯。马铃薯与小麦、稻谷、玉米、高粱并称为世界五大作物。马铃薯块茎含有大量的淀粉，能为人体提供丰富的热量，且富含蛋白质、氨基酸及多种维生素、矿物质，尤其是其维生素含量是所有粮食作物中最全的。我国是世界上马铃薯产量最大的国家。

马铃薯生产技术

一、生物学特性

（一）形态特征（图4-8-1）

1. 根　马铃薯的根是吸收营养和水分的器官，同时还有固定植物的作用，由初生根、匍匐根两部分组成。匍匐根在土壤表面，吸收磷的能力很强。

2. 茎　按不同部位、不同形态和不同作用，分为地上茎、地下茎、匍匐茎和块茎。

图4-8-1　马铃薯

3. 叶　幼苗期单叶，全缘，后期均为奇数羽状复叶。是进行光合作用、制造营养的主要器官，是形成产量的活跃部位。马铃薯叶片的生长过程分为上升期、稳定期和衰亡期。必须尽量维持叶片生长时间，防止早衰。叶片的形状是区分和识别品种的标志。

4. 花　聚伞形花序，两性花，自花授粉。花色有白、浅红、浅粉、浅紫等。马铃薯花的开放有明显的昼夜周期性。

5. 果实、种子　球形浆果。种子小，肾形。马铃薯多数品种"花而不实"，应早期摘除，以促进块茎生长。

（二）生长发育周期

马铃薯的生长发育周期分为发芽期、幼苗期、发棵期、结薯期和休眠期。

1. 发芽期　从种薯上的幼苗萌动至出苗为发芽期。在土壤湿度为40%～50%和有透气性良好的情况下发芽最好。发芽期的营养均来自种薯。发芽期在春季需要25～35 d，在秋季需要10～20 d，南方冬季播种需要20～30 d。

2. 幼苗期　从出苗到团棵（6～8片叶展平）为幼苗期，需15～20 d。此期根系继续扩展，匍匐茎全部形成，匍匐茎先端开始膨大。幼苗期要求土壤疏松透气，湿度以50%～60%为宜。

3. 发棵期　从团棵至显薯为发棵期，需25～30 d。根系继续伸展，侧枝陆续形成，主茎叶全部形成功能叶，块茎膨大至2～3 cm，幼薯渐次增大。

4. 结薯期　从显薯开花到茎叶变黄败秧为结薯期，需30～50 d。此期主要是块茎膨大和增重。短日照、强光照、适当的高温和昼夜温差有利于促根、壮苗和提早结薯。但温度过高、追施氮肥过猛、多阴雨则易引起徒长，影响块茎膨大，推迟结薯。低温、强光照、短日照、适时中耕培土可抑制茎、叶生长，有利于块茎膨大。

5. 休眠期　马铃薯收获后即进入休眠期，休眠期为1～3个月，属于生理休眠。马铃薯块茎的休眠实际上在块茎初始膨大时就开始了，但习惯上是把茎叶衰败、块茎收获后到块茎开始萌发这段时间称为休眠期。处于休眠状态的块茎即使在适宜发芽的条件下也不会萌发幼芽。通过化学药剂处理、切割种薯、改变温光条件等人工方法，可以提前打破块茎休眠。

（三）对环境条件的要求

马铃薯喜冷凉，不耐高温，以匍匐茎膨大而形成的块茎为产品，可供食用或作种。

1. 温度　马铃薯生长发育需要较冷凉的气候条件。

（1）发芽期。10 cm地温在7～8 ℃，幼芽即可生长；10～12 ℃时幼芽可苗壮成长，很快出土。

（2）幼苗期。植株生长最适宜温度是17～21 ℃。幼苗在−2～1 ℃时茎部受冻害，在−3 ℃时茎、叶全部冻死，但马铃薯侧芽可重新萌发生长出新苗来。

（3）块茎形成和块茎增长期。茎、叶生长最适宜的温度为21 ℃，在42 ℃高温下，茎、叶停止生长。地下部块茎形成与膨大的最适宜温度为17～18 ℃，超过20 ℃生长渐慢，30 ℃时块茎停止生长。

2. 水分　在马铃薯的不同生育时期，对水分要求不同。

（1）发芽期。需保持土壤湿润。

（2）幼苗期。需水分不多。这时叶面积小，蒸腾水分少，如果水分过多，对根系的向下伸展反而不利。

（3）块茎增长期。地上部处于盛花期，这时茎、叶生长量达到最高峰，薯块增长量最大，对水分要求达到最高峰。只有供给充足的水分，才能使光合作用旺盛进行，利于养分吸收、转移，从而获得高产。

（4）淀粉积累期。本期需水量不大，土壤水分过多或积水超过 24 h，块茎面腐烂。超过 30 h 块茎大量腐烂，42 h 后几乎全部烂掉。因此，低洼地种植应注意本期的排水和实行高垄栽培。

3. 光照　马铃薯是喜光作物，光照不足生育期间茎、叶易徒长，延迟块茎形成，短日照有利于块茎形成。光照明显抑制块茎上芽的生长，在散射光下培育短壮芽进行催芽播种，是苗齐、苗壮、高产的一项重要措施。

4. 土壤　马铃薯最适合生长在轻壤土上。轻壤土比较肥沃，不黏重，透气性良好，有利于根系和块茎生长，而且对淀粉积累具有良好的作用。这类土壤一般发芽快，出苗整齐，块茎表面光滑，薯形正常，便于收获。

马铃薯忌连作，其他茄科蔬菜与其有共同的病害，如青枯病、疫病等，故忌栽在其他茄科蔬菜之后。

二、类型与品种

在栽培上依块茎成熟期早晚可分为早熟、中熟和晚熟 3 种类型。

1. 早熟品种　从出苗到块茎成熟需 50～70 d，植株矮小，产量低，淀粉含量中等，不耐贮藏，芽眼较浅。

2. 中熟品种　从出苗到块茎成熟需 80～90 d，植株较高，产量中等，淀粉含量偏高。

3. 晚熟品种　从出苗到块茎成熟需 100 d 以上，植株高大，产量高，淀粉含量高，较耐贮藏，芽眼较深。

根据是否经过脱毒处理又分为常规品种和脱毒品种。脱毒种薯是指常规马铃薯种薯经过一系列物理、化学、生物或其他技术措施清除薯块体内的病毒后，获得的经检测无病毒或极少病毒侵染的种薯。脱毒马铃薯产量高，比未经脱毒种薯增产30％～50％，商品性好，大、中薯率高，是目前主要的栽培用种。

三、栽培季节与茬口安排

我国各地的自然条件不同，构成了不同的栽培区。

1. 南方冬作区　包括贵州、四川、云南等地。该地区冬季月平均气温为 14～19 ℃，主要利用冬闲期种植马铃薯。

2. 西南单双季混作区　广东、福建、广西、云南、贵州等高地寒山区一年一作，春种秋收；而低山河谷区或盆地适于春、秋两季栽培。

四、栽培技术

（一）马铃薯免耕栽培技术

马铃薯稻草全程覆盖免耕栽培技术是近年来研究推广的一种省工、省力、高

蔬菜生产技术（南方本）

产、高效栽培新技术。通常用稻草于全生育期全程覆盖栽培马铃薯，改"埋薯"为"摆薯"、"挖薯"为"捡薯"，其操作技术特点可形象地概括为"摆一摆、盖一盖、拣一拣"，省去了传统种植马铃薯需要翻耕土地、开沟整畦、开穴下种、盖膜破膜、中耕除草、追肥培土和挖薯收获等复杂工序，减少了化肥和农药用量，有利于节省生产成本，减轻体力消耗，又有利于生产无公害、绿色食品。同时，该技术可有效避免稻草焚烧带来的污染，保护了生态环境。马铃薯还可提早上市，经济效益好，具有较好的推广应用价值。

1. 品种和种薯处理 该技术采用免耕栽培，马铃薯生育期比常规栽培明显缩短，因此宜选用产量高、抗逆性强的早熟或中熟优良品种。小整薯或大种薯切块后催芽播种，具体要求与春马铃薯露地栽培相同。若条件允许，生产用种选用脱毒种薯或从高纬度、高海拔地区调种则更好。

2. 田块选择 宜选择耕层深厚、土壤肥沃疏松、排灌良好、富含有机质的中性或微酸性稻田种植。晚稻收割前不灌水，保持土壤湿润即可，以田面开细裂但不陷脚为宜。晚稻收割时稻桩不宜过高，以留桩 8～10 cm 为好。

3. 播前准备 播种前先挖好腰沟和回沟，然后划线分畦播种，畦宽 1.5～1.8 m，沟宽 25～30 cm，沟深 25 cm 左右，每畦种植 3～4 行。若畦面上有较多前作水稻因农事操作留下的凹坑，则播种前须削沟边稻桩、泥块填平低洼处，使畦面略呈龟背形，以免积水。杂草较多的田块可在播种前 7～10 d 用草甘膦等化学除草剂全田除草。

4. 施足基肥 马铃薯免耕栽培一般不施追肥，因此播种前须一次性施足基肥。一般每亩施充分腐熟有机肥 1 500～2 000 kg、氮磷钾复合肥 50 kg。施基肥时，充分腐熟的有机肥可作为盖种肥覆盖在种薯上，但复合肥须施在两种薯中间，且保持 5 cm 以上的距离，以防止化肥直接接触种薯，引起烂种烧芽。

5. 适期播种 免耕栽培马铃薯，播种时间与春马铃薯相同；采用稻草和地膜双重覆盖栽培的，播种季节可适当提早。播种时按行距 40～50 cm、株距 25～30 cm 摆放种薯，畦边各留 20 cm 左右不播种，一般每亩摆放 5 500 株左右。播种时芽眼朝上、切口朝下，将种薯直接摆放在土表并轻压，使种薯与土壤紧密接触，以利于生根出苗。

6. 适时覆盖

（1）覆盖稻草。种薯播种后及时进行稻草覆盖。经大量的生产试验证明，覆盖厚度以 10 cm 左右最为适宜，过厚会影响出苗，过薄则易造成青皮薯。可采用全畦覆盖，为了节省稻草覆盖量，稻草的覆盖方式可改为条状覆盖，将稻草覆盖在种薯上面，稻草覆盖方向与畦面平行，稻草根部和顶部相接。采用这种改良的覆盖方法，可减少 2/3 的稻草用量，即每亩田稻草可满足本田种植马铃薯需要。

（2）开沟覆土。是指将开沟挖起的泥土均匀地抛撒在畦面上。通常的做法是在播种前开沟，将挖起的泥土摆放在畦面上，使畦面呈弓背形再摆种。也可在播种前拉线划畦印，播种时直接将马铃薯种放在畦面上，覆盖稻草后再开沟，将泥土压在稻草上，这样既可增加覆盖在稻草上的泥土量，防止稻草被大风刮走，还能促进稻草腐烂，防止青皮薯发生。

（3）覆盖地膜。采用稻草和地膜双重覆盖能有效提早马铃薯播种期和上市期，是夺取马铃薯高产、高效的关键技术之一。传统的做法是覆盖稻草后及时覆盖地膜，但在实际操作中，地膜的覆盖时间可以适当推迟。宁海等浙东地区春马铃薯促早栽培一般在12月下旬播种，而覆盖地膜时间可推迟到1月下旬，利用一个月左右的时间差使稻草及泥土充分吸足水分，能有效解决稻草过干而影响出苗率低的问题。覆膜后要结合清沟，将其中的泥土压在地膜周围，压紧压实，以防止大风吹开地膜。地膜覆盖宜选择在雨后进行，以确保土壤、稻草及膜下有足够的水分，促进出苗。

7. 田间管理

（1）破膜放苗。采用地膜覆盖的，在出苗后适时破膜放苗，防止膜内温度过高引起烧苗。破口不宜过大，放苗后立即用湿泥封实破口，防止冷空气进入，降低膜内温度或遇大风引起掀膜。

（2）合理控苗。马铃薯初蕾期，旺长田块喷施一次15%多效唑可湿性粉剂，浓度为200 mg/L，以控上促下，促进块茎膨大，提高产量。喷施时应注意不重喷、不漏喷。

（3）水分管理。新覆盖稻草吸水较多，土壤容易干燥，需适当浇水。地膜覆盖的则可灌半沟水补充水分，使水分慢慢渗入畦内，土壤湿润后及时排水，要避免浇（灌）水过多造成烂种死苗。稻草腐烂后，保水性明显增强，一般无须再补充水分。

8. 病虫草害防治　马铃薯稻草全程覆盖能保墒抑制杂草生长，一般不用除草，但要做好晚疫病、青枯病、环腐病、地老虎等病虫害的防治。

9. 采收　稻草覆盖免耕栽培的马铃薯，有70%以上薯块生长在地面上，块茎很少入土，收获时只需将覆盖的稻草翻开，拣拾薯块即可，可随翻随拣。

（二）春露地马铃薯栽培

1. 种薯的选择　选择未退化、芽粗短壮、表皮新鲜光滑、具有品种特征特性的薯块作种。提倡山区马铃薯下坝区作种，或北种南移作种，或秋马铃薯春播，或通过组培脱毒等方法提纯复壮品种。

2. 种薯处理　通过晒种催芽，把种薯平摊成2～3层，置于光线好的地方，有条件也可在温室或大棚内进行晒种，保持室温在15℃左右，晒种2～3 d。应在催芽前1～2 d切薯块，切块时使用的刀具及其他用具都要经1%高锰酸钾溶液或75%乙醇溶液消毒，纵向切块，块大小要匀称，每一切块质量约为25 g，并确保每个切块上有1～2个芽眼，切后均匀沾裹草木灰（图4-8-2）。切块刀口晾干后于阳畦或大棚内进行催芽，在地面先铺厚5～10 cm的湿润沙土，然后把薯块芽眼朝上摆放，用湿沙覆盖后继续摆放，以此类推，堆积4～5层后，上面盖草苫或用麻袋保湿，温度保持在20℃左右，等到薯块芽长到约1 cm时停止催芽，取出薯块炼芽2～3 d即可播种。

3. 整地施肥　为避免发生严重病虫害，马铃薯不宜连作，不宜选择前茬为豆类、茄子、花生等作物的地块，尽量选择地面平整、养分充足、排灌方便的沙壤土地块。整地最好在前茬作物收获后进行，深翻或深松深度在35 cm左右，在耕地时

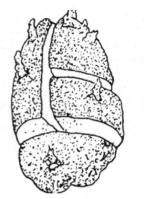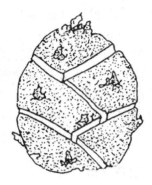

图4-8-2　马铃薯种薯切块

(刘峻蓉，2017，蔬菜生产技术)

施入腐熟农家肥 3 000～5 000 kg、硫酸钾 50 kg、尿素 20 kg、过磷酸钙 25 kg、硫酸锌 2 kg，视情况可施用其他微肥。为防治地老虎、蝼蛄等害虫，可以选择 5％辛硫磷颗粒剂 3 kg 拌土预防。采用单垄双行栽培模式，整地要求垄宽 80～90 cm，垄高 18～20 cm，沟底宽 25～30 cm。

4. 适时播种　适时早播，当气温稳定在 7～8 ℃时即可播种，一般 2 月上旬播种，覆膜马铃薯可在 1 月底或 2 月初播种，若在大棚内种植还可提前几天播种。播种密度为 4 500～5 000 株/亩，株距 23～25 cm，播种深度为 10～15 cm。机械播种完成后，将垄面整平，喷施封闭性除草剂，整垄覆膜压严。

5. 田间管理　马铃薯出苗后及时破膜放苗，膜口不宜过大，放苗后及时用土压实破口处，以利于保水保温。根据土壤干旱情况及时灌水，马铃薯苗期可适当供水，块茎形成期和块茎膨大期是种薯需水盛期，土壤不能缺水，若雨水大，必须及时排水，以免发生涝害。尽量一次性施足底肥，若在花期发现缺肥脱肥，应及时进行叶面追肥，用尿素和磷酸二氢钾配合兑水喷施叶面。如果植株出现徒长现象，可在封垄前进行控水控肥处理，也可喷施膨大素或多效唑来控制地上部分生长，促进块茎生长。

6. 适时收获　马铃薯适时收获标准为 90％以上的茎、叶变成褐黄色并且干枯。收获最好在无雨天完成，尽量要小心深挖，轻装慢放，避免刨碰种薯，同时避免过度暴晒，以免影响种薯贮藏。

五、病虫害防治

马铃薯病虫害防治主要以农业、生物、物理防治为主，化学防治为辅。

1. 害虫防治　地老虎每亩用 5％辛硫磷粉剂 3 kg 撒施翻耕防治；蚜虫于适期用 10％吡虫啉可湿性粉剂 1 500 倍液喷雾防治。蛴螬、地老虎、金针虫幼虫可用 40％辛硫磷乳油拌土撒于植株周围防治，成虫可用糖醋酒液配合毒液诱杀。

2. 病害防治　晚疫病等病害除采用脱毒种薯、种薯处理、切刀消毒、拔除中心病株等措施外，还可以进行药剂防治，应以防为主。进行药剂防治的关键时期有齐苗期、现蕾期及花期遇阴雨，特别是阴雨加有雾的天气。在这几个时期及中心病株发现初期要及时喷药防治。使用药剂有：80％代森锰锌可湿性粉剂 800 倍液、79％霜脲·锰锌可湿性粉剂 1 000 倍液加 0.2％硼砂、58％甲霜·锰锌可湿性粉剂 1 000 倍液等。应密切关注田间病情和天气情况，发现病情或大雾天气及时喷药 1～3 次，每次间隔 7～10 d。为减缓抗药性的产生，应注意轮换用药。早疫病可用 10％苯醚甲环唑水分散剂 1 500 倍液或 50％咯菌腈可湿性粉剂 3 000 倍液进行防治。软腐病可用 50％百菌通可湿性粉剂 500 倍液或 14％络氨铜水剂 300 倍液防治。灰霉病用 80％腐霉利可湿性粉剂 1 000～2 000 倍液或 50％乙烯菌核利可湿性粉剂 1 000 倍液防治。马铃薯青枯病可用 77％氢氧化铜可湿性微粒粉剂 400～500 倍液或 3％中生菌素可湿性粉剂 800～1 000 倍液防治。

六、马铃薯种性退化及防治措施

1. 马铃薯种性退化的原因　马铃薯在春、夏季栽培，经一年或数年后，马铃薯个头越来越小，产量越来越低，甚至完全没有收成，这种现象称为马铃薯种性退化。引起马铃薯种性退化的直接外因是病毒危害，常见的有花叶病毒、卷叶病毒、普通花叶病毒等。这些病毒通过机械摩擦、蚜虫、叶蝉或土壤线虫等媒介传潘而侵染植株引起退化。高温、干旱是引起马铃薯退化的间接外因。马铃薯在高温、干旱条件下栽培，生长势减弱，而耐病力下降。而且高温有利于病毒繁殖、侵染和在植株体内扩散，因而加重了病毒的危害，也加重了种性退化的程度。

马铃薯种性退化的内因是品种抗病毒能力低。抗病毒力强的品种发病较轻，退化不严重；抗病毒能力弱的品种发病重，退化也就严重。因此，我们在种植马铃薯时，要选用抗病毒能力强的品种，或选用脱毒种薯作种进行栽培。

2. 马铃薯种性退化的防治措施　选用抗病毒能力强的品种是防止退化的有效措施。同时，要注意健全良种繁育体系和制度，把选用良种和防毒保种结合起来，才能维持良种的生产力和延长其使用年限。使结薯期处于冷凉气候下可以使植株生长健壮，增强其抗病能力，且不利于病毒的繁殖与感染，可减少种性退化程度。

3. 去除病毒

（1）选择优株扩大繁殖。在病毒感染尚不严重的田块，选择健壮优良单株，进行繁殖留种，淘汰有病的植株。

（2）利用实生薯作种。病毒很少侵入花粉、卵和种胚，因而通过有性生殖可淘汰无性世代所积累的病毒，防止退化。

（3）茎尖培养无毒种薯。茎尖分生组织基本上不带病毒，因此，可以通过茎尖组织培养获得无病毒的植株和薯块，再以这种无毒原种薯块在生产上作种，可排除多数病毒和防止退化。

（4）改进栽培技术和贮藏条件。采用适宜的栽培措施，如选沙壤土种植，合理密植，加强田间管理，防治蚜虫和适时早收等都可促进植株健壮生长，增强抗退化能力，减少田间病毒，防止退化。

贮藏时要避免薯块受高温影响或低温冻害以及失水皱缩、过早萌芽、病虫危害等现象，以防种薯衰老，降低生活力，从而引起退化。

七、任务考核与评估

1. 描述马铃薯春、冬季栽培育苗及生产技术要点。
2. 说出马铃薯常见病虫害及防治措施。

任务二　生姜生产技术

生姜是姜科姜属多年生草本植物，花黄绿色，根茎有刺激性香味，在我国中部、东南部至西南部等地广为栽培，亚洲热带地区也常见栽培。生姜根茎供药用，鲜品或干品可作烹调配料或制成酱菜、糖姜。茎、叶、根茎均可提取芳香油，用于食品、饮料及化妆品的香料中。生姜集药用和菜用于一身，产量高、耐贮存、效益好，具有广阔的发展前景，近年来远销日本、东南亚等许多国家和地区，成为我国出口创汇的重要产品，栽培面积逐渐扩大。

一、生物学特性

（一）形态特征（图4-8-3）

1. 根　生姜属于浅根性植物，根系不发达，吸收能力较弱。根系包括纤维根和肉质根两种。纤维根是在种姜播种后，从幼芽基部发生数条线状不定根，沿水平方向生长，也称初生根。随着幼苗出土，纤维根数量逐渐增加并成为姜的主要吸收根系。在旺盛生长前期，根系随植株的生长继续生长，从姜母和子姜上开始产生肉质根。

图4-8-3　生　姜

2. 茎　生姜的茎包括地下茎和地上茎两部分。地上茎是种姜发芽后长出的主茎，高可达100 cm，被叶鞘包被，称为假茎。地下茎即为根茎，肥厚、扁平，有芳香和辛辣味，是生姜的繁殖器官，贮藏大量的营养物质。随着主茎生长，在姜母两侧的腋芽不断分生形成子姜、孙姜、曾孙姜等。根茎的休眠期较短，如果环境条件适合，可以随时发芽。

3. 叶　叶片互生，披针形，长15～30 cm，宽约2 cm，在茎上排成两列。有抱茎的叶鞘，平滑无毛，无柄。叶片的寿命较长，在生产上采取科学、精细的管理措施，促进主茎和第一、第二次分枝上的叶片健壮生长，利于提高生姜产量。

4. 花、果实　花茎直立，被以覆瓦状疏离的鳞片；穗状花序，卵圆形至椭圆形，长约5 cm，宽约2.5 cm；苞片卵圆形，淡绿色；花稠密，先端锐尖；花冠3裂，裂片披针形，黄色，唇瓣较短，倒卵圆形，呈淡紫色；雄蕊1枚，子房下位；

花柱丝状，淡紫色，柱头放射状。蒴果长圆形，长约 2.5 cm，花期为 6—8 月。

（二）生长发育周期

生姜按照其生长发育特性可以分为发芽期、幼苗期、旺盛生长期和根茎休眠期 4 个时期。

1. 发芽期　从种姜上幼芽萌发至第一片姜叶展开为发芽期。发芽过程包括萌动、破皮、鳞片发生、发根、幼苗形成等。生姜的发芽极慢，在一般条件下，从催芽到第一片叶展开需 45～50 d。这一时期主要靠种姜中贮藏的养分生长。

2. 幼苗期　从第一叶展开到具有两个较大的一级侧枝，即"三股杈"时为幼苗期。此期以根系和主基生长为主，生长比较缓慢，需 60～70 d。

3. 旺盛生长期　从"三股杈"直至新姜采收为旺盛生长期，约需 80 d。这一时期分枝大量发生，叶数剧增，叶面积迅速扩展。地下根茎加速膨大，是产品器官形成的主要时期。光照良好、肥水充足有利于地下根茎形成和膨大，可提高生姜产量，要求在霜期到来前收获并贮藏。

4. 根茎休眠期　生姜不耐霜，初霜到来时基叶便遇霜枯死，根茎被迫休眠。

（三）对环境条件的要求

1. 温度　生姜原于产东南亚的热带地区，喜欢温暖、湿润的气候，耐寒和抗旱能力较弱，植株只能在无霜期生长，生长最适宜温度是 25～28 ℃，高于 35 ℃生长受到抑制，低于 20 ℃则发芽缓慢，遇霜植株会凋谢，受霜冻根茎就完全失去发芽能力。

2. 光照　生姜耐阴而不耐强日照，对日照长短要求不严格。故栽培时应搭荫棚或利用间作物适当遮阳，避免强烈阳光的照射。

3. 水分　生姜的根系不发达，耐旱抗涝性能差，故对于水分的要求格外讲究。在生长期间土壤过干或过湿对姜块的生长膨大均不利，都容易引起发病腐烂。

4. 土壤与营养　生姜喜欢肥沃疏松的壤土或沙壤土，在黏重潮湿的低洼地栽种生长不良，在瘠薄保水性差的土地上生长也不好。姜对钾肥的需要最多，氮肥次之，磷肥最少。生姜对土壤酸碱度的反应较为敏感，适宜的土壤 pH 为 5.0～7.0。pH<5 时，根系臃肿易裂，根生长受阻，发育不良；pH>9 时，根群生长甚至停止。

二、类型与品种

根据生姜的形态特征和生长习性，可分为疏苗型和密苗型两种类型。

1. 疏苗型　该类型植株高大，生长势强，一般株高 80～90 cm，生长旺盛的植株可达 1 m 以上。叶片大而厚，叶色深绿，茎秆粗而健壮，分枝较少，通常每株可生 8～12 个分枝，多者可达 15 个以上，排列较稀疏。根茎块大，外形美观，姜球数较少，姜球肥大，多呈单层排列，姜球节较少，节间较稀。疏苗型丰产性好，产量高，商品质量优良。疏苗型的代表品种有山东莱芜大姜、广州疏轮大肉姜、安岳大姜等。

2. 密苗型　该类型植株高度中等，一般株高 65～80 cm，生长旺盛时可达 90 cm以上。生长势较强。叶色翠绿，叶片稍薄。分枝性强，单株分枝数较多，通常每株可具 10～15 个，生长壮旺时可分枝 20 个以上。根茎姜球数较多，姜球较小，姜球上节数较多，节间较短。姜球多呈双层排列或多层排列。根茎产量较高，品质好。密苗型的代表品种有莱芜小姜、广州密轮细肉姜、浙江临平红爪姜等。

按照生姜根茎和植株的用途，可分为食用药用型、食用加工型和观赏型等 3 种类型。

三、栽培季节和茬口安排

一般春季播种，霜前收获。由于生姜喜温暖，不耐寒、不耐霜，所以必须在温暖无霜的季节栽培。确定生姜的播种期应考虑以下几个条件：

1. 发芽所需的温度　应在 10 cm 地温稳定在 16 ℃以上时播种。

2. 生姜的生长习性　要获得较高的产量，需要有适于生姜生长的时间（135～150 d）。根据本地的气候条件，生姜一般于惊蛰后至 4 月中旬播种，播种过早，地温低，发芽慢；播种过晚，则生育期缩短，降低产量。

四、栽培技术

1. 选种　生姜以生产鲜食嫩姜为主，因此宜选用早熟、高产、抗病、适宜鲜食的品种。应根据各地条件，选择适宜当地栽培的品种。好的姜种取自无病、长势好的高产田。收获后，留芽头饱满、个体肥壮、大小匀称、色泽鲜亮、无伤疤的姜块。

2. 培育壮芽

（1）影响壮芽因素。壮芽是确保高产的前提，就形态而言，芽身促壮，芽顶钝圆。培育壮芽，与姜种营养、种芽着生位置、催芽温湿度等相关。

① 姜种营养。常言道"母壮子肥"，凡是鲜亮而营养好的姜种，培育的种芽也肥壮。而干瘪、营养差的姜种，培育的种芽也瘦弱。

② 种芽着生位置。一般顶端、外侧芽苗肥壮，而基部、内侧芽苗瘦弱。

③ 催芽温湿度。适温催芽（22～25 ℃），芽苗壮硕；高温催芽（28 ℃以上），幼芽偏瘦、细长。湿度不宜低，姜种失水过多，同样会造成种芽瘦弱。

（2）培育壮芽方法。

① 选种。作种用的姜种应色泽鲜亮、肉质新鲜、个头肥大、未腐烂、未受冻、无病虫害，须剔除干瘦、发软、显褐色的个体。

② 晒种。播种前 30 d，自地窖中取姜种，洗净泥土，平铺在草席上晾晒 1～2 d。夜间收姜种于室内。晒种的目的是提温破休眠，降湿防腐烂，有利于增强出芽势。同时，晒种后病姜会干缩，便于及时淘汰。

③ 困姜。晾晒 1～2 d 后，收置于室内，覆盖草帘，堆放 3～4 d，用于分解养分。

④ 催芽。困姜 3～4 d 后催芽。经催芽的姜种，出苗快而整齐，是高产栽培的重要技术措施。当前，可催芽方法有很多，如室内催芽、火炕催芽、阳畦催芽等，具体催芽方法应根据地方气候条件而定。

a. 室内催芽。室内搭建催芽池，高 80 cm，长短视具体情况而定，池底部铺放晒过的麦秸，麦秸上铺一层稻草。晒过的姜种趁热堆放，厚 50 cm。而后，姜种上再铺设一层稻草，覆盖棉被保温保湿，以温度控制在 20～25 ℃ 为最佳，时间为 20 d 左右。

b. 火炕催芽。火炕同样为地上搭建，与室内催芽池催芽类似，炕底部铺设垫草后堆放姜种，层层堆放，再加盖稻草，顶部、四周用棉被覆盖，控制好温湿度，时间为 20 d 左右。

c. 阳畦催芽。田间挖类似育苗的冷床，宽 15 m，深 60 cm，长度视具体情况而定。底面加盖暴晒后的麦秸，姜种均匀码放在上面，堆积厚度为 30 cm，覆盖适量稻草，外搭建拱棚，加盖塑料薄膜。为防夜间温度过低，薄膜加盖稻草保温，经 30 d 左右可出芽。

3. 整地施基肥　宜种生姜的地块要富含有机质，排灌方便，以沙壤土、壤土为首选，沙壤土最佳，酸碱度偏酸或中性。选好地后，深耕 20～30 cm，细耙，晒垡，作畦。畦面因地而异，若生长期雨水多，建议做高畦，挖深沟，畦向南北，畦宽 120 cm，畦沟宽 35～40 cm、深 12～15 cm，配套排水沟，种植沟深 10～13 cm。种植沟内施腐熟有机肥 2 000～2 500 kg/亩、饼肥 75 kg/亩、草木灰 75 kg/亩。

4. 播种　播种前，将催好芽的姜种掰成质量为 70～80 g 的姜块，每一姜块留 1～2 个健壮的姜芽，去除多余姜芽，确保足够养分用于供给主芽。下种前，遇到旱天，应提前浇水，水渗下后下播种。播种时，姜块平放，种芽朝上，株间距 20 cm，将其按入土壤中，覆盖一层厚 5 cm 的细土，播种后将土壤耙平。种植密度山地种姜控制在 4 000～5 000 株/亩，用种量以 300 kg/亩为最佳。

5. 田间管理　改善田间管理，以优化种植条件，创造利于高产的环境。

（1）追肥增产。生姜耐肥，用足基肥，后期还需多次追肥。

① 壮苗肥。苗出齐，苗高 30 cm 时追施壮苗肥。每亩施尿素 10 kg，兑成 0.5%～1.0% 的浓度浇施，或每亩施充分腐熟农家肥 500 kg，每次兑水 2 500～3 000 kg 浇施。

② 催子肥。以氮肥为主，施豆饼 100～150 kg/亩或腐熟厩肥 1 000 kg/亩。早期基肥用足，若无脱肥，可减少追肥量，避免植株徒长。

③ 转折肥。初秋转凉，促生姜分枝，除草的同时重施转折肥，以速效肥配施氮、磷、钾肥为主。多数情况下，需用尿素 20～25 kg/亩、硫酸钾 20～25 kg/亩、过磷酸钙 10～15 kg/亩，均匀撒施种植行上。

④ 补充肥。9 月中上旬根茎生长旺盛，为促块茎膨大、防早衰，可补施一次补充肥。补充肥以复合肥为主，用量为 30～40 kg/亩。

（2）培土促根。生姜生长期需多次中耕、除草、培土。生长前期，每隔 1～2 周浅锄一次，破板结、保墒情。株高 40～50 cm 时要进行培土。培土的目的是防姜块外露，培育肥大块茎。夏季多雨，培土需挖深畦沟 30 cm，挖出来的土壤均匀放在根系行间。

（3）控水促老熟。种植后，表土宜干，便于回温。久不下雨，应适量浇灌。出苗后，畦面干干湿湿。进入雨季，要及时排灌降水位，避免受潮和根系腐烂。姜块膨大期要勤浇水，促进姜块膨大。收获前 30 d 根据气候情况适量浇灌，促进姜块老熟。

（4）遮阳防热。入夏后，气温升高，要注意遮阳；入秋后，天气转凉，可拆除遮阳物。遮阳物搭建时宜用细竹或树枝，覆盖灰色遮阳网。

6. 采收

（1）种姜。苗高 20～30 cm、有 6～7 片叶时，新姜即长成，此时可收获。收获时用小铲挖坑，扶住姜株，以免晃动。挖土尽量少，收获后，回填土拍实。

（2）嫩姜。初秋转凉，根茎旺盛，分枝成姜丛，是鲜姜最佳收获期。此时的嫩姜含水量大，适合用于加工腌制。收获早，产量低，品质好；收获迟，品质降低，但产量高。

（3）老姜。初霜到来，植株茎叶泛黄。此时，根茎老熟，可作老姜收。采收宜选在晴天，浇一次水，以湿润土壤、疏松土质，收获时将整株姜拔出或刨出，抖落泥土，剪除多余茎、叶，留残茎 2～3 cm 去根，不用晾晒，直接贮藏。

五、病虫害防治

病虫害对生姜产量影响大，务必提前做好防控措施。

1. 病害防治

（1）腐烂病。又称姜瘟，在种姜区多见，可造成 10％～20％ 的减产，甚至会造成绝产。防治措施：合理轮作，选用无病姜种；栽植前用甲醛 100 倍液浸种 6 h，或切块后用 1％ 波尔多液浸种 3 min；推广深沟高畦种植，及时排水；出现腐烂病菌，可用消石灰 100 kg/亩调整土壤酸碱度，控制该病害；出现病株时，及时拔除，清理带菌土壤。

（2）斑点病。又称白星，以危害叶片为主，多产生不规则病斑，中间呈灰白色，边缘呈褐色。潮湿环境下，病斑有大小不一的黑色粒点，严重时，病斑相连，可使整个叶片干枯。防治措施：冲施微生物菌肥，以均衡土壤中微生物菌种，改善土壤团粒结构；发病初期用 75％ 百菌清可湿性粉剂 800～1 000 倍液或 30％ 氢氧氯化铜悬浮剂 300～400 倍液喷施，每隔 7 d 喷施一次，连续喷 3～4 次。

（3）炭疽病。为真菌性病害，危害叶片，初期呈水渍状褐色斑点，后期逐渐扩大呈不规则形褐斑。潮湿时，病斑呈小黑点。防治措施：合理轮作，收获时及时处理病残体，将病残体带出田间集中销毁；加强肥水管理，增强株势；用 70％ 甲基硫菌灵可湿性粉剂加 75％ 百菌清可湿性粉剂 1 000 倍液、40％ 多硫悬浮剂 500 倍液、50％ 苯菌灵可湿性粉剂 1 000 倍液进行喷雾防治。

2. 虫害防治　姜螟以幼虫啃食嫩茎，导致地上茎叶枯黄，是重点防治对象。防治措施：发病初期茎、叶失水卷缩，可用刀具将茎、叶去除，促基部发新枝；虫卵孵化高峰期可用药剂防治，如用 90％ 敌百虫晶体 800～900 倍液或 50％ 马拉硫磷乳油 1 000 倍液进行喷雾防治。

六、任务考核与评估

描述生姜生长过程及生产技术要点。

任务三　芋生产技术

芋是天南星科多年生宿根性草本植物，常作一年生作物栽培。芋最早产于中国、马来西亚以及印度半岛等炎热潮湿的沼泽地带，后在全球各地广为栽培。我国的芋资源极为丰富，主要分布在珠江、长江及淮河流域。芋是一种重要的蔬菜兼粮食作物，营养和药用价值高，是老少皆宜的营养品；芋的淀粉颗粒小至马铃薯淀粉的 1/10，其消化率可达 98％ 以上，尤其适合婴儿和病人食用，因而有"皇帝供品"的美称。除用于获得淀粉外，芋还可以用于制醋、酿酒等。

一、生物学特性

（一）形态特征（图 4-8-4）

1. 根　芋的根为白色肉质纤维根，着生于母芋与子芋下部节上。芋的根系属于浅根系，大部分根群分布在距土表 25 cm 以内的土层中。根毛较少，这是在水生环境下形成的一种特殊的适应性。不耐干旱，吸水力弱。芋肉质不定根上生出的侧根系可以代替根毛进行养分、水分的吸收。

2. 茎　茎缩短成地下球茎，球茎形态各异，有球形、卵圆形、椭圆形、棒状、圆柱形等形状。球茎节上有棕

图 4-8-4　芋

色鳞片毛，为叶鞘痕迹。茎上具叶痕环，节上均有腋芽，能发育成新的球茎，少数品种可形成匍匐茎，顶端膨大成球茎。球茎的顶芽可长出新株，腋芽隐生，如果顶芽受损，则由强壮的腋芽代替长出新株。芋芽颜色有白色和淡红色两种基本类型。球茎长出新株后，节上的腋芽可萌发长成小芋，称作子芋，播种时的种球茎则称为母芋。如果条件合适，子芋上的芽还能形成孙芋、曾孙芋等。

3. 叶　互生，叶片盾形、卵圆形或箭头形，先端渐尖。叶片大小因品种而异。叶表面有密集的乳突，可蓄空气，形成气垫，并可使水形成水滴，不会沾湿叶面。叶柄长 40～180 cm，直立或披展，下部膨大成鞘，包在短缩茎的周围，中部有槽。叶柄有绿色、红色、紫色或黑紫色，因品种不同而异，常作为品种分类的依据。叶片与叶柄有明显的气腔，木质部不发达，叶片大而脆弱，叶柄长而中空，不耐风害。

4. 花、果实　通常不开花，只有栽培在华南一带的部分品种可以开花，在温带地区栽培的品种很少开花。常见开花的芋品种有福建紫蹄芋、福建红芽芋等。芋的花包于佛焰苞中，形成肉穗花序，花大多为白色，少数为粉红色，属异花授粉，很少结籽。果实为浆果。

5. 种子　种子一般不用于生产繁殖，因为其发芽率低，植株生长势较弱，栽

植当年不能形成肥大的球茎，而且性状变异较大。

（二）生长发育周期

1. 发芽期　从播种到第一片叶展平称发芽期，这一时期生长所需养分主要来源于种芋。此期要注意提高温度，并使土壤能保持一定的湿度，采用的措施有地膜覆盖和小拱棚、大棚保护地栽培。

2. 幼苗期　从第一片真叶展平到第四片展平为幼苗期，生产上称为蹲苗期。此时期，种芋贮藏的养分消耗殆尽，种芋的顶部生出母芋，母芋上有5～8个轮环，即5～8节。每个轮环上有一个侧芽，将来有可能发育成子芋。

3. 球茎膨大期　这一时期叶片数增加，叶面积迅速扩大，地下球茎急剧变肥大，是形成球茎产量的主要时期。栽培上注意肥水的合理供给，为地下球茎的发育膨大创造适宜的条件。

4. 休眠期　收获贮藏后，球茎顶芽处于休眠期。

（三）对环境条件的要求

1. 温度　芋原产高温多湿地带，在长期的栽培过程中形成了水芋、水旱兼用芋、旱芋等栽培类型。但无论水芋还是旱芋都需要高温多湿的环境条件，13～15 ℃芋的球茎开始萌发，幼苗期生长适温为20～25 ℃，发棵期生长适温为20～30 ℃。昼夜温差较大有利于球茎的形成，球茎形成期以白天28～30 ℃、夜间18～20 ℃为宜。

2. 水分　无论是水芋还是旱芋，都喜欢湿润的环境。旱芋生长期要求土壤湿润，尤其叶片旺盛生长期和球茎形成期需水量大，要求增加浇水量或在行沟里灌浅水。同时注意在球茎形成熟初期喷洒地果壮蒂灵，使地下果营养运输导管变粗，提高地果膨大活力，果面光滑，果型健壮，品质提高，达到丰产。水芋生长期要求有一定水层，幼苗期保持水层3～5 cm，叶片生长盛期以水深5～7 cm为好，收获前6～7 d要控制浇水和灌水，以防球茎含水过多，不耐贮藏。

3. 光照　芋较耐弱光，对光照度要求不是很严格。在散射光下生长良好，球茎的形成和膨大要求短日照条件。

4. 土壤与营养　水芋适合在水中生长，需选择水田、低洼地或水沟栽培。旱芋虽可在旱地生长，但仍保持沼泽植物的生态型，宜选择潮湿地带种植。芋是喜肥性作物，其球茎是在地下土层中形成的，因此应选择有机质含量丰富、土层深厚的壤土或黏壤土，pH以5.5～7.0为宜。

二、类型与品种

（一）按照母芋、子芋的发达程度及子芋着生方式分

1. 多头芋　母芋分蘖群生，子芋甚少，台湾山地栽培的狗蹄芋、广西宜山的狗爪芋皆属此类。多头芋植株矮，一株生多数叶丛，其下生多数母芋，结合成一块，粉质，味如板栗。

2. 大魁芋　母芋单一或少数，肥大而味美，生子芋少，植株高大，分蘖力强，子芋少，但母芋甚发达，粉质，味美，产量高。如台湾、福建、广东等热带地区常见的竹节芋、红槟榔心、槟榔芋、面芋、红芋、黄芋、糯米芋、火芋等。

3. 多子芋　子芋多而群生，母芋多纤维，味不美。多子芋分蘖力强，子芋为尾端细瘦的纺锤形，易自母芋分离，栽培目的是采收子芋。我国中部及北部栽培者多属此类，如台湾的早生白芋、浙江杭州的白梗芋、浙江慈溪的黄粉芋等。浙江的红顶芋、乌脚芋和台湾的乌柿芋等品种具红色或紫色叶柄，也属此类。

（二）按芋的颜色和形状分

1. 红芋（狗爪芋）　株高 90～100 cm，叶片阔卵形，叶柄淡紫色。母芋较大，近圆形，每株子芋 7～10 个；子芋肥大，皮厚，褐色，肉白色，芽鲜红色，单株产量 0.85～1 kg。含淀粉较多，品质优，可鲜芋食用，也可干制。中熟，生长期为 210～240 d，种植期为 2～3 个月，9—10 月采收。

2. 白芋（红芽芋）　芽为白色，叶柄为绿色，其他形态基本同红芋。白芋与红芋因其不易煮烂而很少被人直接食用，一般是将其捣烂制成芋馃等熟制品。而人们直接食用的则是发生第一次分蘖，形成小的球茎的子芋，这就是人们在超市里常见的如鸡蛋大小的芋子，可与白糖同食，当家常菜。

3. 九头芋　株高 80～90 cm，叶片阔卵形，叶柄绿色。母芋与子芋丛生，子芋稍多，球茎倒卵形，褐色，肉白色。单株产量 1.5 kg，肉质滑，味淡，可作蔬菜或晒干作药用。晚熟，生长期为 270～300 d，种植期为 2～3 个月，11—12 月采收，亩产 2 500～3 000 kg。九头芋的口味略优于白芋和红芋。

4. 槟榔芋（广西称之为荔浦芋）　株高 80～150 cm，叶片阔卵形，叶柄从下至上由绿逐渐过渡为咖啡红，直至叶芯。球茎长椭圆形，深褐色，肉白色，有咖啡色斑纹。母芋大，子芋长卵形，直径为 3～5 cm，长度可达 20 cm，福州地区俗称芋柄。每株有子芋 6～10 个，单株产量 2.5～3.0 kg。淀粉含量高，香味浓，故又称为香芋。耐湿性较其他品种差，耐贮性较好。晚熟，生长期 240～280 d。

三、栽培季节与茬口安排

芋在温暖的季节种植，如果种植太早，种子容易出现腐烂。种植期间温度需要控制在 13 ℃以上，这样它才能更好发芽。芋种植一般在 1—3 月（春季）比较多，有些地区在 3 月上旬或中旬种最好，夏末或秋季收获（8—10 月）。

四、栽培技术

1. 选种　选择品质好、产量高、新鲜无病虫害的母芋作为种芋。在播种前 3～4 d 进行晾晒。芋播前要进行选种，既要符合品种特征，又要大小适宜。若种芋出窖时顶芽已萌生很长，新根已经发生，则不能作种，因这种芋播种后长势弱，易早衰，不易丰产。种芋选好后摊晒 1～2 d，促进养分转化，便于播种后发芽生长。在晒种时，还应按大、中、小分级，以便分开播种。种芋上的毛也应剥去，以利于播种后吸水发芽。

2. 整地　选择 2～3 年没有重茬且有灌溉条件的地块，入冬前深耕 40 cm 左右，同时施用碳酸氢铵 1 500 kg/hm² 和 5‰吡虫啉乳油 750 mL，用于补充氮肥、杀菌杀虫。翌年 3 月开始整地。对冻垡土壤进行旋耕，施硫酸钾型复合肥 900 kg/hm²、有机肥（豆粕）2 000 kg/hm²。按 80 cm 行距机械开沟，沟深 20 cm。

3. 田间管理

（1）水分管理。芋既不耐旱，也不耐涝。因此，播种时土壤含水量必须达到70%，并保持整个苗期土壤湿润。在结芋期需水量大，遇到干旱天气，需采用滴灌的方式及时补充水分。如果遇到连续的阴雨天气，造成田内积水，需及时排涝。

（2）施肥管理。

① 适施发棵肥。5月中下旬当芋苗高30～35 cm时，芋块茎开始膨大，大部分种芋开始分蘖，先用硫酸铜、生石灰各0.5 kg，稀释300倍灌根，隔10 d开沟施发根肥，用腐熟人畜粪尿1 000～1 500 kg/亩或尿素15～20 kg/亩，或者施饼肥50～80 kg/亩或氮磷钾复合肥20～30 kg/亩。

② 酌施平衡肥。6月中下旬至7月上旬当芋苗高40～60 cm、7～8叶时看苗追肥，促进平衡生长，此时子芋上发生的小芋称孙芋。用人畜粪尿1 500～2 000 kg/亩，尿素、氮磷钾复合肥各10～20 kg/亩淋施或距芋苗根部约10 cm处挖穴深施，并进行次培土（7～10 cm），避免烧根。若苗长势过旺可用15%多效唑可湿性粉剂600倍液淋根处理1～2次，每次每株100 mL，也可每亩用膨大素50 g兑水50 kg喷施2次，以使芋肉质更粉，品质更佳。

③ 重施壮芋肥。7月中下旬至8月当芋苗高80～90 cm、9～10叶时封行前进入球茎膨大期，用土杂肥1 000～1 500 kg/亩、氮磷钾复合肥20～25 kg/亩、硫酸钾10～15 kg/亩，于株间挖穴深施，进行培土（10～13 cm），以利于母芋膨大。同时将露出地面的子芋苗铲出，及时割除植株老叶和病叶。封行后停止使用尿素，每亩仅用氮磷钾复合肥30～35 kg兑水浇施，每月2次，采收前20～30 d部分芋叶开始有落黄时应停止追肥，否则会促使新叶生长消耗养分，不利球茎的膨大，影响产量与品质。

4. 采收　11月下旬霜降后，芋叶变黄，根系枯萎，即可采收。当叶片开始发黄枯败时，表明已到成熟期，可以根据市场需求情况进行采收。但此时由于球茎仍在膨大，还有增加产量的空间，大面积收获最好等到最后一片叶枯败完成，大概在10月下旬。因此，不需上市的芋可以在11月上旬，日平均气温降到0 ℃以下前再全部采收。采收后的芋晾干后进行窖藏，或在2 ℃以上室温覆土覆草贮藏。

五、病虫害防治

芋生长过程中常见的病害有芋疫病、软腐病和污斑病，虫害有蚜虫、斜纹夜蛾等。生产上除了采用农业措施来预防外，还需要采取一定的化学防治措施。

1. 芋疫病　在前期进行土壤和种芋处理，一般不建议使用农药。

2. 软腐病　软腐病属细菌性病害，可用硫酸链霉素、百菌清灌根，施用时可在施肥前、培土后、割子芋后各施一次。同时在常年发病重的地域每次用药都应加硫酸链霉素，严防地下害虫及控制水分。

3. 蚜虫　蚜虫严重时造成叶片布满黑色霉层，生产上可以喷施抗蚜威或吡虫啉进行防治。

4. 斜纹夜蛾　斜纹夜蛾一般用高效氯氟氰菊酯、毒死蜱、吡虫啉或氟虫氰在3龄幼虫前喷杀，用药要考虑综合防治。如吡虫啉加阿维菌素可以防芋蚜、斜纹夜蛾等害虫。

六、任务考核与评估

描述芋生长过程及生产技术要点。

任务四　山药生产技术

山药又称薯蓣，是薯蓣科薯蓣属植物，缠绕草质藤本，分布于朝鲜、日本和中国。山药在我国分布于河南、安徽、江苏、浙江、江西、福建、台湾、湖北、湖南、广东、贵州、云南北部、四川、甘肃东部和陕西南部等地。山药生长于山坡、山谷林下，溪边、路旁的灌丛中或杂草中。以地下肉质块茎供食，叶腋所生零余子也可食用或繁殖。山药果质脆，具有黏性，煮食为粉状，具有特殊风味，富含糖类和蛋白质，鲜薯可炒食或煮食，味美，除可当粮食外，还是珍贵的蔬菜。山药耐贮运，干制品可作药材，为主要出口农产品之一。

一、生物学特性

（一）形态特征

山药为薯蓣科多年生缠绕藤本，茎蔓生右旋，长 3 m 以上。叶片心脏形或箭头形，叶腋间常生 1～3 个珠芽（气生块茎），也称零余子（山药蛋），可用来繁殖和食用。地下具肉质块茎，分为棒状、掌状和块状 3 类，表皮粗糙淡，黄褐色或黑褐色，表面密生细须根，春季自块茎上生不定芽，肉白色或淡紫色（图 4-8-5）。夏季开花，花单生，乳白色少有结实，主要以块茎繁殖。

图 4-8-5　山　药

（二）生长发育周期

山药要求高温、干燥的气候条件，块茎在 10 ℃开始萌动，生长适温为 25～28 ℃，在 20 ℃以下生长缓慢，叶蔓遇霜则枯死，短日照能促进块茎和零余子的形成。对土壤要求不严，山坡、平地均可栽培，但以土质肥沃疏松、保水保肥力强、土层深厚的沙壤土为最好，土层越深，块茎越大，产量越高。生长在稍黏重土中的山药块茎短小，但组织紧密、品质佳。

二、类型与品种

我国栽培的山药有以下两个种。

1. 家山药（普通山药）　原产于我国，茎圆而无棱翼，主要分布于江西、陕西、河南、湖南、四川、贵州、浙江和云南等省份，按块茎形态可分 3 个变种：

（1）扁块种。形似脚掌，适合在浅土层及多湿黏重的土壤中栽培，如江西上高脚板薯、广州红皮淮山药、四川脚板苕。

（2）圆筒种。块茎呈短圆柱形或不规则团块状，主要在我国南方地区栽培，如浙江黄岩山药、台湾圆薯。

（3）长柱种。块茎长 30～100 cm，主要在我国华北地区栽培，如陕西华州怀山药、河南慢山药。

2. 田薯（大薯） 茎多角形而具棱翼，主要分布在广东、广西、福建、台湾等地，依块茎形状可分为 3 个变种：

（1）长形种（长柱种）。块茎长 33～66 cm，耐寒性较强，如福建雪薯及杆薯、广州鹤颈薯及黎洞薯、江西瑞昌真山药、广西苍梧大薯、成都牛尾苕、江苏线山药及牛腿山药等。

（2）扁形种（扁块种）。块茎扁且有褶皱，分趾 2～3 瓣，耐寒性弱，土层较浅也可栽培。此种山药呈掌状，称"佛掌薯"或"脚板薯"，如浙江瑞安红薯、江西南城及四川成都脚板苕（白苕）、广东葵薯及耙薯、福建银杏薯。

（3）块状薯（圆筒种）。块茎常呈短圆柱形或不规则形的团块，如浙江黄岩山药、福建观音薯、广东早白薯及大白薯。

三、栽培季节与茬口安排

山药以露地栽培为主。春种秋收，一般生长期在 180 d 以上。播种期宜安排在土温稳定在 10 ℃以上时，适当早种有利于提早发育，增加产量。华南地区 3 月至 4 月上旬栽植，长江流域 4 月上旬栽植。山药一般只可连作 3 年，否则会发生严重病害及块茎分叉等现象。山药可单作或与瓜类、蔬菜类间套栽培，因前期生长缓慢，间套作应用普遍。

四、栽培技术

1. 整地作畦施基肥 山药生长期长，对土壤要求不严，一般选择排水良好的菜园四周地边栽植，搭架兼作篱笆用。山药块根入土很深，要求深耕土地，等表土晒干后，亩施焦泥灰混合肥 2 500～5 000 kg 作基肥，做成 1.4～1.6 m 的高畦（连沟），开两条深 8 cm 的栽植沟，株距 33～40 cm，栽种时将薯块切面向下或倒放，种后覆土 6～10 cm。早栽出苗虽慢，但先生根后发芽，根系发达，生长健壮。

2. 育苗 种植期一般在 3 月下旬至 4 月上旬，可采用种薯切块和零余子（山药豆）进行育苗：

（1）种薯切块。栽植种薯于前一年 9 月收获。选择中等大小，生长健壮的块根贮于窖内，翌年春分至立夏拿出，长形种的薯块各部位均能产生不定芽，可按 10～15 cm 长切段繁殖，称山药段；而块状种往往只有顶部才能发芽，所以分切时应纵切成长宽各 5 cm、厚 2 cm（约 100 g）的小块，每块茎带有顶芽，薯块切好后，掺拌草木灰并放在太阳下晒 1～2 h，再放在室内 2～3 d，待切面愈合后播种，防止腐烂，促使发芽整齐。此法出苗早，发育快，植株生长势旺盛，但繁育系数低，连续几年后顶芽衰老，生活力衰退，影响产量。

（2）零余子。用零余子播种可节约种薯，当年即可收获大薯，产量高。种薯不足时可采用零余子育苗，该方法繁殖较容易，但植株生长较慢，两年方可收到大

薯。方法如下：将 8—9 月采收的零余子沙藏过冬，到春播种于苗床内，株距
10 cm，夏季成苗，培土于根际，促使根部生长，当年秋季可形成长 29～35 cm 的
小块根（一代种薯），霜降后挖出，沙藏过冬，第二年按行距 70 cm、株距
17～20 cm 栽植于大田，秋季采收块茎已有 30 cm 长，可供本田栽培。用零余子繁
殖的一代种薯生活力旺盛，如果年年选择，则可保持种性，生产上一般需交替使用
种薯切块和零余子两种方法进行育苗。

3. 田间管理

（1）搭架栽培。当幼苗长至 30 cm 后，以长 1.5～1.6 m 的小竹插成"人"字
形架或直立架，使茎蔓缠绕向上生长。以块茎繁殖的，每薯块应选留强健苗 1～2
个，其余摘除，茎蔓伸长过旺或分生腋芽应及时搞去，并去除下部胶芽。7 月（小
暑前后），叶腋中长出的零余子花蕾除留种者外应及时全部去除，以减少养分消耗，
促进光合作用，从而利于块茎肥大。

（2）肥水管理。山药细根多，蔓延于地表，一般人工除草，很少中耕。生长期
间追肥 3～4 次。第一次在抽蔓时追肥，在距离植株 30 cm 处挖深 6～10 cm 施肥
沟，亩施人粪尿 750～1 000 kg 或饼肥 25～40 kg。当苗高 50 cm 时进行第二次追
肥，亩施人粪尿 500～1 000 kg 或化肥 5.0～7.5 kg，也可施草木灰、土杂肥，并培
土 1～2 次。厩肥、猪牛粪等使用不当植株易患病害或使块茎皮色发黑，应谨慎施
用。7—8 月遇干旱应适当灌浅水 1～2 次。花蕾期、结薯中期各施一次重肥人粪尿
1 500～2 000 kg，以满足块茎肥大对肥水的要求。

4. 采收　长江流域 10 月下旬（霜降）地上部逐渐枯黄即可陆续采收；华南地
区冬季暖和，11 月开始收获，也可留于土中过冬至清明前随时采收供应。收获后
可将块茎的须根剪去，冬季多行挖窖埋藏或放在室内贮藏。

留种薯块采掘时要避免挖伤肉质根，保留根群，可不去须根。山药零余子可以
供食，也可作种，长江流域于 8—9 月成熟，华南地区于 10—11 月成熟，应于自行
脱落前采收，选择粗壮、毛孔稀、带长三角形的留种，并妥善保管，翌年可用于
播种。

五、任务考核与评估

描述山药生产技术要点及采收的注意事项。

子项目九　水生蔬菜生产技术

🌱知识目标

1. 了解水生蔬菜的主要种类。

2. 熟悉水生蔬菜（莲藕、茭白）的生物学特性、品种类型、栽培季节与茬口安排。

3. 掌握水生蔬菜（莲藕、茭白）的栽培技术。

🌿技能目标

1. 能正确选择种藕和茭墩。

2. 能根据水生蔬菜（莲藕、茭白）的生育特点进行种植和管理。

3. 能正确判断莲藕、茭白的采收期，并正确采收。

水生蔬菜是指适合在淡水环境生长，其产品可作为蔬菜食用的维管束植物，是我国独具特色的一类水生经济作物，主要包括莲藕、茭白、荸荠、慈姑、菱、水芹、芡实、莼菜、水蕹菜、豆瓣菜、蒲菜、蒌蒿等。除豆瓣菜以外，水生蔬菜均原产于我国或以我国为主要原产地之一，其中以莲藕、茭白、慈姑、荸荠、菱等在我国南方地区种植较为普遍。

水生蔬菜一般生长期较长，可达 150～200 d；喜温暖，不耐低温，一般无霜期生长；喜水，不耐干旱，生长期间必须保持一定的水层，但不宜水位过高；根系较弱，根毛退化；组织疏松多孔，茎秆柔弱，因此应避免在风高浪急的地方种植。

任务一　莲藕生产技术

莲藕简称莲，别名莲菜、荷藕等，属睡莲科多年生草本植物。莲以根状茎的藕和莲籽为主要食用器官，藕可作蔬菜食用，并可加工成各种副食品，莲籽可鲜食或加工。藕节、莲根、莲芯、花瓣、雄蕊、莲叶等皆可入药。莲藕的产品在国内外具有广阔的市场，是出口创汇的重要商品。

一、生物学特性

（一）形态特征

1. 根　须状不定根，主根退化。各节上环生不定根，新萌发根为白色，老熟后为深褐色。

2. 茎　根状茎，称莲鞭或藕鞭。莲鞭上有节，向下生须根，向上生叶，形成分枝，莲鞭分枝性较强，每节都可抽生分枝，及侧鞭，侧鞭的节上又能再生分枝。到夏秋之间，莲鞭先端数节开始肥大，称母藕或正藕，由 3～6 节组成，全长 1.0～1.3 m。母藕节上分生 2～4 个子藕，节数少。较大的子藕又分生分枝，称孙藕，孙藕较小，只有一节。母藕先端一节较短，称藕头；中间 1～2 节较长，称藕身；连接莲鞭的一节较长而细，称尾梢。

3. 叶　初生叶小，沉于水中称"钱叶"；后生叶较大，浮在水面的称"浮叶"、伸出水面的称"立叶"。植株生长前期立叶从矮到高，生长后期从高到矮，可以从叶片来鉴别藕头生长的地方。结藕前的一片立叶最大，称"栋叶"，以此叶作为地下茎开始结藕的标志，最后一片叶为卷叶，色深，叶厚，叶柄刺少，有时不出土，称为"终止叶"。

4. 花、果实　花通称荷花，单花，红色、浅红色或白色，开花期为 3～4 d，群体花期达 100 余日。荷花盛开时，藕也进入生长盛期，一般从开花到莲子成熟需 40～50 d。莲子成熟时，藕也同时成熟。莲藕为异花授粉植物，昆虫和风是重要的传粉媒介。藕莲的早熟品种开花较少，中晚熟品种开花较多。果实称莲子，果皮内有紫红色种皮，所有果实包埋在半球形的花托——莲蓬内，一般每个莲蓬均有莲籽 15～25 个。

5. 种子　果实成熟后，外壳黑色坚硬，种子（即莲子）紫红色，胚淡绿色。

（二）生长发育周期

莲藕一般以膨大的根状茎（藕）进行无性繁殖，全生育期 180～200 d，按其生长发育规律，一般分以下几个时期：

1. 幼苗期　从种藕根茎萌动至第一片立叶长出前为幼苗期。平均气温上升到 15 ℃时，莲开始萌动，此期长出的叶片一般为浮叶。一般而言，田间水深越深，浮叶抽生越多；水浅，浮叶抽生少。在整个生育时期，莲都伴随有浮叶的抽生生长。定植后 5～7 d 抽生第一片浮叶，抽生 3～4 片浮叶后开始抽生立叶，7 月中下旬是浮叶生长最快的时期。一般而言，莲的萌动期也是莲藕定植的最佳时期。

2. 成株期　从立叶长出至开始结藕前为成株期。此时期是莲营养生长的旺盛时期，同时也伴随开花结实的生殖生长过程，汉中地区一般在 5 月上中旬至 7 月上旬或 8 月上旬。这一时期的典型特征是立叶数量大量增加，平均每 7 d 左右根状茎生长一节，从而形成一个庞大的分枝系统。

在叶片不断生长的同时，植株开始现蕾开花。开花的多少因品种不同而异，子莲在长出 3～4 片立叶后基本上是一叶一花，而藕莲甚至无花。长江中下游流域一般 6 月开始现蕾开花，7—8 月为盛花期。

3. 结藕期　莲生长到一定时期，根状茎开始膨大，形成藕，早熟品种一般在 7 月上旬，中晚熟品种在 7 月下旬或 8 月上旬进入结藕期。

4. 休眠期　新藕完全形成后，莲地上叶片开始枯黄，进入休眠。休眠期一般发生在 9 月下旬至翌年 3 月下旬。

（三）对环境条件的要求

1. 温度　莲藕为喜光、喜温植物。莲的萌芽始温为 15 ℃，生长最适温度为 25～30 ℃，昼夜温差大有利于莲藕的膨大形成。

2. 水分　莲藕在整个生育期内不能离水，适宜水深 5～100 cm。同一品种在浅水中种植时莲藕节间短，节数比较多；而在深水中种植时节间伸长变粗，节数变少。

3. 土壤　莲藕对土质要求不严格，适宜的 pH 6.5～7.5，耐肥，喜有机质丰富、耕作层较深（30～50 cm）且保水能力强的黏性土壤。

二、类型与品种

莲藕依据栽培目的不同可以为分为 3 类。一类是藕莲、莲菜、藕等，以食用为目的；一类是籽莲，主要以采收莲籽为目的；一类是花莲，主要以观赏为目的。

莲藕依据栽培水位深浅不同可分为浅水藕和深水藕。

1. 浅水藕（田藕）　适于水深为 10～30 cm 的低洼田、一般水田或最深不超过 80 cm 的稻田，多为早熟种，如苏州花藕、慢荷（晚藕）、武植 2 号、鄂莲 1 号、鄂莲 3 号、湖北六月报、扬藕 1 号、科选 1 号、大紫红、玉藕、嘉鱼、杭州白花藕、南京花香藕、雀子秧藕、江西无花藕等。

2. 深水藕（塘藕）　一般要求水位为 30～60 cm，最深不超过 1 m，夏季涨水期能耐深 1.3～1.7 m 的水，宜于池塘、河湾和湖荡栽培，一般为中晚熟品种，如江苏宝应美人红、鄂莲 2 号、鄂莲 4 号、湖南泡子、武汉大毛节、广州丝藕等。

此外，还可根据熟性分为早熟类型、中熟类型、晚熟类型。藕莲可根据节间（俗称"藕筒"）长短分为长筒型、中筒型及短筒型。籽莲常根据品种来源不同分为湘莲（来自湖南）、赣莲（来自江西）及建莲（来自福建）。

三、栽培季节和茬口安排

1. 籽莲　自清明前后移栽种藕，白莲生长时期可分为始蕾期、始花期、盛花期、花蓬期和莲蓬后期。莲花是陆续开放的，花期为 5 月中旬至 10 月初，历时 90～140 d，开花时间长短因品种而异。7—8 月可以收获白莲子。

2. 藕莲　藕莲适合在炎热多雨季节生长。长江以南多在 3 月至 4 月上旬栽种，北京地区多在 5 月上旬栽种。藕田宜选择土层深厚、有机质丰富的微酸性或近于中性的黏质土壤。

四、栽培技术

（一）莲藕常规露地栽培

1. 藕田选择与施肥　浅水藕多为水田栽培，宜选择水位稳定、土壤肥沃的水田种植。将水田翻耕耙平，在翻耕前施基肥，一般每亩施腐熟的厩肥 3 000～5 000 kg，或腐人粪尿 1 500～2 500 kg，草木灰或生石灰 80～100 kg。

2. 藕种的培育与选择　莲藕的繁殖方式分为有性繁殖、无性繁殖。

（1）有性繁殖。用莲的种子培育成实生苗的方法即为有性繁殖。

该方法是先将莲籽凹入的一端果皮破孔，然后在 20～30 ℃的水中浸种催芽。浸种催芽的过程中要经常换水，待长出 4 叶 1 鞭后，便可定植于大田。实生苗前期生长较慢，当年形成的商品藕较小。并且由于莲是杂合体，株间整齐度较差。该繁殖方法多在育种中应用，商品生产中不采用此法。

（2）无性繁殖。通过营养体进行繁殖的方式即无性繁殖。该方法能保持品种的纯合一致。生产中通常采用此法。

① 整藕繁殖。整藕繁殖是生产上最常用的一种繁殖方法，即采用整支莲藕作种定植。

② 子藕繁殖。主藕上的分支称子藕。一般用具 2～3 个节间的子藕用种，每穴栽种 2～3 个子藕，其顶芽分布在不同方向。子藕作种是一种较经济的留种方法。

③ 藕头繁殖。将主藕或子藕顶端的一段带芽切下作种。其栽培方式同子藕。

3. 定植　种藕一般是随挖、随选、随栽，如果当天栽不完，应洒水保湿防止叶芽干枯。在当地平均气温上升到 15 ℃以上时定植。汉中地区一般在 4 月上旬定植；浅水田栽种密度因品种、肥力条件而定。一般早熟品种密度要大，晚熟品种密度要稀；瘦田稍密，肥田稍稀。田藕早熟品种一般行距 1.2 m，穴距 1 m；晚熟品种一般行距 2.0～2.5 m，穴距 1～2 m。用种量因种藕大小而差异较大。

定植方法：先将藕种按一定株行距摆放在田间，行与行之间各株交错摆放，四周芽头向内，其余各行也顺向一边，中间可空留一行；田间芽头应走向均匀。栽种时种藕前部斜插泥中，尾稍可露出水面。

早熟品种一般先催芽再移栽，防止移栽过早因水温太低引起烂种。催芽方法：将种藕置于温暖室内，上、下垫覆稻草，每天洒水 1～2 次，温度保持在 20～25 ℃并保持一定湿度。经 20 d 左右，芽长>10 cm 时即可移栽。

4. 藕田管理

（1）水层管理。灌水量按"前期浅、中期深、后期浅"的原则加以控制。生长前期保持 3～6 cm 的浅水，有利于水温、土温升高，促进萌芽生长，生长盛期逐渐加深到 15 cm，太浅会引起倒伏，太深则植株生长弱；结藕期水宜浅，以 5～10 cm 为宜，促进结藕；防止水位猛涨淹没立叶，造成减产。冬季藕田内水不宜干，应保持一定深度的水层，防止莲藕受冻。

（2）追肥管理。在莲的生育期内分期追肥 2～3 次。第一次在栽藕后 20～25 d，长出 1～2 片立叶时；第二次在栽藕后 40～45 d，长出 2～3 片立叶时；第三次在结藕前。第一次每亩追施腐熟人粪尿 1 500～2 000 kg，第二次每亩追施腐熟人粪尿 1 500～2 000 kg 或氮磷钾复合肥 20～25 kg，第三次每亩追施腐熟人粪尿 2 000～3 000 kg 或者 10～15 kg 尿素。早熟品种一般只追 2 次肥。施肥前宜将田间水深降低，施肥后应及时浇水冲洗叶片上留存的肥料，防止灼伤叶片。

（3）耘草、摘叶、摘花。在封行前应结合施肥进行耘草，拔出杂草随即塞入藕下泥土中，作为肥料。定植一个月左右，浮叶渐枯萎，及时摘除，使阳光透入水中，以提高土温。夏至后有 5～6 片立叶，已经封行，地下早藕开始坐藕，不宜下田耘草。藕莲以采藕为目的，如有花蕾应及早摘除。

（4）转藕梢。为了使莲鞭在田间分布均匀，或防止莲鞭穿越田埂，应随时将生长较密地方的莲鞭移植到较稀处，也应随时将田埂周围的莲鞭转向田内生长。莲鞭较嫩，操作时应特别小心，以免折断。生长盛期每隔 3～5 d 需拨转一次。

（二）小池莲藕保水栽培

缺水的地方可以通过一些设施的建设达到莲藕在生产过程中保水的目的。保水莲藕池分为两种类型：一种是混凝土砖池，又称"硬池"；一次是塑料薄膜池，又称"软池"。莲池一般分小池和大池两种。

1. 建池　在选好的藕田上按南北向开通硬池，软池的建设是将田块挖 60 cm 深，人工把底及上壁平整，池底打实，铺上塑料薄膜，两幅薄膜相接处重叠 20 cm，用塑料胶粘接，保证接缝不渗水。最后池口四周用土打成高 30～40 cm 的土埂，把塑料薄膜铺在土埂上并压实。农膜不应有破损，如有破损应用塑料胶及时修补。应保证莲池不渗水，池壁要留排水口，排水头直径为 20～30 cm。

2. 品种选择　可以选择鄂莲 2 号、鄂莲 4 号、鄂莲 5 号、新 1 号等鄂莲系列品种。

3. 池田整理及施肥　结合填池土每亩施腐熟的优质有机肥 8 000～10 000 kg、磷酸二氢钾 60 kg、氮磷钾复合肥 50 kg，与池土混匀。栽前灌水，使泥土呈浆状，水层保持在 2～3 cm。

4. 定植　4 月下旬至 5 月上旬栽植，株距 150～200 cm，行距 100 cm，藕头向内，交错排列。

5. 藕田管理　与莲藕常规露地栽培相同。

五、采收

浅水藕的采收：浅水莲藕收割法比较简单，不仅可以直接在水中收割，而且可以在水排干后收割。收割时，可以先根据莲藕的位置，将莲藕周围的泥土挖出来，然后沿着莲藕的叶子把鞭子掰下来，再直接把整个莲藕拖出来。如果土壤比较干燥坚实，就要把干燥的土壤一层一层地挖出来，不要伤到莲藕，然后直接把整个莲藕挖出来。

深水藕的采收：当莲藕的地上部分开始变黄变干，莲藕成熟后，才能收获深水莲藕。深水莲藕的排水一般很难进行，所以大部分都是带水收割。同样，收割时要确定藕的位置，然后用脚来确定藕的位置。当感觉到莲藕的位置时，用脚踢开莲藕两边的泥土。在莲叶叶柄的位置，从外面踩上鞭，抓住莲藕的后柄，另一只手握住莲藕的中部，轻轻地将莲藕拔出水面。

青荷藕一般在 7 月下旬开始采收。青荷藕的品种多为早熟品种，入泥较浅。在采收青荷藕前一周，应先割去荷梗，以减少藕锈。在采收青荷藕后，可将主藕出售，而将较小的子藕继续栽在原田，作为第二年的藕种。或在采收时，只收主藕，而子藕原位不动，令其继续生长，9—10 月可采收第二次。

枯荷藕在秋冬至翌春皆可挖取。枯荷藕采收有两种方式：一是全田挖完，留下一小块作第二年的藕种；二是抽行挖取，挖取 3/4 面积的藕，留下 1/4 不挖，存留原地作种。留种行应间隔均匀。原地留种时，翌年结藕早，早熟品种在 6 月即可采收青荷藕。

六、任务考核与评估

1. 描述莲藕的种类、种藕的培育及栽培技术要点。
2. 说出莲藕的采收方法和留种方法。

任务二　茭白生产技术

茭白为禾本科多年生水生宿根植物，俗称茭笋、茭瓜。其生育期较长、适应性强，不择土壤，一般的水田、低洼地、浅水塘、沟河边有水的地方皆可种植。在茭白的生长发育过程中，要求有温暖湿润的生长发育环境，气温低于 5 ℃时茭白不能萌发。茭白肉质整洁、白、柔嫩，含有大量的氨基酸，味鲜美，营养丰富，可煮食或炒食，是我国特有的优良水生蔬菜，由于采收期正值 5—6 月和早秋 9—10 月两个缺菜季节，对解决蔬菜的淡季供应起着重要作用。

一、生物学特性

（一）形态特征

1. 根　根系发达，为须根，在分蘖节和根状茎的各节上抽生，主要分布在地表 30 cm 土层。

2. 茎　分地上茎和根状茎两种。地上茎是短缩状，部分埋入土中，其上发生多数分蘖，有多节，节上发生 2～3 次分蘖，形成多蘖株丛，称茭墩。植株体内寄生着黑穗菌，其菌丝体随植株的生长，到初夏或秋季抽薹时，主茎和早期分蘖的短缩茎上的花茎组织受菌丝体代谢产物吲哚乙酸的刺激，基部 2～7 节处分生组织细胞增生，膨大成肥嫩的肉质茎，即食用的茭白。根状茎为匍匐茎，横生于土中越冬，其先端数芽翌年春萌生新株，新株又能产生新的分蘖。

3. 叶　株高 1.6～2.0 m，有 5～8 片叶，叶由叶片和叶鞘两部分而成。叶片与叶鞘相接处有三角形的叶枕，称"茭白眼"。叶鞘自地面向上层层左右互相抱合，形成假茎。

（二）生长发育周期

茭白生长发育周期可分为 4 个时期：

1. 萌芽期　从越冬母株基部茎节和地下根状茎先端休眠芽萌发、出苗至长出 4 片叶为萌芽期。

2. 分蘖期　从主茎分蘖至地下、地上茎分蘖停止为分蘖期，4 月下旬至 8 月底每一株可分蘖 10 个以上。

3. 孕茭期　从茎拔节至肉质茎充实膨大的过程为孕茭期，需 40～50 d。双季茭 6 月上旬至下旬孕茭一次，8 月下旬至 9 月下旬又孕茭一次。单季茭 8 月下旬至 9 月上旬才孕茭，适温为 15～25 ℃，低于 10 ℃或高于 30 ℃都不会孕茭。

4. 休眠期　孕茭后温度低于 15 ℃以下分蘖和地上都生长停止，5 ℃以下地上部枯死，地下都在土中越冬。

（三）对环境条件的要求

1. 温度　茭白是一种暖温作物，最适温度在 24 ℃左右。它既不耐寒也不耐旱，发芽的最低温度不能低于 5 ℃，20 ℃左右发芽速度加快，出苗良好。孕茭温度为 20～25 ℃，10 ℃以下或 30 ℃以上不能孕交。

2. 水分　茭白整个生长期都需要水，对水位也有一定的要求，当周围温度较低的时候，水位可以保持在 2 cm 左右，不过随着温度的升高，水位也应适当加深至 9 cm 左右。其目的是为了降低地表温度，防止产生过多无用的分蘖，使茭白提早进入孕茭期。在种植的时候要注意水位一定不能超过"茭白眼"。

3. 光照　茭白为喜光植物，生长发育要求光照充足，不耐阴。光照充足和短日照均利于孕交。

4. 土壤与营养　茭白的适应能力比较强，对于土壤能够较快地适应，能够在大部分土质的土壤中正常生长。茭白不能连作，防止重茬产生各种病害。种植前将土壤进行深耕，在生长过程中需肥量较大。所以最好选择有机质含量丰富、营养充足的黏壤土，种植前施足基肥。

二、类型与品种

茭白分为单季茭和双季茭。

1. 单季茭　春季栽培，当年秋天即可采收，以后每年9月上旬至11月收一次，称秋茭或8月茭。种植一次，可连续采收2～3年，再更新栽植。植株生长旺盛，匍匐茎入土深，抗旱，产量较低。如杭州象牙茭、一点红、青种茭、真晚茭、媒婆茭，温州迟茭，广州大苗，贵州伏茭白等。

2. 双季茭　一般春季或夏秋种植，当年秋分至霜降第一次采收，称为秋茭（米茭）。老株留在田中越冬，翌年更新萌发的茭苗于夏至到小暑采第二次，称蚕茭（麦茭）。采收后可再留至秋季采第三次，收后重新种植。早熟品种有无锡早茭、杭州梭子茭、浙茭2号、浙茭5号、苏州小腊台等。

三、栽培季节和茬口安排

茭白喜温不耐寒。在长江中下游地区，单季茭一般在4月分墩定植，秋季采收，2～3年后再择田栽植。双季茭春栽常在4月中下旬，夏栽在7月下旬至8月上旬进行，其中秋茭早熟品种多进行春栽，秋茭晚熟品种多进行夏栽。

四、栽培技术

1. 选种　一般要求种性强、上市集中、经过精选的田块作种苗。其茭墩内无杂株、无雄株。具体的操作方法是：在茭白收获之后，从大田中挖起茭墩，选带一根老茎的茭根，用快刀切割下带泥的小墩茭白根作种苗，每亩大田准备1 200～1 300个茭墩备用。一般选好、分好的茭墩堆置时间不宜过长，最好在大田整理好后再从其他大田中进行茭墩分苗，选苗后及时移栽。

2. 整田与施基肥　茭白生长发育期中一生都需要水层，且最深水位达20 cm，因此需要加固、加高田埂。茭白需肥量大，施足肥，才能高产。每亩施入腐熟粪肥或厩肥3 000～3 500 kg、普钙40～50 kg、钾肥10～15 kg，然后深耕耙平，使田平泥化，保持浅水层在2～3 cm，经1～2 d准备移栽。

3. 移栽　茭白栽植时期一般分期春栽和秋栽两种。单季茭多春栽，双季茭可春栽和秋栽。

当茭苗高30 cm左右、地气温15 ℃以上时即可移栽。如果移栽时苗株过高，栽植前应割去叶尖，留株高30 cm，将选好、分好的茭苗按株距50 cm、行距100 cm栽植。栽植前先灌水，栽植深度以老茎和秧苗基部插入泥土不浮起为宜。

4. 田间管理

（1）水分管理。茭白不同生育生长期对水的深度有所不同，一般掌握由浅到深，再由深到浅的管水模型。茭苗定植后应深水护苗活棵，活棵后保持浅水层5～

6 cm，以利于提高土温，促进茭苗早生快发，春暖后再浅水促蘖，分蘖后期适当深灌，保持水层深度为 10～13 cm，控制无效分蘖的发生，暑天气候炎热应加深水层，降低土温，延长结茭期的生长时间，促进茭白增大。孕（结）茭时为达到茭白软化的目的，可采用深灌，但水深不能超过"茭白眼（心叶）"，而结茭生长到一定时间，单支茭白逐渐停滞生长，水位应逐渐降低。

（2）追肥管理。追肥应根据茭白生长发育情况看苗分期施用，追肥基本原则为"前促、中控、后促"。

追肥一般分 3 次。第一次：提苗肥。秋、冬栽植的茭田在春季萌芽时，春季栽植茭田在移栽活棵后，每亩施粪肥 1 000 kg 或尿素 5～8 kg，可加 30% 苄·丁可湿性粉剂 80～100 g 混合撒施，保持 2～3 cm 水层 5～7 d，控制茭田多种杂草。第二次：分蘖肥。一般在 5 月上旬，每亩施粪肥 2 000 kg 或尿素 15～20 kg，以促进分蘖及分蘖生长。第三次：孕茭肥。在茭白拔节期看苗施用，植株长势旺、土壤肥力高的田块可少施或不施，土质瘠瘦、茭株生长弱黄的茭田要适当多施，一般亩施尿素 20 kg、硫酸钾 15 kg，以满足茭白肉质茎膨大对养分的需求。如果茭苗茎秆由圆变扁，叶子往两边分，呈蝙蝠状的苗占全田 20%～30%，此时为施孕茭肥适期，过早追肥则促进营养生长，延迟结茭，追肥过迟则达不到施肥效果。

微肥的运用：3 月中下旬用微量元素肥料进行根外喷施，有利于茭白养分的平衡，提高茭白的抗逆性和品质，增加茭白的产量。

每次施肥时，需要先落浅田水，然后顺行撒施或进行土壤深施，第二天才能复水，以便提高肥料利用率，特别值得注意的是追施肥料应距离茭苗 2～3 cm，避免烧苗现象发生，导致缓苗推迟茭白结茭期。

（3）耘田除草。茭白耘田可在茭白株行间用铁耙或人工用手翻动土壤，达到中耕、松土、除草的目的，并可提高土温、加速肥料的分解。一般耘田进行 2～3 次，第一次在植株开始返青时进行，以后每隔 15 d 进行一次。

（4）清除雄茭、灰茭。雄茭和灰茭不能结茭，应随时加以去除。去除的空位，可用分蘖多的正常茭墩上的苗补上。

（5）疏苗补苗。双季茭白每墩茎蘖达 25 根以上时应进行疏苗，拔除过密的小分蘖，每墩留有效分蘖 20 根苗左右，疏苗后茭墩中间压一块泥，使植株分布均匀，通风透光。

（6）剥枯叶、拉黄叶。清除枯老的叶片，可以改善植株间的通风透光条件。一般在夏茭采收后期开始，根据植株生长情况，把枯老的叶片剥清拉光，要求是拉清不拉伤，把拉下的黄叶踩入田间作为肥料。

5. 采收　茭白采收及时是保证茭白产量和质量的一个重要环节。采收过早，茭白过嫩，产量低；采收过迟，茭肉发青，质地粗糙，纤维增多，品质变劣。

采收的标准：心叶短缩，3 片紧身叶的叶片、叶鞘交接处明显束成腰状，假茎中部明显膨大，叶鞘一侧略有裂口，微露茭内，露出部分不超过 1 cm。但夏茭因采收期温度较高，成熟快，容易发青变老，所以不能出现裂口，当叶鞘中部茭肉膨大而出现皱痕时要立刻采收。茭白大多分多次采收，一般每隔 2～4 d 采收一次，种性好的采收 2～4 次可以结束。采收次数越少，产量越集中，种性越好。

蔬菜生产技术（南方本）

采收方法：齐茎基部将薹管掰断，每收 10 多只时用茭叶捆扎起来放到田头，统一齐"茭白眼"割去叶片，切去残留薹管和残须，保留茭长 40~50 cm。

五、病虫害防治要点

1. 清洁田园　夏茭采收结束后，清除田间病株残叶，冬季割茬时齐泥面去茭，并铲除田边、沟边杂草，集中烧毁，减少病虫害基数和来源。

2. 加强田间管理　轮作；增施有机肥和磷、钾肥，避免偏施氮肥；高温季节适当灌深水，降低水温和土温，减少病害。大螟、二化螟化蛹后灌深水（10~15 cm），3~5 d 即可将蛹淹死。

3. 化学防治　预防为主，综合治理。孕茭期慎用杀菌剂。

六、任务考核与评估

1. 描述茭白的种类、茭墩培育及单季茭和双季茭栽培技术要点。
2. 说出茭白的采收方法和留种方法。

子项目十　多年生蔬菜生产技术

🌿 知识目标

1. 了解多年生蔬菜（芦笋、折耳根）的主要类型和生物学特性。

2. 掌握多年生蔬菜（芦笋、折耳根）的栽培季节与茬口安排。

3. 掌握多年生蔬菜（芦笋、折耳根）的栽培技术，能根据栽培过程中常见的问题制订防治对策。

🍃 技能目标

1. 能进行多年生蔬菜（芦笋、折耳根）的育苗。

2. 能进行多年生蔬菜（芦笋、折耳根）的栽培管理。

3. 能正确分析多年生蔬菜（芦笋、折耳根）栽培过程中常见问题的发生原因，并采取有效措施进行防治。

任务一　芦笋生产技术

芦笋别名石刁柏、龙须菜，是天门冬科天门冬属多年生草本植物，以地下茎越冬休眠，至翌年三四月气温上升，再由地下抽生新茎，新抽嫩茎即芦笋，以嫩茎供食用，可鲜食或制罐。若管理得当，芦笋采收期可长达十年以上。

芦笋是世界十大名菜之一，在国际市场上享有"蔬菜之王"的美称。芦笋富含多种氨基酸、蛋白质和维生素，其含量均高于一般水果和蔬菜，特别是芦笋中的天冬酰胺和微量元素硒、钼、铬、锰等，具有调节机体代谢、提高身体免疫力的功效，对高血压、心脏病、白血病、血癌、水肿、膀胱炎等疾病具有抑制作用，长期食用可以防止肥胖、胆结石、肠胃病、便秘等代谢性疾病，降低血脂、血糖，改善动脉粥样硬化。

芦笋生产技术

一、生物学特性

（一）形态特征

1. 根　须根系，由初生根、贮藏根、吸收根组成。贮藏根由地下根状茎节发生，多数分布在距地表 30 cm 的土层内，寿命长，只要不损伤生长点，每年可以不断向前延伸，一般可达 2 m 左右，起固定植株和贮藏茎叶同化养分的作用。

2. 茎　分为地下根状茎、鳞芽和地上茎三部分。地下根状茎是短缩的变态茎，当分枝密集后，新生分枝向上生长，使根盘上升。根状茎有许多节，节上的芽被鳞片包着，故称鳞芽。根状茎的先端鳞芽多聚生，形成鳞芽群，鳞芽萌发形成鳞茎产品器官或地上植株。地上茎是肉质茎，其嫩茎就是产品。

3. 叶　分真叶和拟叶两种。真叶是一种退化了的叶片，着生在地上茎的节上，呈三角形薄膜状。拟叶是一种变态枝，簇生，针状。

4. 花　雌雄异株，虫媒花，花小，钟形，萼片及花瓣各 6 枚，花绿黄色。雄花花被长 5～6 mm；雌花较小，花被长约 3 mm。花期 5—6 月。

5. 果实和种子 浆果，圆球形，直径 7～8 mm，熟时红色，有 3～6 粒种子，果期 9—10 月。

(二) 对环境条件的要求

1. 温度 芦笋对温度的适应性很强，既耐寒，又耐热，从亚寒带至亚热带均能栽培。但最适合在四季分明、气候宜人的温带地区栽培。种子发芽适温为 25～30 ℃，高于 30 ℃发芽率、发芽势明显下降。冬季寒冷地区地上部枯萎，根状茎和肉质根进入休眠期越冬，休眠期极耐低温。春季地温达 10 ℃以上嫩茎开始伸长；15～18 ℃最适于嫩芽形成；30 ℃以上嫩芽细弱，鳞片开散，组织老化；35～37 ℃植株生长受抑制，甚至枯萎进入夏眠。

2. 光照 芦笋喜光，但对光照度要求不严格。光照充足，生长健壮，病害少。

3. 水分 芦笋蒸腾量小，根系发达，比较耐旱，但极不耐涝，积水会导致根腐而死亡，但在采笋期过于干旱，必然导致嫩茎细弱，生长芽回缩，严重减产。故栽植地块应高燥，雨季注意排水。

4. 土壤与营养 芦笋适于富含有机质的沙壤土，在土壤疏松、土层深厚、保肥保水、透气性良好的肥沃土壤中生长良好。芦笋对土壤酸碱度的适应性较强，pH 为 5.5～7.8 的土壤均可栽培，以 pH 6.0～6.7 最为适宜。

(三) 繁殖方式

芦笋的繁殖方式有分株繁殖和种子繁殖。

1. 分株繁殖 将优良丰产的种株掘出，分割地下茎后栽于大田。其优点是植株间的性状一致、整齐，但费力费时，运输不便，定植后的长势弱，产量低，寿命短。一般只作良种繁育栽培。

2. 种子繁殖 便于调运，繁殖系数大，长势强，产量高，寿命长。生产上多采用此法繁殖。种子繁殖有直播和育苗两种。

二、类型与品种

芦笋的类型按色泽不同分为白芦笋、绿芦笋、紫芦笋；按嫩茎抽生早晚分为早熟、中熟、晚熟 3 类。我国芦笋品种大多从国外引进，目前常栽培的品种有阿波罗、格兰德、玛丽华盛顿 500W、加州 72、加州 157、UC711、UC873、德国全雄、台选 1 号、台选 2 号及潍坊市农业科学院育成的鲁芦笋 1 号、鲁芦笋 2 号、芦笋王、冠军、硕丰等。

三、生产季节与茬口安排

芦笋为多年宿根植物，一经种植，一般可采收 10～15 年，所以多露地栽培。在生产上多采用育苗移栽。春、秋两季均可播种。春季要求土温在 10 ℃以上，秋季当土温在 30 ℃以下时开始播种。南方 3 月上旬至 4 月中旬播种，早春可采用小拱棚防寒保暖，比露地提前一个月左右。

四、栽培技术

1. 品种选择 选抗（耐）病、优质丰产、抗逆性强、适应性广、嫩茎抽生早、嫩茎浅绿或淡紫、数量多、粗细适中、不易老化、顶端圆钝、鳞片抱合紧凑、商品性好的品种。

2. 育苗

（1）育苗时间。一般长江流域及华北地区于2—3月播种，5月定植。

（2）育苗方式。采用10 cm×10 cm的营养钵育苗。营养土一般按60%未种植芦笋的田土、40%经无害化处理的有机肥的比例配制营养土，每立方米营养土中再加入1.2 kg过磷酸钙、0.3～0.5 kg硫酸钾或氯化钾，充分拌匀并过筛。营养钵装入营养土后，于播种前1 d浇足底水。也可用苗床育苗。

（3）种子播前处理。由于芦笋种子皮厚坚硬，外被蜡质，直接播种不易吸水萌发，浸种前须先漂洗，再用50%多菌灵可湿性粉剂300倍液浸泡12 h。种子用50～55 ℃热水烫种15 min，冲洗后在清水中浸种36～48 h，每天换清水1～2次。

浸泡完成后捞出置于25～30 ℃条件下保湿催芽，每天用清水冲洗、翻动种子1～2次。当20%～30%种子露白后，即可播种。

（4）播种。每个营养钵点播1粒催芽种子，盖上厚1.5～2.0 cm的营养土，浇足水，表面覆盖薄膜。土温控制在18～25 ℃，出苗时及时揭除薄膜。出苗后，加强光照，保持土壤湿润，气温控制20～30 ℃。当苗高10 cm时，结合浇水，追施少量尿素。当苗龄60～80 d、苗高20～25 cm时，即可定植。

3. 整地施肥与定植

（1）整地施肥。栽培用田深耕晒垡，每亩施3 000～5 000 kg充分腐熟有机肥、50 kg氮磷钾复合肥，为防止地下害虫危害，整地时每公顷撒辛硫磷15 kg，翻匀，打碎整平，作畦。行距1.3～1.4 m，定植沟宽20～30 cm，并应挖好排水沟，以便于排灌。定植沟宜南北向开挖，挖沟时上、下层泥土应分开，回填时将上层熟土填在底部，以利于芦笋根的发育。若土壤酸度大，还需加撒石灰矫正。

（2）定植。一般于5—7月定植。定植苗要求当年生，苗高20 cm，有3个地上茎。一般行距1.3～1.6 m，株距30～40 cm，沟深15 cm，定植时注意地上茎着生的磷芽群与定植沟平行，苗放好后，覆土轻轻踏实，立即浇定根水或稀薄人粪尿，渗下后，再覆一层细土防板结。

白芦笋按1.6～2.0 m行距开沟，沟深40～50 cm，宽45 cm，沟内再施入一层厩肥，每亩施腐熟有机肥2 000～3 000 kg，覆土后施过磷酸钙20 kg、尿素15 kg，与土混匀。

4. 田间管理

（1）肥水管理。定植20 d后，每亩施尿素30 kg。定植50 d后，每亩施有机肥、氮磷钾复合肥50 kg。以后每年初春培土前及采收结束后追肥，每亩施充分腐熟的有机肥2 000～3 000 kg，并拌入氮磷钾复合肥和尿素各20～30 kg，也可拌入饼肥50～100 kg。采收期适当浇水，休眠期前浇一次透水。雨季注意排水。

（2）采收期管理。芦笋从播种时计算到第三年春季才能大采收。采收期应注意施肥，白芦笋应在早春未萌发前在植株旁浅掘沟并松土，施入人粪尿 500～750 kg/亩，然后培土。嫩茎采收结束后，在畦沟中施腐熟的有机肥 500～750 kg/亩、过磷酸钙 30～50 kg/亩、氯化钾 15～20 kg/亩。最后一次追肥应在秋梢旺发前、降霜前 2 个月施入，每亩施氮磷钾复合肥 20 kg。施肥过迟，会严重妨碍养分积累。

（3）采收后管理。停采前经过长时间的采收，贮藏根内营养消耗殆尽，还要形成地上部的茎叶，因此停采后的一个月左右是一年中需肥量最多的时期，同时为了停采后肥料可以迅速发挥作用一般在停采前 10～15 d 将肥料施入。

（4）中耕、除草、培土。植株生长期间，应于开春、浇水及雨后及时浅中耕，保墒除草。采收白芦笋者，应在初春嫩茎出土前培土成垄，保持地下茎上方土层厚 25～30 cm；采收绿芦笋者，也应适当培土，保持约 15 cm 厚的土层。嫩茎采收结束时，应立即扒开土垄，晒根茎 2～3 d，再整理畦面，恢复原状。

（5）其他管理。冬季拔除枯萎的地上茎，生长期随时割除枯老、病弱枝，并带离田间销毁。

5. 采收　一般于每年初春开始采收，2～3 年笋早春采收 60～70 d，3 年以后的笋可以根据出笋情况适当延长到 70～80 d。绿芦笋可在定植后第二年开始少量采收。当嫩茎长 20～25 cm、顶部鳞片未散开、有光泽时采收，每天早上或傍晚进行，以免见光变色。在离土面 1～2 cm 处用利刀割下，用湿毛巾包好，并填平孔洞，出笋盛期应早、晚各采收一次。

白芦笋要求每天黎明时巡视田间，发现垄面有裂缝时，表明有嫩茎即将出土。在裂缝处用手或工具扒开表土，露出笋尖 5 cm，用特制圆口笋刀，对准幼茎位置插入土中，于接近地下茎处割断，长度在 17～18 cm，割时要注意不能损伤地下茎，鳞芽收完后立即将拨开的土恢复原状。采下的白芦笋用黑色湿布包好，防止见光变色，影响质量。

在出笋量减少或芦笋变细时应停止采收芦笋。

五、病虫害防治

芦笋的主要病虫害有褐斑病、茎枯病、根腐病、立枯病、锈病、斜纹夜蛾、蚜虫、小地老虎、蝼蛄、蛴螬等。按照"预防为主，综合防治"的原则，优先应用生物防治方法，禁止高毒、高残留农药施用在芦笋上。

（1）按照"农业防治、物理防治、生物防治为主，化学防治为辅"的无害化防治原则进行防治。

（2）选用抗病品种，深耕晒垡，培育壮苗，创造适宜的环境条件，增施经无害化处理的有机肥，适量使用化肥，清洁田园。

（3）温汤浸种，用灯光、色板诱杀害虫，用银膜驱避蚜虫。

（4）积极保护利用天敌，使用生物农药。

六、任务考核评估

1. 描述芦笋生产技术要点。
2. 说出紫芦笋、白芦笋采收的注意事项。

任务二　折耳根生产技术

折耳根别名鱼腥草、猪鼻孔、蕺菜、狗帖耳等，是三白草科蕺菜属宿根性多年生草本植物，药菜兼用，全株均可食用，其嫩根、嫩茎、叶营养丰富，独具风味，内含蛋白质、脂肪、糖类、钙、磷及挥发油等营养成分，具有清热解毒、利尿消肿、止血等功效，具有很好的食用价值和药用价值，已被国家卫生部正式确定为"既是药品，又是食品"的极具开发潜力的资源之一。近年来因其市场效益好，发展迅速，对促进农民增收和满足人们消费需求具有重要的作用。

折耳根生产技术

一、生物学特性

（一）形态特征

折耳根植株为半匍匐状，茎上部直立、下部匍匐地面，株高 15～60 cm，有时略带紫色，有腥气味，茎具有明显的节，下部伏地，节上生须根，通常无毛；地下根茎细长，匍匐蔓延繁殖，白色，横截面圆形，节间长 3.0～4.5 cm，每节能生根也能发芽；单叶互生，心脏形或圆形，常见绿色，偶有紫色；穗状花序，白色或淡绿色，花期 5—6 月；蒴果卵圆形，果期 9—10 月。

（二）环境条件要求

1. 温度　折耳根喜温暖湿润的气候，对温度适应范围广，地下茎在−10～0 ℃下均可正常越冬，在 12 ℃时地上茎生长且出苗，生长前期适温为 16～20 ℃，地下茎成熟期适温为 20～25 ℃。

2. 水分　折耳根在阴湿条件下生长良好，要求土壤潮湿。土壤含水量为 75%～80%，空气相对湿度在 50%～80%，才能正常生长。

3. 光照　对光照要求不严，弱光条件下也能正常生长发育。

4. 土壤　对土壤条件要求不严格，以土壤微酸（pH 6～7）为宜，土层深厚、肥沃的沙质壤土最佳。

二、栽培季节和茬口安排

折耳根一年四季均可种植，其最适合种植的时间为春季 2—3 月或秋季 9—10 月。定植后 180 d 左右就能进行分批采收。

三、栽培技术

1. 地块的选择　折耳根适应性很强，在大多数土壤中都能生长，在荒坡、贫瘠瘦土上也可以栽培。一般选择没有"三废"污染、交通便利、土层较深厚、疏松肥沃、保水较好、透气性强、微酸性、略带沙质的土壤进行栽培，且应适当采取轮作。

2. 整地作畦、施基肥　栽种前将地翻整，耕深 20～30 cm，除去杂草、残根，整平后开厢，厢宽 1.3～1.5 m，厢面上横开宽 12～15 cm、深 10～15 cm 的播种沟，播种沟间距 20 cm 左右。厢长依地块而定，两厢之间距离 35 cm 左右。

折耳根主要以根茎为商品，其生长期较长，底肥的用量和质量好坏直接影响折耳根产量。因此，整平地块后，要在播种沟内施足有机肥。每亩施腐熟的有机肥（圈肥、堆肥）2 500～4 000 kg、普钙 50～70 kg、氯化钾 60～80 kg。折耳根用肥以氮、钾为主，对磷的用量较少，特别是钾肥对根茎的形成和香味的提高尤为重要。

3. 种茎选择　折耳根因种子发芽率低，一般多采用分根繁殖。目前有两种播种方式：长茎播种和短茎播种。长茎播种用种量大，生产上常采用短茎播种。选择新鲜、粗壮、无病虫害、成熟的老茎作种茎。

4. 播种　选择带 1～2 个芽眼、粗壮、未受损伤的地下老茎作为种茎，将选好的种茎从节间剪断，每段 4～6 cm，每段保留 2～3 个节，播前将其放入 50% 多菌灵可湿性粉剂 800 倍液中消毒，然后平放于播种沟内，株距 5～8 cm，覆土 5～6 cm，如土壤干燥可浇定根水，厢面盖上一层地膜或稻草，保持土壤湿润，提高土温，促进种苗萌发。用种量为 50～80 kg/亩。

5. 田间管理

（1）除草。折耳根出苗后，及时除去杂草、病株及弱株，保持土地整洁，减少病虫害的发生。同时在株行间松土，但不宜过深，浅耕即可，一般封行前中耕除草 2～3 次。

（2）肥水管理。追肥根据底肥施肥量及植株长势而定。前期生长缓慢，在幼苗萌发至封行前，追施尿素 8～10 kg/亩作苗肥。在茎、叶生长盛期需肥量较大，可追施复合肥 10～15 kg/亩。每采收一次，可少量追肥一次。为提高人工栽培折耳根的香味和产量，可在其生长中后期进行叶面追肥，喷施 0.2%～0.3% 的磷酸二氢钾液 2～3 次。折耳根喜湿润不耐干旱，因此干旱时要注意浇水，保持土壤湿润，确保其正常生长发育。雨季注意排水，忌厢面积水。

（3）摘心去蕾。对地上茎、叶生长过旺的植株，要进行摘心，抑制长高，促发侧枝，并进行培土护根，促进地下茎生长，保证茎粗壮白嫩。去蕾可减少开花的养分消耗，促进地下茎生长。

四、病虫害防治

折耳根本身带有鱼腥味，抗病虫害能力较强，较少发病，但目前种植区有白绢病、紫斑病、小地老虎、斜纹夜蛾等病虫害。

1. 白绢病　主要危害植株茎基和地下茎。发病初期，植株地上茎叶泛黄，地下茎表生白色绢丝状菌丝体，根茎逐渐软腐，在菌丝及其附近产生大量酷似油菜籽的菌核，发病后期成片倒伏。

防治方法：播前用 50% 多菌灵可湿性粉剂 800 倍液对种茎浸种消毒；发病初期，发现病株带土挖除并销毁，病区施生石灰消毒，周围植株用 40% 菌核净可湿性粉剂 800 倍液、5% 井冈霉素水剂 1 500 倍液灌根。在发病初期，也可以用 50% 甲基硫菌灵可湿性粉剂 600～1 000 倍液或 20% 三唑酮乳油 1 500～2 000 倍液喷雾，每隔 5～7 d 喷雾一次，连续用药 2～3 次即可。

2. 叶斑病　发病初期，叶面出现不规则或圆形病斑，边缘紫红色，中间灰白色，上生浅灰色霉。后期严重时几个病斑融合在一起，病斑中心有时穿孔，叶片局部或全部枯死。

防治方法：在发病初期，用50％甲基硫菌灵可湿性粉剂800～1 000倍液或70％代森锰锌可湿性粉剂400～600倍液喷雾，每隔15 d喷一次，连续喷2～3次。

3. 茎腐病　茎部病斑长椭圆形或梭形，略呈水渍状，褐色至暗褐色，边缘颜色较深，有明显轮纹，上生小黑点。发病后期茎部腐烂枯死。

防治方法：发病初期，选用50％多菌灵、65％代森锌可湿性粉剂500～600倍液或70％甲基硫菌灵可湿性粉剂800倍液喷雾，每隔7 d喷一次，连续喷2～3次。

4. 小地老虎　播前及时去除田间杂草，消灭部分虫卵和杂草寄主；当危害株率达10％时或虫口密度较高时，用40.7％毒死蜱乳油50 mL溶解在1 L水中，然后均匀拌入5 kg切碎的鲜菜叶，傍晚均匀撒于地里；或用90％敌百虫晶体0.25 kg兑水3 kg，拌2.5 kg切碎的新鲜青草或糠皮，傍晚均匀撒于田间，诱杀成虫。

5. 斜纹夜蛾　当幼虫危害率达25％时，可用4.5％高效氯氰菊酯乳油2 000倍液或10％吡虫啉可湿性粉剂2 500倍液等进行喷雾，每隔10 d喷一次，连续喷2～3次。对于成虫，可利用糖∶醋∶酒∶水＝6∶3∶1∶10加适量敌百虫配制成毒液于田间诱杀。

五、任务考核评估

1. 描述折耳根生产技术要点。
2. 说出折耳根常见的病虫害和防治方法。

芽苗菜生产
技术

子项目十一　芽苗菜生产技术

🌱 知识目标

1. 了解芽苗菜生产需要的场地和设施。
2. 掌握芽苗菜生产的条件和方法。

🌿 技能目标

1. 能描述芽苗菜生产场地要求和主要生产设施。
2. 能进行常见芽苗菜的生产管理。

芽苗菜俗称芽菜，也称活体蔬菜，是指利用植物种子或其他营养贮存器官在光照或黑暗条件下直接生长出可供食用的嫩芽、芽球、芽苗、幼梢或幼茎。芽苗菜的生产过程中不使用化肥、激素和农药，是绿色健康的活体蔬菜，且芽苗菜口感柔嫩，具有防癌、防暑解热、降脂减肥等保健作用。

目前市场上火爆的芽苗菜有香椿芽苗菜、芽球菊苣、荞麦芽苗菜、蕹菜芽苗菜、苜蓿芽苗菜、花椒芽苗菜、黑豆芽苗菜、绿豆芽苗菜、葵花籽芽苗菜、萝卜芽苗菜、龙须豆芽苗菜、花生芽苗菜、蚕豆芽苗菜等30多个品种。

任务一　芽苗菜一般生产技术

一、生产场地的选择

当平均气温高于18 ℃时，可在露地进行生产。冬季、早春可利用塑料棚等设施进行生产。若进行四季生产，则可选用闲置房舍进行半封闭式、工业集约化生产。

生产场地必须具备下列条件：一要满足芽苗菜生产所要求的适宜温度，因此应有空调或其他加温设施；二要满足芽苗菜生产需忌避强光的一定条件；三是具备通风设施，能进行室内自然或强行通风；四是具备供水和排水能力；五是考虑种子贮藏库、播种作业区、苗盘清洗区、产品处理区、种子催芽室或车间与栽培室的统筹安排和合理布局。

二、生产设施的准备

1. 栽培架　为提高生产场地的利用率，充分利用空间，便于进行立体栽培要使用栽培架。栽培架由30 mm×30 mm×4 mm角钢组装而成，共分6层，每层可放置6个苗盘，每架共计摆放36盘，底部安装4个小轮（其中一对为万向轮），可随意在生产车间移动组列。

2. 栽培容器与基质　栽培容器宜选择轻质的塑料蔬菜育苗盘，其规格为：外径长62 cm，宽23.6 cm，高3～5 cm，内径长57.8 cm，宽21.8 cm，高2.9 cm。要大小适当，底面平整，整体形状规范而且坚固耐用。

栽培基质应选用清洁，无毒，质轻，吸水、持水能力较强，使用后其残留物易于处理的纸张（新闻报纸、包装用纸等）、白棉布、无纺布、泡沫塑料片以及珍珠岩等作栽培基质。

3. 喷淋装置　根据各种芽菜的不同生长阶段，要使用植保用喷雾器喷枪（背负式），喷枪、淋浴喷头或自制浇水壶细孔加密喷头（接在自来水管引出的皮管上）或安装微喷装置等。

4. 产品运输工具　芽苗菜产品形成周期短，一般当天播种当天上市，故需配备运输工具，多采用密封汽车，人力平板三轮车，自行车等多种运输工具。

三、芽苗菜栽培技术

（一）品种的选择

应选择发芽率在 95％ 以上，纯度、净度均高，籽粒较大，芽苗生长速度快，粗壮，抗病，无霉烂，产量高，纤维形成慢，品质柔嫩以及价格便宜，货源稳定、充足，无任何污染的新鲜种子。

（二）种子的清选与浸种

1. 清选　应提前进行晒种和浸选，使其达到剔除虫蛀、破残、畸形、腐霉、特小粒种子和杂质的要求。香椿种子由于在高温下极易失去发芽力，因此必须选用未过夏的新种，使用前还需揉搓去翅翼，筛除果梗、果壳等杂物。萝卜、苜蓿种子若质量较好，可直接投入使用。

2. 浸种　经清选的种子即可进行浸种，一般先用 20～30 ℃ 的洁净清水将种子淘洗 2～3 次，待干净后浸泡，水量须超过种子体积的 2～3 倍。浸种时间冬季稍长，夏季稍短，龙须豌豆苗和籽芽香椿一般浸 24 h，萝卜苗以 8～12 h 为宜。一般均在达到种子最大吸水量 95％ 左右时结束浸种，停止浸种后再淘洗 2～3 遍，轻轻揉搓、冲洗，漂去附在种子表皮上的黏液，注意不要损坏种皮。捞出种子后沥去多余的水分等待播种。

（三）播种与催芽

通常均采用撒播，要求每盘播种量一致，撒种均匀。播种前，除绿芽苜蓿等种子细小的种类可直接进行干种子播种外，其他均需在浸种后进行播种催芽。播种催芽一般可分为一段式和两段式两种方法。

1. 一段式播种与催芽　浸种后立即播种，并将播完的苗盘摞在一起，每 6 盘为一组，置于栽培架上。这种方法多用于豌豆、萝卜等发芽较快、出苗时间短的芽苗菜。其作业程序为：清洗苗盘→浸湿基质→苗盘内铺基质→撒播种子→叠盘上架，在摞盘上下覆垫保湿盘（在苗盘内铺二层湿润的基质）→移入催芽车间→催芽管理→完成催芽出盘（将苗盘分层放置于栽培架）→移入生产车间。管理上要保证室内温度和湿度，还要加强通风透气和注意出盘时间不要过晚。

2. 二段式播种与催芽　播种后进行常规催芽，待幼芽露白后再进行播种和叠盘催芽。这种方法多用于香椿等种子发芽较慢或叠盘催芽期间较易发生霉烂的芽苗菜。其作业程序为：清洗苗盘→铺棉布于苗盘→置入已浸种的种子→种子上覆棉布→上、下铺垫保湿盘→移入催芽车间→催芽管理→催芽待播。管理上要保持适宜的温湿度和通气条件。3~4 d 后，当大部分种子芽长 1~2 mm 时应及时播种，进行第二段催芽。第二段叠盘催芽程序与一段式相同。

（四）出盘及出盘后管理

1. 出盘　当芽苗高度已达出盘标准时，应及时出苗。一般龙须豌豆芽苗高 1~2 mm、萝卜芽苗高 0.5~1.0 mm、紫苗香椿芽苗高 0.5~1.0 mm 时即达出盘标准。

2. 光照管理　在苗盘移入生产车间时应放置在空气相对湿度较稳定的弱光区锻炼 1 d，然后再根据各种芽苗菜对环境条件的不同要求采取不同措施分别进行管理。一般萝卜芽苗需较强的光照，紫苗香椿次之，龙须豌豆苗则有较强的适应性。

3. 温度与通风管理　几种芽苗菜产品形成期最适宜温度是：龙须豌豆芽苗 18~23 ℃，紫苗香椿芽苗 20~23 ℃，萝卜芽苗 20~25 ℃。在管理上要通过暖气、空调等进行温度控制管理。在室内温度能得到保持的前提下，生产车间每天应至少通风 1~2 次。即使在室内温度较低的情况下，也应进行短时间的片刻通风。通风时应忌避外界冷风直接吹拂芽苗，以免影响芽苗菜生长。

4. 喷淋与空气湿度管理　一般每天应采用微喷设施或喷淋装置进行 3~4 次（冬、春季 3 次，夏、秋季 4 次）雾灌或喷淋烧水，浇水量以掌握苗盘内基质湿润，又不大量滴水为度，同时还要浇湿车间地面，以保持室内空气相对湿度在 85% 左右。生长前期，阴雨天和空气温度较低时应少浇水。

四、采收

当芽苗菜高 10~15 cm，子叶变绿，整齐一致，充分肥大，无烂根、无异味时，即可采收，可用塑料袋或盒小包装上市，对塑料育苗盘无土栽培的可采用整盘活体销售。

五、任务考核评估

1. 说出芽苗菜生产所需场地要求与主要设施。
2. 根据条件进行常见芽苗菜的生产管理。

任务二　蕹菜芽苗菜工厂化生产技术

一、设施设备与消毒

1. 主要设施设备　连栋温室工厂化芽苗菜生产线主体由一套物流传输设备和生产苗床组成，分别为浸种机、播种流水线、生产流水线、传输流水线、冷库包装流水线等，其中生产流水线处于保温厂房的室内，可严格控制温度、湿度、光照。

2. 环境消毒　为降低芽苗菜的病虫害发生率，生产前可用 0.2% 次氯酸钠液对工厂的地面与墙壁进行喷洒，再用清水冲洗干净保持地面清洁。消毒期间不宜进行芽苗菜的生产。

3. 生产苗床及塑料定植篮消毒　生产苗床每次使用前，可以喷洒 0.2% 次氯酸钠液，然后用清水冲洗干净。

二、种子准备

1. 选种　精选的蕹菜种子不含瘪小、发霉、虫蛀破损、发过芽的劣质种子，选用颗粒饱满、大小均匀的优良种子。蕹菜种类较多，选种时要根据种子的发芽率、抗逆性进行选择，生产上应选择发芽率＞85％的新鲜种子。由于种子购买按质量结算，所以单位数量的蕹菜种子颗粒小，则产量更高，选择千粒质量≤52 g的蕹菜种子可获得更高的产量。

2. 种子的处理

(1) 浸种。用清水清洗蕹菜种子3～5遍，洗净种子表面的污渍杂质（直至清洗的水由黑褐色变清澈）。然后用种子质量3～5倍量的水进行浸种。浸种环境要求水温、气温为19 ℃左右，浸种时间为43～47 h。浸种期间若发现水有混浊现象须随时置换清水。浸种结束后再淘洗种子2～3遍，沥水30 min。

(2) 消毒。将冲洗好的种子置入0.07％次氯酸钠液中消毒，30 min后捞起，用清水冲洗2遍后沥水。

三、播种及管理

1. 播种　将沥水后的蕹菜种子通过自动化物流播种设备均匀撒播在定植篮中，需要提前在定植篮中垫一层干净的无纺布起到保湿和固定根系作用，播种后检查每一小格中的种子数量，需严格控制蕹菜芽苗菜播种量。

2. 催芽　蕹菜芽苗菜需催芽，播种后可随苗床流水线进入育苗车间内催芽，育苗时光照度在250 lx左右。

3. 生长期管理

(1) 温湿度管理。保持温度在18 ℃左右，相对湿度为70％～90％。播种当日浇第一次水，翌日开始每天浇2次水，时间为上午8时和下午6时，直到成苗前3 d。浇水时应小水均匀浇灌，控制浇水量，使种子沾湿即可，不可造成定植篮内积水过多。4 d后开始加大水量，浇透并保证均匀浇水，控制瞬时水量以保证芽苗菜长势均匀整齐。

当种子发芽率到80％左右时转入人工光照区，用LED灯补光，光照度为3 000～5 000 lx。

(2) 其他管理。生产技术人员应每天检查浇灌系统以及育苗车间温湿度是否正常，观察蕹菜芽苗菜生长情况，发现异常应及时采取措施。

四、采收

1. 采收规格　出苗8 d后当高度达到14 cm左右，子叶翠绿，生长整齐，种皮脱落，无烂种、烂根、烂苗，无异味、不倒伏，根系扎实时，可以整格提出，转入预冷车间。

2. 预冷　通过物流系统输送到包装车间进行预冷，预冷温度为3～8 ℃。在进入预冷车间前人工检测每个定植篮中蕹菜芽苗菜的产品质量，发现不达标产品立即做报废处理。

3. 包装发货　包装前进行分拣，去除烂根、烂叶以及整齐度较差的产品后装入合适的包装袋，包装后立即移入保鲜冷库等待发货。

4. 档案管理　建立生产记录档案，内容包括：生产环境、种子名称、种子来源、种子使用量、播种日期、采收日期、产品检验、销售记录等。生产档案应保留2年以上，便于产品质量追溯。

五、任务考核评估

说出蕹菜工厂化生产的主要设施和流程。

主 要 参 考 文 献

柴贵贤，2015. 蔬菜栽培 [M]. 西安：西北工业大学出版社.

陈素娟，2009. 蔬菜生产技术 [M]. 苏州：苏州大学出版社.

陈文胜，2013. 蔬菜生产技术 [M]. 厦门：厦门大学出版社.

陈杏禹，钱庆华，2011. 蔬菜种子生产技术 [M]. 北京：化学工业出版社.

丁海凤，范建光，贾成才，等，2020. 我国蔬菜种业发展现状与趋势 [J]. 中国蔬菜，379（9）：7-14.

郭巨先，2003. 南方白菜类蔬菜反季节栽培 [M]. 北京：金盾出版社.

郭三红，2020. 蕹菜芽苗菜工厂化生产技术 [J]. 长江蔬菜（5）：45-47.

韩世栋，2006. 蔬菜生产技术 [M]. 北京：中国农业出版社.

胡繁荣，2003. 蔬菜栽培学 [M]. 上海：上海交通大学出版社.

黄晓梅，2014. 蔬菜生产技术（北方本）[M]. 北京：中国农业大学出版社.

季永杰，2018. 春季冬瓜栽培管理技术 [J]. 农业开发与装备（2）：178.

焦自高，闫立英，2010. 蔬菜生产技术 [M]. 北京：高等教育出版社.

李小燕，2016. 无公害辣椒生产技术规程 [J]. 农民致富之友（17）：75.

李学海，何树海，2016. 蔬菜生产技术 [M]. 北京：中国农业大学出版社.

梁称福，2009. 蔬菜生产技术（南方本）[M]. 北京：化学工业出版社.

刘峰，赵伊英，孙杰，2017. 种子检验学 [M]. 杨凌：西北农林科技大学出版社.

刘国安，2012. 各类蔬菜新旧种子的鉴别 [J]. 农民致富之友（6）：68.

刘峻蓉，2017. 蔬菜生产技术（南方本）[M]. 北京：中国农业大学出版社.

鲁自芳，王红丽等，2019. 芦笋生产技术规程 [J]. 栽培育种（9）：13-17.

陆定顺，黄健文，1996. 白菜类蔬菜栽培技术 [M]. 上海：上海科学技术出版社.

司力珊，2003. 白菜类、甘蓝类蔬菜无公害生产技术 [M]. 北京：中国农业出版社.

苏小俊，2001. 白菜类蔬菜栽培与病虫害防治技术 [M]. 北京：中国农业出版社.

王桂娟，李冬霞，2004. 怎样识别蔬菜种子的新陈 [J]. 植物医生（2）：35-36.

吴永美，2008. 作物品种巧选巧用 [M]. 北京：中国社会出版社.

肖作福，1991. 蔬菜生产技术 [M]. 沈阳：辽宁人民出版社.

杨辅，谢勤莉，2016. 折耳根规范化人工栽培技术 [J]. 中国果菜（12）：73-75.

杨珺，张娟，2021. 辣椒露地栽培及病虫害防治 [J]. 现代农业研究，27（1）：103-104.

张鲁刚，2005. 白菜甘蓝类蔬菜制种技术 [M]. 北京：金盾出版社.

朱素琴，陈秀红，2020. 春季大棚西瓜栽培管理措施 [J]. 农业工程技术，40（29）：80-81.

图书在版编目（CIP）数据

蔬菜生产技术：南方本 / 龙家艳主编 . —北京：中国农业出版社，2021.10
高等职业教育"十四五"规划教材
ISBN 978 - 7 - 109 - 28661 - 0

Ⅰ.①蔬…　Ⅱ.①龙…　Ⅲ.①蔬菜园艺－高等职业教育－教材　Ⅳ.①S63

中国版本图书馆 CIP 数据核字（2021）第 156350 号

中国农业出版社出版
地址：北京市朝阳区麦子店街 18 号楼
邮编：100125
责任编辑：吴　凯
版式设计：杜　然　　责任校对：刘丽香
印刷：中农印务有限公司
版次：2021 年 10 月第 1 版
印次：2021 年 10 月北京第 1 次印刷
发行：新华书店北京发行所
开本：787mm×1092mm　1/16
印张：13.5
字数：320 千字
定价：36.00 元

版权所有·侵权必究
凡购买本社图书，如有印装质量问题，我社负责调换。
服务电话：010 - 59195115　010 - 59194918